用于国家职业技能鉴定
国家职业资格培训教程

焊工

(初级)

第2版

编审委员会

主　任　刘　康
副主任　张亚男
委　员　孙戈力　高鲁民　史文山　陈　蕾　张　伟

编审人员

主　编　汤日光
副主编　蒋春永　乔　虎
编　者　王绍智　姜欢欢　吴金良　高玉芬　张淑君
　　　　马云军　徐　礼　董　娜　于培星　胥艳敏
　　　　管恩华　汤日明　丁文花　张　岩
主　审　姜俊荣

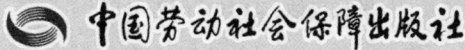
中国劳动社会保障出版社

图书在版编目(CIP)数据

焊工:初级/中国就业培训技术指导中心组织编写. —2版. —北京:中国劳动社会保障出版社,2011
 国家职业资格培训教程
 ISBN 978-7-5045-9329-0

Ⅰ.①焊… Ⅱ.①中… Ⅲ.①焊接-技术培训-教材 Ⅳ.①TG4

中国版本图书馆 CIP 数据核字(2011)第 202430 号

中国劳动社会保障出版社出版发行

(北京市惠新东街1号　邮政编码:100029)

出 版 人:张梦欣

*

北京谊兴印刷有限公司印刷装订　新华书店经销
787毫米×1092毫米　16开本　16.5印张　286千字
2011年10月第2版　2021年3月第21次印刷

定价:32.00元

读者服务部电话:(010)64929211/84209101/64921644
营销中心电话:(010)64962347
出版社网址:http://www.class.com.cn

版权专有　　侵权必究

如有印装差错,请与本社联系调换:(010)81211666
我社将与版权执法机关配合,大力打击盗印、销售和使用盗版
图书活动,敬请广大读者协助举报,经查实将给予举报者奖励。
举报电话:(010)64954652

前　言

为推动焊工职业培训和职业技能鉴定工作的开展，在焊工从业人员中推行国家职业资格证书制度，中国就业培训技术指导中心在完成《国家职业技能标准·焊工》（2009年修订）（以下简称《标准》）制定工作的基础上，组织参加《标准》编写和审定的专家及其他有关专家，编写了焊工国家职业资格培训系列教程（第2版）。

焊工国家职业资格培训系列教程（第2版）紧贴《标准》要求，内容上体现"以职业活动为导向、以职业能力为核心"的指导思想，突出职业资格培训特色；结构上针对焊工职业活动领域，按照职业功能模块分级别编写。

焊工国家职业资格培训系列教程（第2版）共包括《焊工（基础知识）》《焊工（初级）》《焊工（中级）》《焊工（高级）》《焊工（技师 高级技师）》5本。《焊工（基础知识）》内容涵盖《标准》的"基本要求"，是各级别焊工均需掌握的基础知识；其他各级别教程的章对应于《标准》的"职业功能"，节对应于《标准》的"工作内容"，节中阐述的内容对应于《标准》的"技能要求"和"相关知识"。

本书是焊工国家职业资格培训系列教程中的一本，适用于对初级焊工的职业资格培训，是国家职业技能鉴定推荐辅导用书，也是初级焊工职业技能鉴定国家题库命题的直接依据。

本书在编写过程中得到胜利油田胜利石油化工建设有限责任公司等单位的大力支持与协助，在此一并表示衷心的感谢。

中国就业培训技术指导中心

目 录

CONTENTS 国家职业资格培训教程

第1章 焊前准备 ……………………………………………………（1）

　第1节 焊接常用工具、夹具及其安全检查 ……………………（1）
　第2节 试件坡口清理、组对及定位焊 …………………………（9）

第2章 焊条电弧焊 ………………………………………………（15）

　第1节 焊条电弧焊相关知识 ……………………………………（15）
　第2节 厚度 $t=8\sim12$ mm 的低碳钢板或低合金钢板
　　　　T形接头和角接接头的焊接 ……………………………（22）
　第3节 厚度 $t\geq6$ mm 的低碳钢板或低合金钢板对
　　　　接平焊 ……………………………………………………（37）
　第4节 管径 $\phi\geq60$ mm 的低碳钢管对接水平转动焊 ………（43）

第3章 熔化极气体保护焊 ………………………………………（48）

　第1节 熔化极气体保护焊相关知识 ……………………………（48）
　第2节 低碳钢板或低合金钢板T形接头和角接接头熔化极
　　　　气体保护焊 ………………………………………………（64）
　第3节 低碳钢板或低合金钢板平位对接的熔化极气体
　　　　保护焊（双面焊或背部加衬垫） ………………………（71）

第4章　非熔化极气体保护焊 ……………………………………（78）

第1节　手工钨极氩弧焊相关知识 ……………………………（78）

第2节　厚度 $t<6$ mm 的低碳钢板或不锈钢板平位对接手工钨极氩弧焊 ……………………………………………………（88）

第3节　管径 $\phi<60$ mm 的低碳钢管对接水平转动手工钨极氩弧焊 ……………………………………………………………（96）

第5章　埋弧焊 …………………………………………………（101）

第1节　埋弧焊相关知识 ………………………………………（101）

第2节　厚度 $t=8\sim12$ mm 的低碳钢板或低合金钢板的船形焊 …………………………………………………………（109）

第3节　厚度 $t=8\sim12$ mm 的低碳钢板对接平位埋弧焊（背部加衬垫）………………………………………………（114）

第6章　气焊 ……………………………………………………（117）

第1节　气焊相关知识 …………………………………………（117）

第2节　管径 $\phi<60$ mm 的低碳钢管对接水平转动和垂直固定气焊 ……………………………………………（132）

第3节　小直径Ⅰ级钢筋的气压焊 ……………………………（141）

第7章　钎焊 ……………………………………………………（151）

第1节　钎焊相关知识 …………………………………………（151）

第2节　低碳钢板搭接手工火焰钎焊 …………………………（168）

第3节　不锈钢板搭接手工火焰钎焊 …………………………（171）

第8章　电阻焊 …………………………………………………（175）

第1节　电阻焊相关知识 ………………………………………（175）

第2节　低碳钢薄板的电阻点焊 ………………………………（193）

第3节　光圆钢筋或带筋钢筋的闪光对焊 ……………………（195）

第4节　低碳钢薄板的电阻缝焊 …………………………… (198)

第5节　低碳钢电弧螺柱焊 ………………………………… (201)

第9章　压力焊 ……………………………………………… (209)

第1节　低碳钢板的扩散焊 ………………………………… (209)

第2节　小直径Ⅰ级钢筋的电渣压力焊 …………………… (220)

第10章　切割 ………………………………………………… (232)

第1节　低碳钢板的手工气割 ……………………………… (232)

第2节　低碳钢板或低合金钢板的手工碳弧气刨 ………… (243)

第1章 焊前准备

第1节 焊接常用工具、夹具及其安全检查

学习单元1 焊接常用工具、夹具及辅具

学习目标

- 了解焊接常用工具、夹具及辅具的种类
- 了解焊接常用工具、夹具及辅具的作用及性能特点

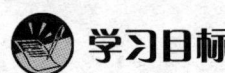

知识要求

一、焊接常用工具及辅助用具

1. 焊接电缆

二次回路的焊接电缆用来传导焊接电流。要求其除具有足够的导电截面以免因过热而引起导线绝缘破坏，并配合一定的长度使其导电时具有较低的电压降外，还必须耐磨和耐擦伤，应柔软且易弯曲，以便于焊工操作，减轻劳动强度。焊接电缆采用多股细铜线电缆，一般有 YHH 型电焊用橡皮套电缆和 YHHR

型电焊用柔软橡皮套电缆两种。焊接电缆的截面积可根据焊机额定焊接电流进行选择。电缆的长度以 20～30 m 为宜。焊接电缆截面积与焊接电流、导线长度的关系见表 1—1。

表 1—1　　焊接电缆截面积与焊接电流、导线长度的关系

电流（A）	焊接电缆长度（m）								
	20	30	40	50	60	70	80	90	100
	焊接电缆截面积（mm^2）								
100	25	25	25	25	25	25	25	28	35
150	35	35	35	35	50	50	60	70	70
200	35	35	35	50	60	70	70	70	70
300	35	50	60	60	70	70	70	85	85
400	35	50	60	70	85	85	85	95	95
500	50	60	70	85	95	95	95	120	120
600	60	70	85	85	95	95	120	120	120

2. 橡皮胶管

橡皮胶管是用于气焊、气割、各种气体保护焊、等离子弧焊、氩弧焊等的气体管道。气焊、气割胶管一般分为两种，一种是红色，作为乙炔管；另一种是黑色，作为氧气管。

3. 打磨工具

（1）角向磨光机

角向磨光机即平常所说的手砂轮，是用来修磨坡口、焊道，清除缺陷和清理焊根等的电动（或风动）工具，如图 1—1 所示。角向磨光机具有转速高、清除缺陷速度快以及打磨焊缝表面美观等优点，因而成为焊工在焊接过程中不可缺少的常用辅助工具。角向磨光机所用的砂轮片分为磨光片和切割片两种，直径有 100 mm、125 mm、180 mm 和 250 mm 等多种规格，焊工可根据焊件的大小、焊缝位置、操作空间等工况条件来选择适当规格的砂轮片。

（2）管道直磨机

管道直磨机即平常所说的管道内磨机，主要是用来打磨小直径管道内侧坡口的电动工具。管道直磨机转速高，打磨坡口效率高，在焊接施工中是不可缺少的常用辅助工具，如图 1—2 所示。

第1章　焊前准备

图1—1　角向磨光机

图1—2　管道直磨机

4. 防护类用品

(1) 面罩和护目玻璃

面罩是为防止焊接时的飞溅、弧光及其他辐射对焊工面部及颈部损伤的一种遮蔽工具，有手持式和头盔式两种，如图1—3所示。

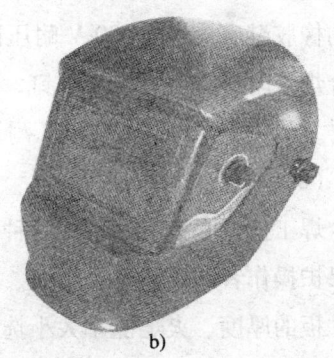

图1—3　面罩
a) 手持式　b) 头盔式

面罩上装有护目玻璃和防护白玻璃，护目玻璃是用以遮蔽焊接时产生的有害光线的黑色玻璃，可用于焊接或切割防护。防护白玻璃是为保护黑玻璃不受飞溅损坏而罩在其外的一种无色透明玻璃。护目玻璃的颜色有深浅之分，应根据焊接电流大小、焊工年龄和视力情况来确定，各种色号护目玻璃镜片的选用见表1—2。为保护护目玻璃不被飞溅的金属损坏，应在其外部再罩上两块无色透明的防护白玻璃。

表1—2　　　　　各种色号护目玻璃镜片的选用

工作种类	护目玻璃镜片色号			镜片尺寸（mm）
	适用电流（A）			
	30~75	80~200	≥200	
电焊	6~8	8~10	11~12	2.5×50×107
碳弧气刨	—	10~12	12~14	
辅助焊	3~4			

（2）焊工工作服

焊工工作服是防止弧光及火花灼伤人体的防护用品，一般选用较坚固不易着火的帆布制作，袖口要小，开口不要过多。焊接时上衣不要束在裤腰里，口袋应盖好，纽扣应扣好。

（3）焊工手套

焊工手套是保护焊工手臂不受损伤和防止触电的专用护具，但不能戴着手套直接拿灼热的焊件和焊条头。破损的手套应及时修补或更换。

（4）焊工护脚

焊工护脚是为了保护焊工脚和脚腕不受损伤而使用的保护用品。

（5）焊工防护鞋

焊工防护鞋应具有绝缘、抗热、抗机械损伤、耐磨损和防滑的性能，焊工防护鞋的橡胶鞋底应经5 000 V耐压试验，合格（不击穿）后方能使用。在易燃、易爆场合焊接时，鞋底不应有鞋钉，以免因摩擦而产生火星。在有积水的地面焊接、切割时，焊工应穿经过6 000 V耐压试验合格的防水橡胶鞋。

（6）焊工护目眼镜

焊工护目眼镜有两种，一种是气焊眼镜，它是气焊或气割时使用的防护镜，用来保护操作者的眼睛不受高温、强光、熔渣及金属飞溅的损伤。应根据焊接、切割工件板的厚度、火焰能率大小选择镜片颜色深浅。

另一种焊工护目眼镜是无色平光的，它是清渣和打磨焊件时佩戴的，以防止熔渣及切屑损伤眼睛。

5．其他辅助用具

（1）锤子、大锤

锤子、大锤主要用以矫正焊件或试件的变形。

（2）敲渣锤

敲渣锤是清除焊渣用的尖锤，可提高清渣效率。

（3）錾子

錾子用于清除焊渣，也可铲除飞溅物和焊瘤。

（4）扁铲

扁铲主要用于清除焊瘤等。

（5）钢丝刷

钢丝刷用以清除焊件表面的锈蚀、油污等。清理坡口和多层焊道时，宜用2~3行窄形弯把钢丝刷。

（6）锉刀

一般使用半圆锉，用于修理根部接头。

（7）通针

通针用于清理发生堵塞的火焰孔道。一般由焊工用刚度高的钢丝或黄铜丝自制而成。

（8）打火机

使用手枪式打火机点火最为安全、可靠。应尽量避免使用火柴点火。当用火柴点火时，必须把划着的火柴从焊嘴或割嘴的后面送到焊嘴或割嘴上，以免手被烫伤。

二、焊接常用夹具的种类

在装焊作业中，焊件一直保持确定位置的过程叫做夹紧。为保证焊件尺寸，提高装配精度和效率，防止焊接变形所采用的夹具叫做焊接夹具。焊接常用的装配夹具有以下几种：

1. 夹（压）紧工具

夹（压）紧工具用来紧固装配好的零件。常用的有楔形夹（压）器、螺旋夹（压）装置、杠杆式夹（压）器、偏心轮夹（压）紧工具、气压夹（压）紧工具、液压夹（压）紧工具和磁力夹（压）紧工具等，如图1—4所示。

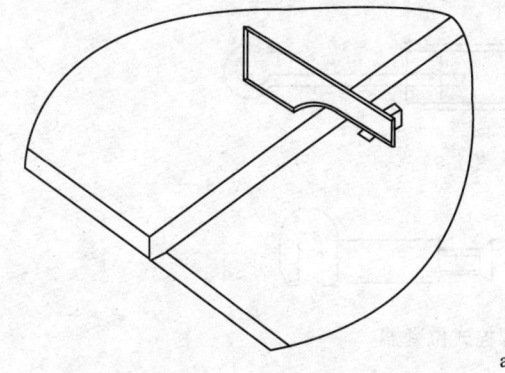
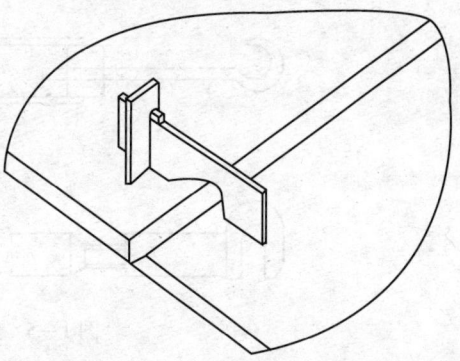

a)

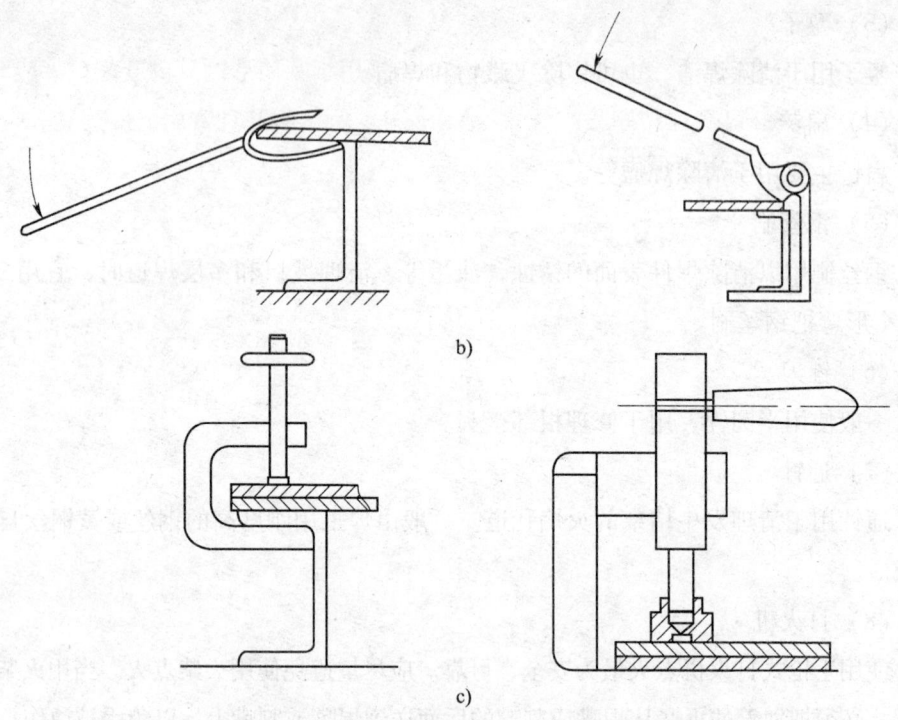

图1—4 几种常见的夹(压)紧工具
a)楔形夹(压)器 b)杠杆式夹(压)器 c)螺旋夹(压)装置

2. 拉紧工具

拉紧工具用于将所装配零件的边缘拉到规定的尺寸。常用的有杠杆、螺栓、导链等几种。如图1—5所示为几种螺栓式拉紧器。

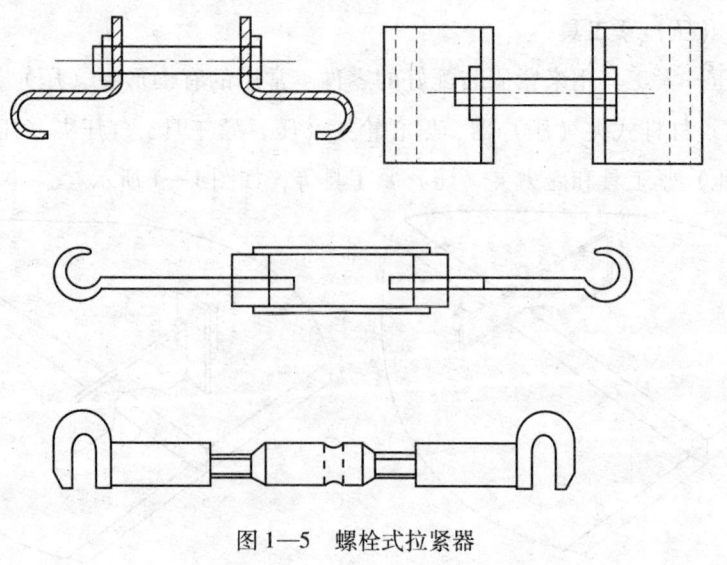

图1—5 螺栓式拉紧器

3. 撑具

撑具是扩大或撑紧装配件用的一种工具，常用于圆筒形制品的装配。一般利用螺钉或正、反螺钉来达到撑紧的目的。如图1—6所示为几种常用的推撑器。

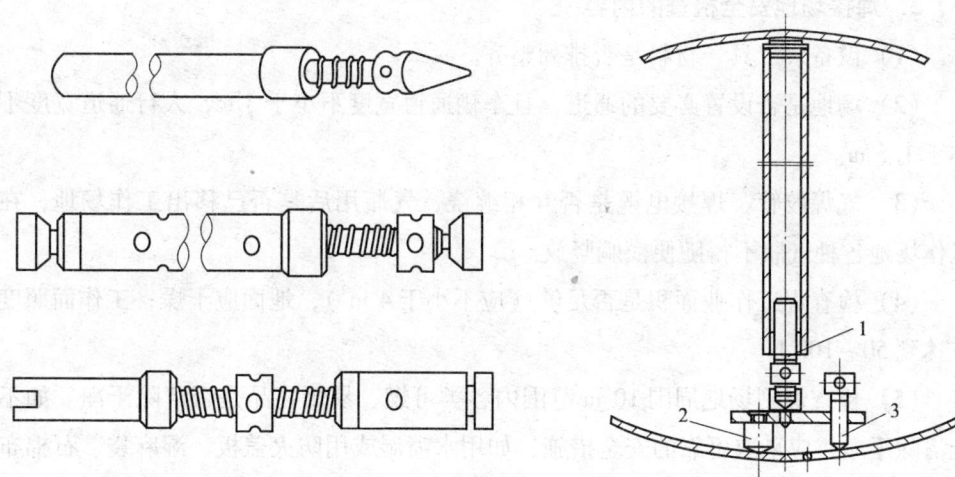

图1—6 推撑器
1—调节螺栓 2—撑头 3—推撑螺栓

学习单元2 焊接场地及常用工具、夹具、辅具的安全检查

学习目标

- 了解焊接场地安全检查的必要性及内容
- 了解常用工具、夹具、辅具安全检查的内容

知识要求

一、焊接场地的安全检查

1. 焊接场地安全检查的意义

由于焊接场地不符合安全要求造成火灾、爆炸、触电等事故时有发生，破坏性和危害性很大。要防患于未然，必须对焊接场地进行安全检查。

2. 焊接场地的类型

焊接作业场地一般有两类，一类是正常结构产品的焊接场地，如车间等；另一类是现场检修、抢修工作场地。

3. 焊接场地安全检查的内容

（1）设备、工具、材料是否排列整齐。

（2）场地是否设置必要的通道，且车辆通道宽度不小于 3 m，人行通道宽度不小于 1.5 m。

（3）气焊胶管、焊接电缆是否互相缠绕，气瓶用后是否已移出工作场地，在工作场地各种气瓶不得随便横躺竖放。

（4）检查焊工作业面积是否足够（应不小于 4 m^2），地面应干燥；工作面照度应达到 50~100 lx。

（5）检查焊割场地周围 10 m 范围内各类可燃、易爆物品是否清除干净。如不能清除干净，应采取可靠的安全措施，如用水喷湿或用防火盖板、湿麻袋、石棉布等覆盖。放在焊割场地附近的可燃材料需预先采取安全措施，以隔绝火星。

（6）室内作业应检查通风是否良好。多点焊接作业或与其他工种混合作业时，各工位间应设防护屏。

（7）室外作业现场检查内容：登高作业是否符合安全要求；在地沟、坑道、检查井、管段和半封闭地段等处作业时，应严格检查有无爆炸和中毒危险，应该用仪器（如测爆仪、有毒气体分析仪等）进行检验分析，禁止用明火或其他不安全的方法进行检查；附近敞开的孔洞和地沟应用石棉板盖严，以防止火花进入。

对焊接切割场地检查要做到仔细观察环境，针对各种情况认真加强防护。

二、焊接常用工具、夹具及辅具的安全检查

为了保证焊工的安全，在焊接前应对所使用的工具、夹具及辅具进行检查。

1. 焊接电缆

主要检查电缆两端和焊机及电焊钳的连接是否牢固、可靠，电缆的绝缘胶皮是否完好。

2. 橡皮胶管

主要检查橡皮胶管两端和气表及焊枪的连接是否牢固、可靠，是否有漏气的地方及老化严重现象。

3. 打磨工具

（1）角向磨光机

要检查砂轮运转是否正常，有没有漏电现象；砂轮片是否已经紧固牢固，是否有裂纹、破损；电缆和插头不得有损坏处；砂轮防护罩应完好、牢固。要避免使用过程中砂轮碎片飞出伤人。

（2）管道直磨机

在每次使用时要检查附件，例如，砂轮是否有碎片和裂缝，靠背垫是否有撕裂或过度磨损，钢丝刷是否松动或金属丝是否断裂。检查和安装附件后，操作者和旁观者应远离旋转附件的平面，并以电动工具最大空载速度运行 1 min。

4. 防护类用品

主要检查面罩和护目玻璃是否遮挡严密，有无漏光现象。

5. 其他辅助用具

（1）锤子

要检查锤头是否松动，避免在打击过程中锤头甩出伤人。

（2）扁铲、錾子

应检查扁铲、錾子的边缘有无毛刺、裂痕，若有应及时清除，以防止使用中碎块飞出伤人。

（3）夹具

各种夹具，特别是带有螺钉的夹具，要检查其上的螺钉是否转动灵活，若已锈蚀应除锈，并加以润滑；否则使用中会失去作用。

第 2 节　试件坡口清理、组对及定位焊

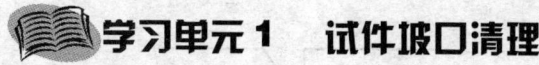

学习单元 1　试件坡口清理

学习目标

- 掌握试件清理的目的和方法
- 掌握使用角向磨光机进行试件清理的方法
- 掌握角向磨光机的维护与保养知识

 知识要求

一、坡口及坡口尺寸

坡口是根据设计或工艺需要，在焊件的待焊部位加工并装配成的一定几何形状的沟槽。

坡口分为单面坡口和双面坡口。单面坡口是指只构成单面焊缝（包括封底焊）的坡口；双面坡口是指形成双面焊缝的坡口。

1. 坡口的作用

开坡口是为了保证电弧能深入焊缝根部，使根部焊透，以及便于清除熔渣，获得较好的焊缝成型，而且坡口能起到调节基本金属与填充金属比例的作用。

2. 坡口形式及选择

坡口形式见《基础知识》"第 7 章 焊接知识""第 2 节 焊接基础知识""四、焊接接头与坡口""2. 焊件的坡口形式和尺寸"。

选择坡口形式应考虑下列因素：焊接方法；焊缝填充金属尽量少；避免焊接缺陷的产生；能减少残余焊接变形和应力；有利于焊接防护；焊工操作方便。

3. 坡口尺寸及符号

（1）坡口角度

两坡口面之间的夹角叫做坡口角度，用 α 表示，如图 1—7a 所示。坡口面是指待焊件上的坡口表面，如图 1—8 所示。

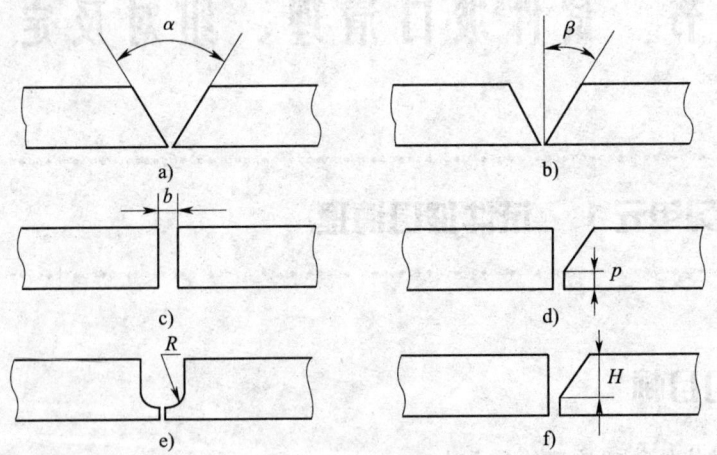

图 1—7 坡口尺寸符号
a）坡口角度 b）坡口面角度 c）根部间隙
d）钝边 e）根部半径 f）坡口深度

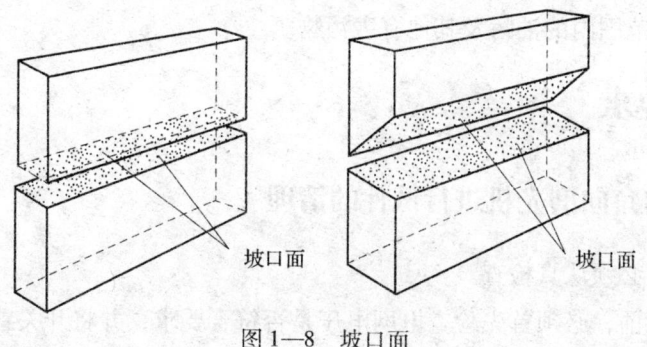

图1—8 坡口面

(2) 坡口面角度

待加工坡口的端面与坡口面之间的夹角叫做坡口面角度，用 β 表示，如图1—7b 所示。

(3) 根部间隙

焊接前在接头根部之间预留的空隙叫做根部间隙，用 b 表示，如图1—7c 所示。

(4) 钝边

焊件开坡口时，沿焊件接头坡口根部的端面直边部分叫做钝边，用 p 表示，如图1—7d 所示。

(5) 根部半径

在 J 形、U 形坡口底部的圆角半径叫做根部半径，用 R 表示，如图1—7e 所示。

(6) 坡口深度

焊件上开坡口部分的高度叫做坡口深度，用 H 表示，如图1—7f 所示。

二、试件清理的目的

清除坡口表面及两侧 20 mm 范围内的油污、锈蚀、水分、氧化皮（氧化物）及其他有害杂质，保证焊接质量。

三、常用的试件清理方法

1. 机械清理

机械清理是指用钢丝刷、砂布、锉刀及角向磨光机清除焊件坡口表面及两侧 20 mm 范围内的油污、锈蚀、水分、氧化皮（氧化物）及其他有害杂质。

2. 化学清理

化学清理是指用酸性或碱性清洗剂、有机溶剂及专用清洗剂清除焊件坡口表面及两侧20 mm范围内的油污及其他有害污物。

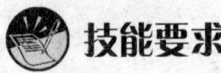 技能要求

一、使用角向磨光机进行试件的清理

1. 使用前必须认真检查。

2. 接电源前，必须首先检查电网电压是否符合要求，并将开关置于断开位置。在停电时应关掉开关并切断电源，以防止发生意外。

3. 使用时打开开关，先通电运行几分钟，检查角向磨光机转动是否灵活。使用时应尽可能使砂轮的旋转平面与焊件表面成15°~30°，且不能用力过大。使用过程中，如磨光机的转动部件卡住或转速急剧下降甚至突然停止转动时，应立即切断电源，送交专职人员处理。角向磨光机打磨过程如图1—9所示。

图1—9　角向磨光机打磨过程

4. 搬动角向磨光机时应手持机体或手柄，不能提拉电缆。

5. 当砂轮磨损至接近电动机时应更换砂轮，更换前应切断电源，并用专用扳手更换砂轮。

二、角向磨光机的维护与保养

1. 经常观察电刷的磨损情况，及时更换已磨损的电刷。

2. 角向磨光机应置于干燥、清洁、无腐蚀性气体的环境中，机壳不能接触有害溶剂。

3. 保持风道畅通，定期清除机内油污和尘垢。

4. 每季度至少进行一次全面检查，并测量其绝缘电阻，其值不得小于7 MΩ。阴雨季节应更加注意。

学习单元 2　试件的组对及定位焊

 学习目标

➤ 掌握组对和定位焊的作用和要求
➤ 掌握板、管子的定位焊操作技能

 知识要求

一、试件组对及要求

试件是指按照预定的焊接工艺制成的用于试验的焊件，或从构件上切取的用于试验的焊接接头的一部分。在正式施焊前将试件按照图样所规定的形状、尺寸装配在一起称为试件组对。在试件组对前，应按要求对坡口及其两侧一定范围内的母材进行清理。试件组对时，应尽量减少错边，保证装配间隙符合工艺要求，必要时可采用适当的焊接夹具。

二、定位焊的作用和要求

定位焊是指为装配和固定焊接接头的位置而进行的焊接。焊接前为装配和固定构件接缝的位置而焊接的短焊缝称为定位焊缝。

1. 定位焊的作用

定位焊的作用就是装配和固定焊接接头的位置。

2. 定位焊的要求

（1）定位焊所使用的焊条及对焊工操作技术熟练程度的要求应与正式焊缝的焊接完全一样。

（2）定位焊时容易产生未焊透缺陷，故焊接电流应比正式焊接时大 10% ~ 15%。

（3）当发现定位焊缝有缺陷时，应将其除去并重新焊接。

（4）定位焊缝的尺寸：一般板厚小于 3 mm 时，长度为 5 ~ 10 mm，间距为 20 ~ 100 mm；板厚大于 4 mm 时，长度为 30 ~ 50 mm，间距为 300 mm。焊缝厚度要低于板厚。

（5）如果焊件需预热，应加热到规定预热温度后再进行定位焊。

（6）不能在焊缝交叉处和方向急剧变化处进行定位焊。应离开上述位置 50 mm 左右距离后方可进行。

（7）为防止开裂，应尽量避免强行组装后进行定位焊，必要时可采用碱性低氢型焊条。

技能要求

一、板的定位焊

定位焊的焊缝位置应在试件坡口两端处，始焊端可少焊些，终焊端应多焊些，且终焊端预留间隙应比始焊端大 1~2 mm，以防止在焊接过程中收缩造成未焊端坡口间隙变窄而影响焊接。板厚为 12 mm 的试件定位焊时预留反变形 3°左右。如图 1—10 所示为试件的定位焊。

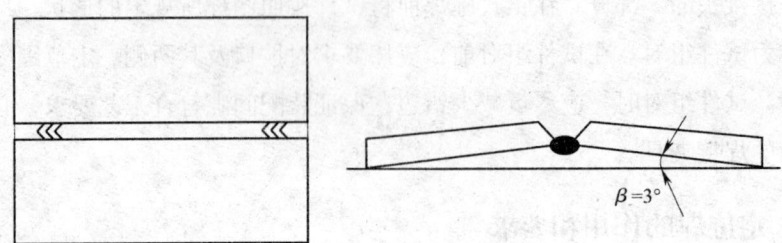

图 1—10　试件的定位焊

二、管子的定位焊

小口径管道可定位焊一处或两处，定位焊缝一般位于平焊或立焊部位或两个上爬坡处；大口径管道基本相同，只是对称多焊几点。定位焊缝一般不允许定位在管径截面相当于"时钟 6 点"的位置。当焊接淬硬性大的低合金钢和铬钼钢且直径大于 168 mm 的管道时，可用与试件材质相同的定位板在坡口外进行定位焊。定位板应均匀分布在试件外壁上。焊后拆除定位板以后，应将定位焊处磨平，并用着色探伤检查表面有无裂纹。如图 1—11 所示为管子的定位焊。

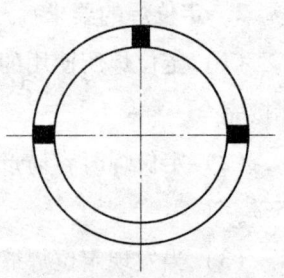

图 1—11　管子的定位焊

第 2 章

焊条电弧焊

第 1 节　焊条电弧焊相关知识

学习单元 1　焊条电弧焊常用工具及安全检查

 **学习目标**

- 掌握焊条电弧焊常用工具的作用
- 掌握焊条电弧焊常用工具的安全检查

 **知识要求**

一、焊条电弧焊常用工具

1. 电焊钳

电焊钳是用以夹持焊条进行焊接的工具。其作用是夹持焊条和传导电流。电焊钳应具有良好的导电性、不易发热、质量轻、夹持焊条牢固及装换焊条方便等特性。

电焊钳的构造如图 2—1 所示。它由上、下钳口，弯臂，弹簧，直柄，胶木手柄及固定销等组成。电焊钳的规格有 300 A 和 500 A 两种。其技术数据见表 2—1。应按照焊接电流及焊条直径大小选择合适的电焊钳。

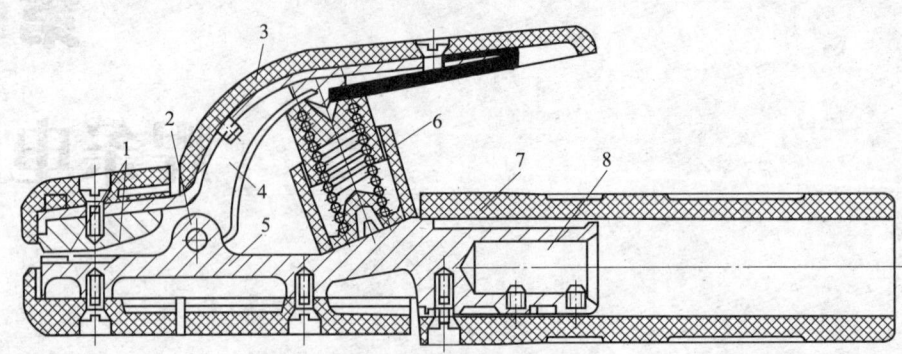

图 2—1 电焊钳的构造

1—钳口 2—固定销 3—弯臂罩壳 4—弯臂 5—直柄 6—弹簧 7—胶木手柄 8—焊接电缆固定处

表 2—1　　　　　　常用电焊钳技术数据

型号	额定电流 （A）	适用焊条直径 （mm）	电缆孔径 （mm）	质量 （kg）	外形尺寸 （mm）
G352	300	2~5	14	0.5	25×80×40
G528	500	4~6	18	0.7	290×150×45

2. 焊条保温筒

焊条保温筒是指在施工现场供焊工携带的可储存少量焊条的一种保温容器。它与电焊机的二次电压相连，使其保持一定的温度。焊条保温筒是焊工操作现场必备的辅具，携带方便。将已烘干的焊条放在保温筒内供现场使用，起到防泥土、防潮、防雨淋等作用。

二、焊条电弧焊常用工具的安全检查

1. 电焊钳的安全检查

焊接前应检查电焊钳与焊接电缆接头处是否牢固，若两者接触不牢固，焊接时将影响电流的传导，甚至会打火花。另外，接触不良将使接头处产生较大的接触电阻，造成电焊钳发热变烫，影响焊工的操作。要检查钳口是否完好，有无损坏，以免影响焊条的夹持。

2. 焊条保温筒的安全检查

检查焊条保温筒的插头是否有破损处，保温性能是否正常。

学习单元2 焊条电弧焊焊接参数及选择

 学习目标

➢ 掌握焊条电弧焊主要参数及选择

 知识要求

焊接参数是指焊接时为保证焊接质量而选定的各项参数（如焊接电流、电弧电压、焊接速度、线能量等）的总称。选择合适的焊接参数，对提高焊接质量和生产效率是十分重要的。

一、焊接电源的种类和极性

1. 焊条电弧焊电源种类

焊条电弧焊采用的焊接电流既可以是交流也可以是直流，所以，焊条电弧焊电源既有交流电源也有直流电源。目前，我国焊条电弧焊用的电源按结构分为四大类，即交流弧焊机、直流弧焊机、交直流两用弧焊机和机械驱动式弧焊机。

交流弧焊机的主要优点是成本低、制造及维护简单；缺点是不能适应碱性焊条，且焊接电压、电流容易受到电网波动的干扰。直流弧焊机（包括逆变式直流弧焊机）引弧容易，性能柔和，电弧稳定，飞溅少，是理想的更新换代产品。机械驱动式弧焊机可在特殊环境下（如无电源等）使用。交、直流弧焊电源的特点比较见表2—2。

表2—2　　　　　　　交、直流弧焊电源的特点比较

项目	直流	交流
电弧稳定性	高	低
极性可换性	有	无
磁偏吹影响	较大	很小
构造与维修	稍复杂	简单
工作时噪声	发电机大，整流器小	较小
供电方式	一般为三相供电	一般为单相供电

续表

项目	直流	交流
触电危险性	较小	较大
耗能指数	小	较大
成本	较高	低
质量	较大，逆变式电源较小	较小

进行焊条电弧焊时，电源的种类根据焊条的性质进行选择。通常，酸性焊条可同时采用交、直流两种电源，一般优先选用交流弧焊机。碱性焊条由于电弧稳定性差，所以必须使用直流弧焊机。对药皮中含有较多稳弧剂的焊条，也可采用交流弧焊机，但此时电源的空载电压应较高。

2. 焊条电弧焊电源极性

极性是指直流电弧焊或电弧切割时焊件的极性。焊件接电源正极称为正极性，接负极称为反极性。所以，采用直流焊接时焊件和电极就有两种不同的接线法，焊件接电源正极，电极接电源负极的接线法称为正接，如图2—2a所示；反之，焊件接电源负极，电极接电源正极的接线法称为反接，如图2—2b所示。

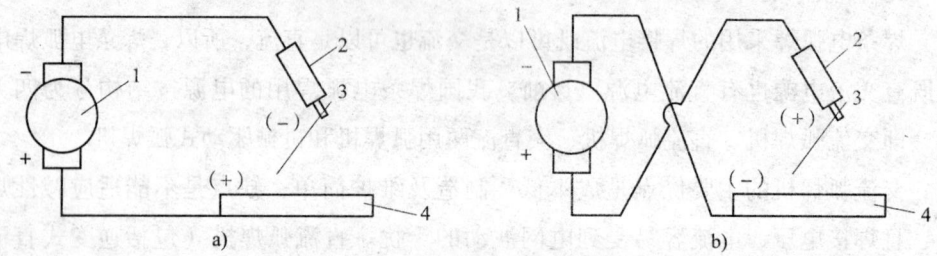

图2—2　直流弧焊机的不同极性接法

a) 直流正接　b) 直流反接

1—直流电焊机　2—焊钳　3—焊条　4—工件

极性的选择原则如下：

（1）碱性焊条通常采用反极性，因为碱性药皮中含有去氢物质萤石（CaF_2），萤石中的氟起反电离作用，使电弧的稳定性下降。再加上正极性时电弧中的正离子（较重）向负极运动，形成的斑点压力较大，将熔滴顶向熔池外，飞溅严重，噪声大，使电弧燃烧更不稳定。因此，使用反极性时电弧燃烧稳定，飞溅很小，而且声音较平静、均匀。

（2）酸性焊条电弧稳定，采用正、反极性都可以。通常采用正极性，由于焊接时阴极产生电子发射，对阴极有冷却作用，使阳极部分的温度高于阴极部分，所以用正极性（焊件为阳极）可以得到较大的熔深，可提高生产效率。因此，焊接厚钢板时可采用正极性，而焊接薄板、铸铁、有色金属时，为防止烧穿和降低熔合比等，应采用反极性。

采用交流电源时不存在选择极性的问题。

二、焊条直径

焊条直径是指焊芯的直径，是表示焊条规格的一个主要尺寸。焊条的直径是根据焊件厚度、焊接位置、接头形式、焊接层数等进行选择的。

厚度较大的焊件应选用直径较大的焊条，厚度越大，焊条直径越大，焊条直径与焊件厚度的关系见表2—3。对于厚板开坡口、小坡口焊件，为了保证底层熔透，宜采用较细的焊条，一般选用 $\phi2.5$ mm 或 $\phi3.2$ mm 的焊条。

表2—3　　　　　　　　焊条直径与焊件厚度的关系

焊件厚度（mm）	2	3	4~5	6~12	>13
焊条直径（mm）	2	2.5~3.2	3.2~4	4~5	4~6

另外，接头形式不同，焊缝空间位置不同，焊条直径也有所不同。例如，T形接头应比对接接头使用的焊条粗些；立焊、横焊等比平焊时所选用的焊条应细一些，立焊时焊条最大直径不超过 5 mm，横焊、仰焊时焊条直径不超过 4 mm。

三、焊接电流

焊接电流是指焊接时流经焊接回路的电流。它是焊条电弧焊最重要的焊接参数，也是焊工在操作过程中唯一需要调节的参数，而焊接速度和电弧电压都是由焊工控制的。选择焊接电流时要考虑的因素很多，如焊条直径、药皮类型、工件厚度、接头类型、焊接位置、焊接层数等。但主要由焊条直径、焊接位置和焊道层次来决定。

1. 焊条直径

焊条直径越大，焊接电流越大，每种直径的焊条都有一个最合适的电流范围，各种直径焊条使用的电流参考值见表2—4。

表2—4　　　　　　　　各种直径焊条使用的电流参考值

焊条直径（mm）	1.6	2.0	2.5	3.2	4.0	5.0	5.8
焊接电流（A）	25~40	40~60	50~80	100~130	160~210	200~270	260~300

还可以根据下面的经验公式计算焊接电流：

$$I = dK$$

式中　I——焊接电流，A；

　　　d——焊条直径，mm；

　　　K——经验系数，A/mm，焊接电流经验系数与焊条直径的关系见表2—5。

表2—5　　　　　　焊接电流经验系数与焊条直径的关系

焊条直径 d（mm）	1.6	2~2.5	3.2	4~6
经验系数 K（A/mm）	20~25	25~30	30~40	40~50

2. 焊接位置

熔焊时，焊件焊缝所处的空间位置称为焊接位置。它可用焊缝倾角和焊缝转角来表示，焊接位置分为平焊、立焊、横焊和仰焊等。焊缝倾角是指焊缝轴线与水平面之间的夹角。焊缝转角是指焊缝中心线（焊根和盖面层中心连线）与水平参照面 Y 轴的夹角。在平焊位置焊接时，可选择偏大些的焊接电流。横焊、立焊、仰焊位置焊接时，焊接电流应比平焊位置小 10%~15%。平角焊电流比平焊电流大 10%~15%。

3. 焊道

焊道是指每一次熔敷所形成的一条单道焊缝。通常焊接打底焊道时，特别是焊接单面焊双面成型的焊道时，使用的焊接电流要小，这样才便于操作和保证背面焊道的质量；焊填充焊道时，为提高效率，通常使用较大的焊接电流；而焊盖面焊道时，为防止咬边和获得美观的焊缝，使用的电流稍小些。

另外，碱性焊条选用的焊接电流比酸性焊条小 10% 左右。不锈钢焊条比碳钢焊条选用的电流小 20% 左右。

总之，电流过大或过小都易产生焊接缺陷。电流过大时，焊条易发红，使药皮变质，而且易造成咬边、弧坑等缺陷，同时还会使焊缝过热，促使晶粒过大；电流过小时，电弧燃烧不稳定，焊条易粘在焊件上，熔渣和铁液很难分离，焊缝金属窄而高，且两侧与母材熔合不良；电流适中时，焊缝金属高度适中，且两侧与母材熔合良好。

四、焊层

焊层是指多层焊时的每一个分层。每个焊层可由一条焊道或几条并排相搭的焊道所组成。在中、厚板焊接时，必须采用多层焊或多层多道焊。多层焊的前一焊道对后一焊道起预热作用，而后一焊道对前一焊道起热处理作用（退火或缓冷），有利于改善焊缝金属的塑性和韧性。每层焊道厚度不大于 4 mm。

五、电弧电压

电弧电压是指电弧两端（两电极）之间的电压。焊条电弧焊时，电弧电压是由焊工根据具体情况灵活掌握的。当其他条件不变时，若电弧电压升高，则焊缝宽度显著增大，而焊缝厚度和余高将略有减小。这是因为电弧电压升高意味着电弧长度增加（电弧电压与电弧长度成正比），所以，电弧摆动范围扩大而导致焊缝宽度增加；其次，弧长增加后，电弧的热量损失加大，所以用来熔化母材和焊丝的热量减少，相应焊缝厚度和余高就略有减小。

在焊接过程中，一般希望弧长始终保持一致，而且尽可能用短弧（特别是碱性焊条）焊接，以加强保护，防止气孔等缺陷的产生，从而保证焊接质量。所谓短弧是指弧长为焊条直径的 0.5~1 倍，超过这个长度则称为长弧。

六、焊接速度

焊接速度是指单位时间内完成的焊缝长度。在保证焊缝所要求的尺寸和质量的前提下，由焊工根据情况灵活掌握。速度过慢，热影响区加宽，晶粒粗大，变形也大；速度过快，易造成未焊透、未熔合、焊缝成型不良等缺陷。

学习单元3　焊条电弧焊安全操作规程

 学习目标

➤ 掌握焊条电弧焊一般情况下的安全操作规程

 知识要求

进行焊条电弧焊时必须注意安全和防护。安全和防护主要包括防止触电、弧光辐射、火灾、爆炸和有毒气体与烟尘中毒等。一般情况下的安全操作规程如下：

1. 做好个人防护，焊工操作时必须按劳动保护规定穿戴防护工作服、绝缘鞋和防护手套,并保持干燥和清洁。

2. 焊接工作开始前,应先检查设备和工具是否安全、可靠。不允许未进行安全检查就开始操作。

3. 焊工在更换焊条时一定要戴焊工手套,不得赤手操作。在带电情况下,不要将焊钳夹在腋下而去搬动焊件或将焊接电缆绕挂在脖颈上。

4. 在特殊情况下(如夏天身上大量出汗、衣服潮湿时),切勿倚靠在带电的工作台、焊件上或接触焊钳等,以防止发生事故。在潮湿地点进行焊接作业时,地面应铺上橡胶板或其他绝缘材料。

5. 焊工推拉刀开关时,要侧身向着刀开关,以防止电弧火花烧伤面部。

6. 下列操作应在切断电源开关后才能进行:改变焊机接头;更换焊件需要改接二次线路;移动工作地点;检修焊机故障或更换熔断器。

7. 焊机的安装、修理和检查应由电工进行,焊工不得擅自拆修。

8. 焊接前,应将作业现场10 m以内的易燃、易爆物品清除干净或妥善处理,以防止发生火灾或爆炸事故。

9. 工作完毕离开作业现场时须切断电源,清理好现场,防止留下事故隐患。

10. 使用行灯照明时,其电压应不超过36 V。

第2节 厚度 $t = 8 \sim 12$ mm 的低碳钢板或低合金钢板T形接头和角接接头的焊接

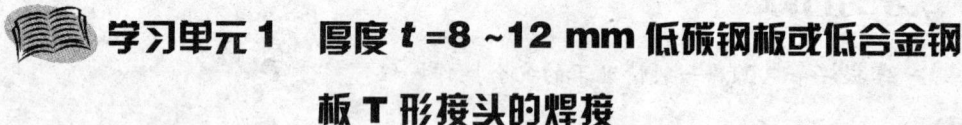

学习单元1 厚度 $t = 8 \sim 12$ mm 低碳钢板或低合金钢板T形接头的焊接

学习目标

➤ 了解T形接头的焊接变形及产生原因
➤ 掌握焊接参数对T形接头焊条电弧焊焊缝成型的影响

➤ 掌握厚度 $t=8\sim12$ mm 的低碳钢板或低合金钢板 T 形接头的操作技能

知识要求

一、T 形接头焊接变形

由于焊接过程的不均匀加热和冷却，在焊件中会产生焊接应力和焊接变形。焊接应力是指焊接构件由焊接而产生的内应力。焊接变形是指由焊接而产生的变形。

1. T 形接头的焊接变形及产生原因

T 形接头是指一件的端面与另一件表面构成直角或近似直角的接头。T 形接头的焊接变形主要是角变形，其角变形发生的根本原因是焊缝的横向收缩变形造成的。焊接时，热源附近高温区金属的热膨胀受到拘束，产生了塑性变形，当焊缝附近金属开始降温而收缩，而焊缝金属由高温到低温冷却过程中，本身也会产生横向收缩，使 T 形接头产生角变形 β，且焊脚尺寸 K 越大，角变形 β 越大，如图 2—3 所示。

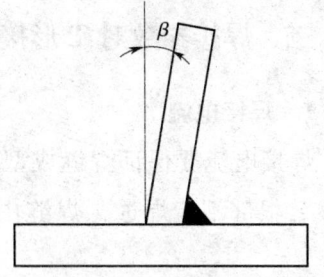

图 2—3　T 形接头的角变形

2. T 形接头焊接变形的防止措施

（1）预留反变形法

预留反变形法是指根据 T 形接头试件预测的焊接变形大小和方向，在待焊试件定位焊时留出与焊接残余变形大小相当、方向相反的预变形量（反变形量 $\beta=3°\sim5°$），如图 2—4 所示。焊后，焊接残余变形抵消了预变形量，使试件恢复到所要求的形状和尺寸。

（2）在满足接头强度的前提下尽量减小焊脚尺寸

焊脚尺寸越小，焊缝的金属量减少，焊缝金属本身的横向收缩量减少，角变形也就越小。

（3）采用刚性固定法

刚性固定法是指焊前采用定位焊临时固定，如图 2—5 所示。

（4）在保证焊接质量的前提下尽量采用小的焊接热输入

减小焊接热输入，可减小热源附近高温区金属的热膨胀区面积，从而减小收缩和变形。

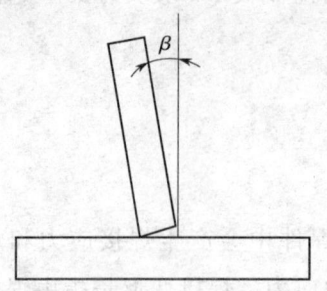 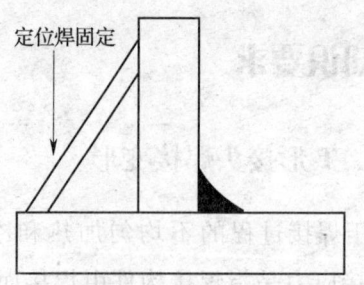

图2—4 T形接头试件定位焊时预留反变形　　图2—5 采用定位焊临时固定

二、焊接参数对T形接头焊条电弧焊焊缝成型的影响

1. 焊接电流

焊接电流要保证焊缝成型。电流过小，则焊缝两侧与母材熔合不良，且熔深浅，根部不能焊透，焊缝中间高；电流过大，则易产生咬边，同样熔合不良。

2. 焊接速度

焊接速度可根据焊接电流的大小由焊工自己掌握。焊接速度过快，则造成焊缝两侧熔合不良，且焊缝中间高；焊接速度过慢，则易形成焊瘤。

技能要求

一、操作准备

1. 试件及坡口

试件材质：Q235钢。

试件尺寸及数量：300 mm×150 mm×8 mm，两块。

坡口形式：I形。

2. 焊接材料及设备

焊接材料：E4315，$\phi 3.2$ mm 和 $\phi 4$ mm。

焊接设备：ZX7—400，直流反接。

3. 焊接参数

T形接头的焊接参数见表2—6。

表 2—6　　　　　　　　　　T 形接头的焊接参数

焊接层次	焊条直径（mm）	焊接电流（A）	焊脚尺寸（mm）
根焊（第一层）	3.2	130~140	3
盖面焊（第二层）	4.0	150~160	8

二、操作步骤

1. 试件打磨及清理

采用角向磨光机将坡口及两侧 20 mm 范围内的锈蚀、油污、氧化物等清理干净，使其露出金属光泽。如图 2—6 所示为打磨后的试件。

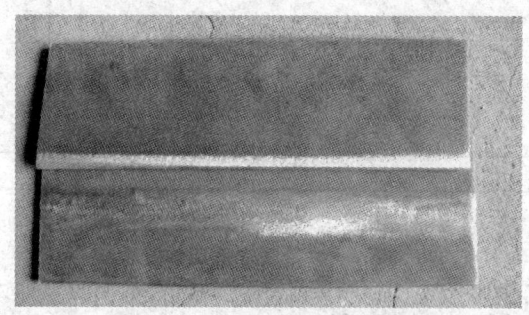

图 2—6　打磨后的试件

2. 试件组对及定位焊

定位焊的起头和结尾处应圆滑；所采用的焊接电流比正常焊接的电流大 10%~15%；定位焊缝高度不超过板厚的 2/3，定位焊位于 T 形接头立板与底板相交的两侧首尾处，即四点定位。注意预留反变形（$\beta = 3° \sim 5°$），如图 2—7 所示。

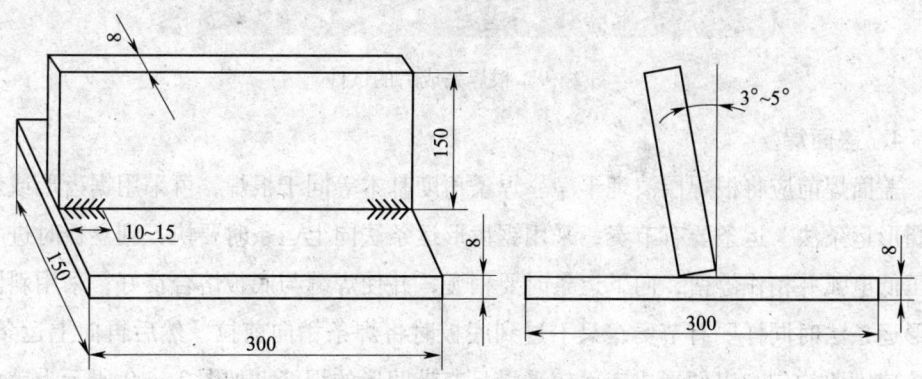

图 2—7　T 形接头试件定位焊

3. 打底焊（根焊）

用直径为 3.2 mm 的电焊条，按表 2—6 调节好焊接电流，用划擦法引弧，电弧引燃后，拉长电弧在定位焊缝上预热 1.5 ~ 2 s，然后再压低焊接电弧，形成熔池后正式开始根焊。运条时采用直线式短弧焊接。保持焊条与水平面成 45°夹角、与焊接方向成 60°~80°夹角，如图 2—8 所示为打底焊焊条角度。必须保证顶角处焊透，电弧始终对准顶角，焊接过程中注意观察熔池，使熔池下沿与水平板熔合好，熔池上沿与立板熔合好，使焊脚对称。如图 2—9 所示为根焊完成后的试件。

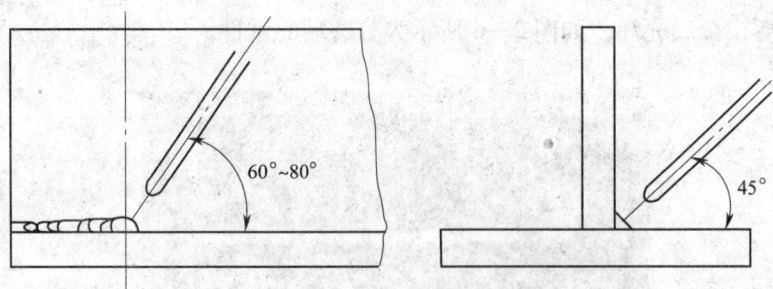

图 2—8 打底焊焊条角度

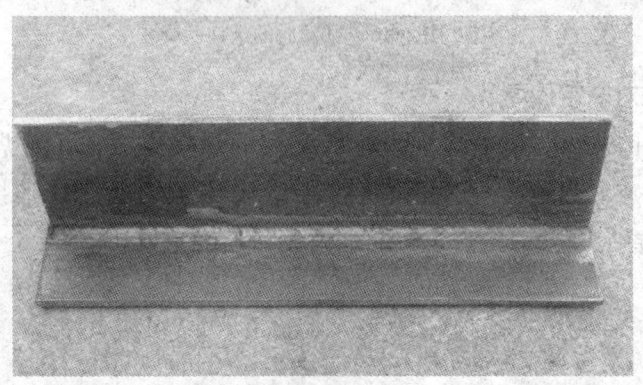

图 2—9 根焊完成后的试件

4. 盖面焊

盖面焊前应将根焊层清理干净。焊条角度基本等同于根焊，可采用锯齿形或斜圆圈形运条法。运条要有节奏，采用锯齿形运条法向上运条时要快，到立板时进一步压低电弧并稍作停留，向下运条时要稍慢，并使焊缝与底板熔合良好；采用斜圆圈形运条法时同样要有节奏，只不过到底板时将焊条稍向前拉，然后再向上运条。焊接速度要均匀，以便形成表面较平滑且略带凹形的焊缝。如图 2—10 所示为盖面焊完成后的试件。

图2—10 盖面焊完成后的试件

5．焊后清理

每焊完一层，用角向磨光机将熔渣清理干净后再焊接下一层。焊缝施焊结束后，应彻底清理熔渣、飞溅，保持焊道原始状态。

三、注意事项

1．对于碱性焊条，焊前一定要烘干；焊接电流比同样规格的酸性焊条小10%左右，直流反接；一定要采用短弧焊接。

2．焊接过程中要分清铁液和熔渣，避免产生夹渣。

3．严格控制熔池形状和尺寸。

4．与定位焊缝接头时，应特别注意焊缝透度。

5．对每层焊道的熔渣要彻底清理干净，特别是边缘死角的熔渣。

6．盖面焊时要保证焊缝边缘和下层及母材熔合良好。如发现咬边，焊条稍微动一下或多停留一会，焊缝边缘要与母材表面圆滑过渡。

学习单元2　厚度 $t=8\sim12$ mm 的低碳钢板或低合金钢板角接接头的焊接

学习目标

- 了解角接接头的焊接变形及产生原因
- 掌握焊接参数对角接接头焊条电弧焊焊缝成型的影响

➢ 掌握厚度 $t=8\sim12$ mm 的低碳钢板或低合金钢板角接接头的操作技能

 知识要求

一、角接接头焊接变形

1. 角接接头的焊接变形及产生原因

角接接头是指两件端部构成大于 30°、小于 135°夹角的接头。角接接头焊接时产生的角变形如图 2—11 所示。其产生的原因与 T 形接头相同。

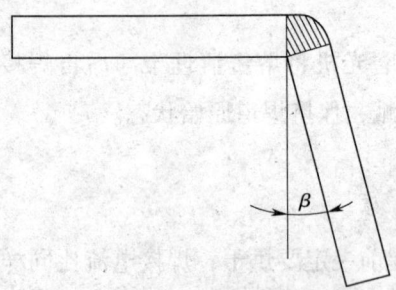

图 2—11 角接接头焊接的角变形

2. 角接接头焊接变形的防止措施

（1）预留反变形法，即根据预测的焊接变形大小和方向，在待焊试件装配时留出与焊接残余变形大小相当、方向相反的预变形量（反变形量），如图 2—12 所示。

（2）在满足接头强度的前提下尽量减小焊脚尺寸（同 T 形接头）。

（3）采用刚性固定法，即焊前采用定位焊临时固定，如图 2—13 所示。

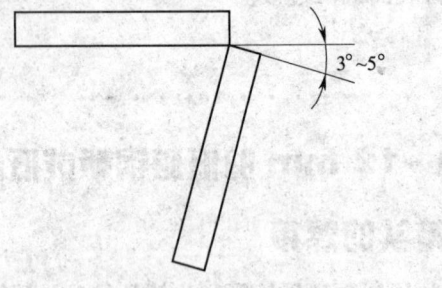

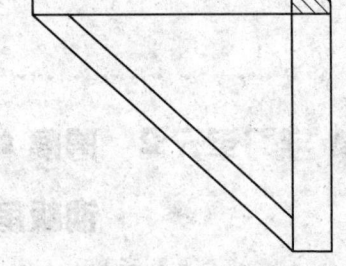

图 2—12 角接接头试件预留反变形　　图 2—13 角接接头定位焊临时固定

（4）在保证焊接质量的前提下尽量采用小的焊接热输入（同 T 形接头）。

二、焊接参数对角接接头焊条电弧焊焊缝成型的影响

其影响与 T 形接头相同。

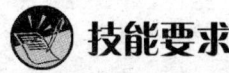 技能要求

一、操作准备

1. 试件及坡口

试件材质：Q235。

试件尺寸及数量：300 mm × 150 mm × 8 mm，两块。

坡口形式：如图 2—14 所示。

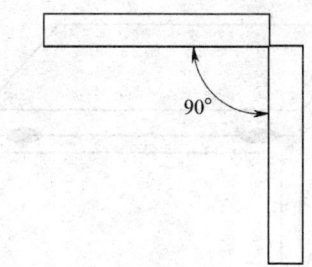

图 2—14 试件坡口形式

2. 焊接材料及设备

焊接材料：E4303，ϕ3.2 mm 和 ϕ4.0 mm。

焊接设备：BX1—330。

3. 焊接参数

角接接头焊接参数见表 2—7。

表 2—7　　　　　　　　　角接接头焊接参数

焊接层次	焊条直径（mm）	焊接电流（A）	焊脚尺寸（mm）
根焊（第一层）	3.2	140～150	3
盖面焊（第二层）	4.0	150～170	8

二、操作步骤

1. 试件打磨及清理

用角向磨光机将坡口及两侧 20 mm 范围内的锈蚀、油污、氧化物等清理干净，使其露出金属光泽。如图 2—15 所示为打磨后的试件。

2. 试件组对及定位焊

定位焊要求与 T 形接头定位焊相同。定位焊位于角接接头的首尾两处，组对时进行刚性固定，如图 2—16 所示。

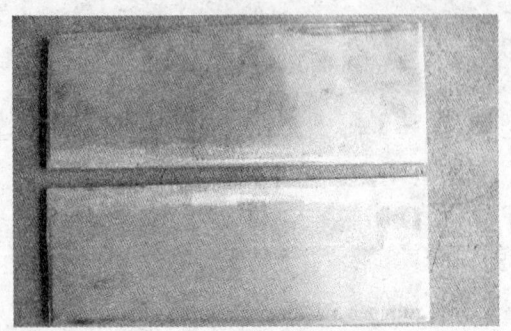

图2—15　打磨后的试件

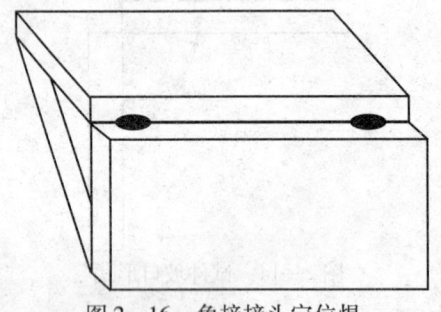

图2—16　角接接头定位焊

3. 打底焊

操作要点与T形接头相同。如图2—17所示为根焊完成后的试件。

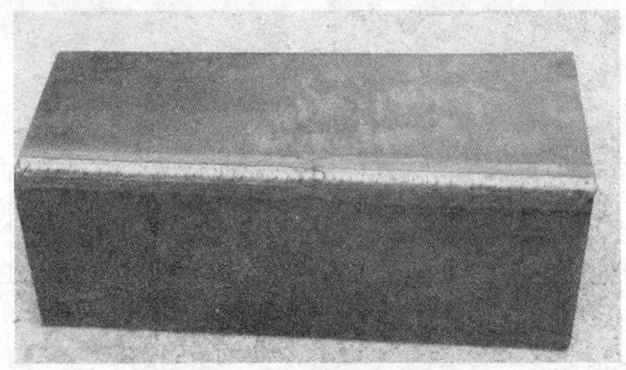

图2—17　根焊完成后的试件

4. 盖面焊

盖面焊的操作要点基本与T形接头相同。但操作时一定要控制好熔池形状和焊条摆动幅度；否则，易使铁液流失并产生咬边。如图2—18所示为焊完的试件。

5. 焊后清理

要求及操作方法与T形接头相同。

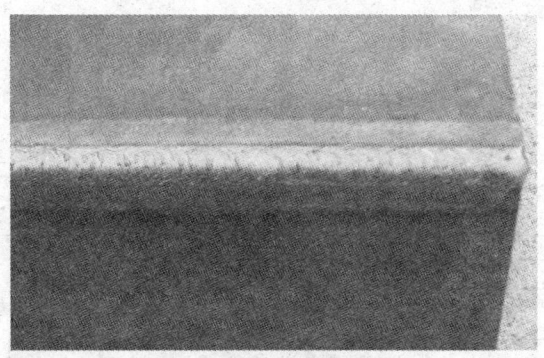

图2—18 焊完的试件

三、注意事项

1. 焊接过程中要分清铁液和熔渣,避免产生夹渣。
2. 严格控制熔池形状和尺寸。
3. 与定位焊缝接头时应特别注意焊缝透度。
4. 对每层焊道的熔渣要彻底清理干净,特别是边缘死角的熔渣。
5. 盖面焊时要保证焊缝边缘和下层及母材熔合良好。如发现咬边,焊条稍微动一下或多停留一会,焊缝边缘要与母材表面圆滑过渡。

学习单元3 质量检查

学习目标

- 了解T形接头和角接接头焊缝常见表面缺陷、缺陷产生的原因及防止措施
- 了解T形接头和角接接头焊缝的外观检查项目和方法
- 掌握使用焊接检验尺测量角焊缝的方法

知识要求

一、T形接头和角接接头焊缝常见表面缺陷

T形接头和角接接头焊缝常见的表面缺陷有尺寸不符合要求、咬边、焊瘤、弧坑、表面气孔和表面裂纹等,如图2—19所示。

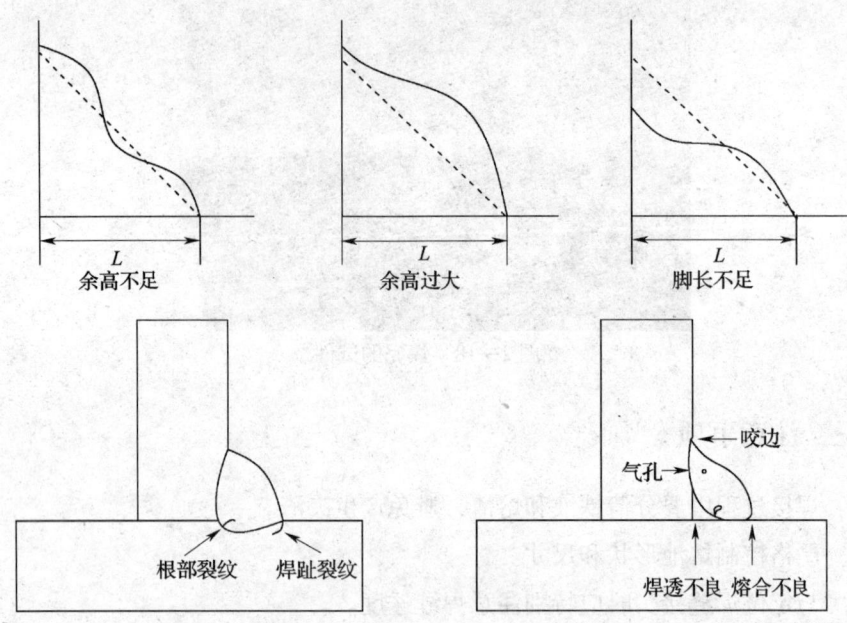

图 2—19　T形接头和角接接头焊缝常见的表面缺陷

1. 焊缝成型和尺寸不符合要求

焊缝成型是指熔焊时液态焊缝金属冷凝后形成的外形。对焊缝成型，既有形状的要求也有尺寸的要求。例如，角焊缝的焊波（焊缝表面上的鱼鳞状波纹）要求均匀、细密等。焊缝成型和尺寸不符合要求常见的有焊波不够细密、凸度过大、焊缝宽度不齐、焊脚尺寸不对称或不符合要求。

产生的原因：焊接电流过大或过小；焊接速度或运条手法不当；焊条角度不合适等。

防止措施：选择正确的焊接电流和焊接速度；掌握正确的运条方法和运条角度。

2. 咬边

咬边是常见的焊缝外观缺陷。咬边是由于焊接参数选择不当或操作方法不正确，沿焊趾的母材部位产生的沟槽或凹陷，如图 2—20 所示。

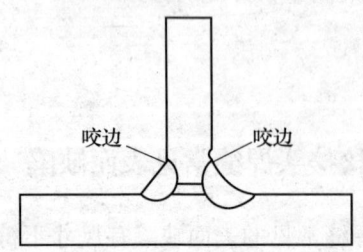

图 2—20　T形接头角焊缝处的咬边

咬边是一种危害性较大的外观缺陷，它不但减少了基本金属的有效截面积，而且在咬边根部往往形成较尖锐的缺口，造成应力集中，很容易形成应力腐蚀裂纹和应力集中裂纹。因此，对咬边有严格的限制，特别是对于某些重要部件不允许有咬边缺陷。

产生的原因：电流过大；焊接速度过快；电弧过长；焊条角度不合适等。

防止措施：选择正确的焊接电流和焊接速度；电弧不能拉得过长；掌握正确的运条角度。

3. 焊瘤

焊瘤是指焊接过程中熔化金属流淌到焊缝之外未熔化的母材上所形成的金属瘤，如图 2—21 所示。

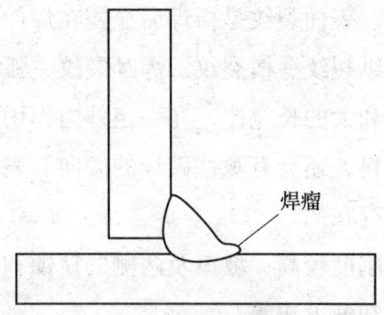

图 2—21　T 形接头角焊缝处的焊瘤

产生的原因：平角焊时，电流过大或焊接速度太慢；焊条角度不正确等。

防止措施：选择合适的焊接电流及焊接速度；掌握正确的运条角度；注意控制熔池的形状。

4. 弧坑

焊道末端产生的凹陷，且在后续焊道焊接之前或过程中未被消除的现象称为弧坑，如图 2—22 所示。这种凹陷常含有裂纹、缩孔、夹渣等缺陷，因此是一种非常有害的焊接缺陷。

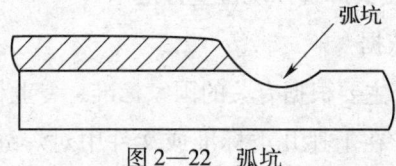

图 2—22　弧坑

产生的原因：熄弧过快；焊工操作技能差；停弧或收尾时没有填满熔坑。

防止措施：提高焊工操作技能；适当摆动焊条以填满凹陷部分；在收弧处短时停留做几次环形运条。

5. 表面气孔

焊接时，熔池中的气泡在凝固时未能逸出而残留下来所形成的空穴叫做气孔。

气孔在焊缝表面的为表面气孔,是焊缝表面缺陷的一种。

产生的原因:坡口面及边缘不清洁,有水分、油污和锈蚀;焊条未按规定进行烘焙;焊芯锈蚀或药皮变质、剥落;焊接时电弧过长等。

防止措施:选择合适的焊接电流和焊接速度;认真清理坡口边缘的水分、油污和锈蚀;严格按规定保管、清理和烘焙焊接材料;不使用变质的焊条,当发现焊条药皮变质、剥落或焊芯锈蚀时,应严格控制使用范围;采用短弧焊接。

6. 表面裂纹

裂纹是指在焊接应力及其他致脆因素共同作用下,材料的原子结合遭到破坏,形成新界面而产生的缝隙。表面裂纹是指焊后显露在焊件表面上的裂纹。表面裂纹一般常见的有焊缝表面的纵裂纹、横裂纹、焊趾裂纹、弧坑裂纹和热影响区表面裂纹。裂纹具有尖锐的缺口和大的长宽比,在一定外力作用下,裂纹具有明显的扩展倾向,对于脆性状态的材料,还会有脆性破坏的倾向。表面裂纹是焊缝表面缺陷中最危险的缺陷,是不允许存在的。

产生的原因:接头的刚度较高;坡口及两侧的锈蚀和油污没有清理干净;低氢型焊条没有烘干及焊后冷却速度快等。

防止措施:降低接头的刚度;焊前严格清理坡口;合理选择焊条,低氢型焊条按规定烘干;焊前预热和焊后缓冷。

二、T形接头和角接接头焊缝的外观检查

1. T形接头和角接接头焊缝外观检查项目

T形接头和角接接头焊缝外观检查项目包括焊缝咬边、弧坑、焊瘤、表面气孔、焊缝表面裂纹、焊缝未熔合、电弧擦伤、焊缝外观表面成型和焊脚尺寸。

2. T形接头和角接接头焊缝外观检查方法

(1) 检查的标准和依据

焊缝外观质量的检查主要根据有关的国家标准、专业标准、产品技术条件以及考试规则等文件来判定。在上述几类标准或文件中对焊缝外形尺寸公差的允许范围、各种表面缺陷的大小和数量,是否允许存在,以及检测手段都有明确的规定。

(2) 焊缝外观检查方法

外观检查是一种常用的、简单的检验方法。外观检查以肉眼观察为主,必要时借助低倍放大镜、量规、样板及专用测量工具进行检查。

1) 常用的焊缝外形测量工具

①焊接检验尺。这是一种常用的焊缝外观尺寸检验工具，通常用焊接检验尺来测量焊件焊前的坡口角度、间隙、错边以及焊后对接焊缝的余高、宽度和角焊缝的焊脚尺寸、焊缝厚度、焊缝凹度、凸度等，如图2—23所示。

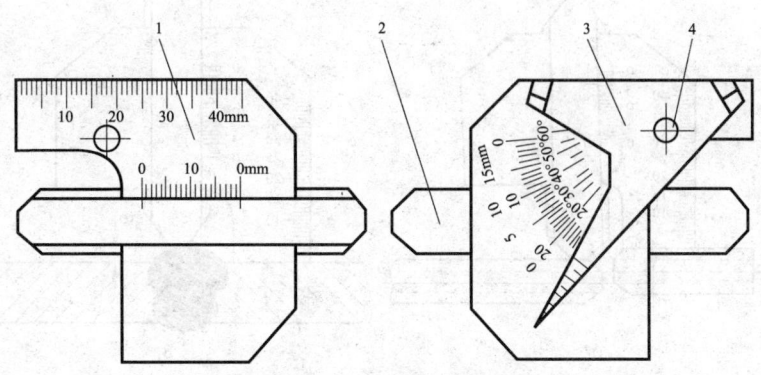

图2—23 焊接检验尺
1—主尺 2—活动尺 3—测角尺 4—铆钉

②样板。用以测量对接接头和角接接头的外形是否符合标准要求的专用工具。

③通用量具。游标卡尺、卷尺、钢直尺等。它们在使用时不够方便，效率低，同时准确度也较低。

2）焊缝外观尺寸的检查。通常借助于量规、样板及专用测量工具进行检查。T形接头和角接接头角焊缝的宽度、焊脚尺寸、焊缝厚度、凸度、凹度用焊接检验尺测量。

3）焊缝表面缺陷的检查。通常先采用肉眼、低倍放大镜目测，首先看焊缝的表面成型，即看焊波（焊缝表面上的鱼鳞状波纹）是否细密、均匀，焊缝宽窄、高低是否一致，收尾处是否有弧坑，焊缝起头处是否过高，接头是否脱节或过高，母材表面的电弧擦伤等。然后用游标卡尺、钢直尺等量具测量裂纹、咬边、未熔合、条状夹渣的长度以及表面气孔、点状夹渣、凹坑直径和焊瘤尺寸等，咬边的深度可用焊接检验尺测量。

技能要求

下面介绍用焊接检验尺测量焊缝错边量、焊缝余高、坡口角度、角焊缝厚度及焊脚尺寸的方法。

一、测量焊件错边量及焊缝余高

以焊件表面为测量基准，用主尺和活动尺进行测量。测量时，主尺窄端面紧贴测量基准面,使活动尺的尺尖轻触被测面,然后在主尺上读出测量值,如图 2—24 所示为错边量和焊缝余高的测量。

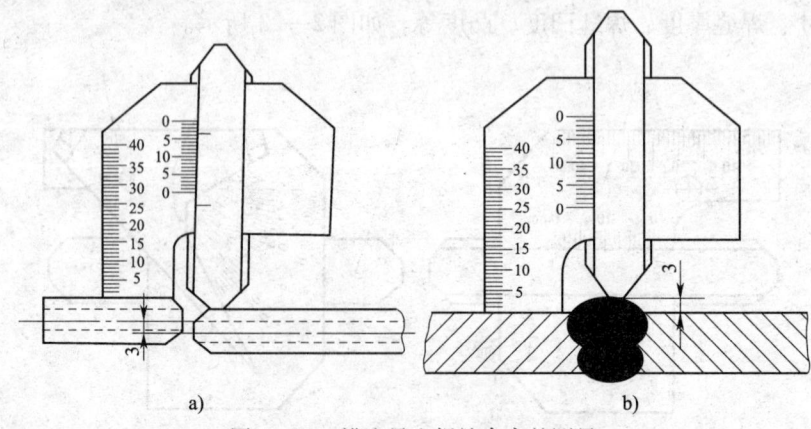

图 2—24 错边量和焊缝余高的测量
a) 错边量的测量 b) 焊缝余高的测量

二、测量坡口角度

测量坡口角度时可选择焊件接缝表面或焊件表面作为测量标准,用主尺和测角尺进行测量。测量时,将主尺大端面紧贴测量基准面,使测角尺的长端面轻触被测面,然后在主尺上读出测量值,如图 2—25 所示。

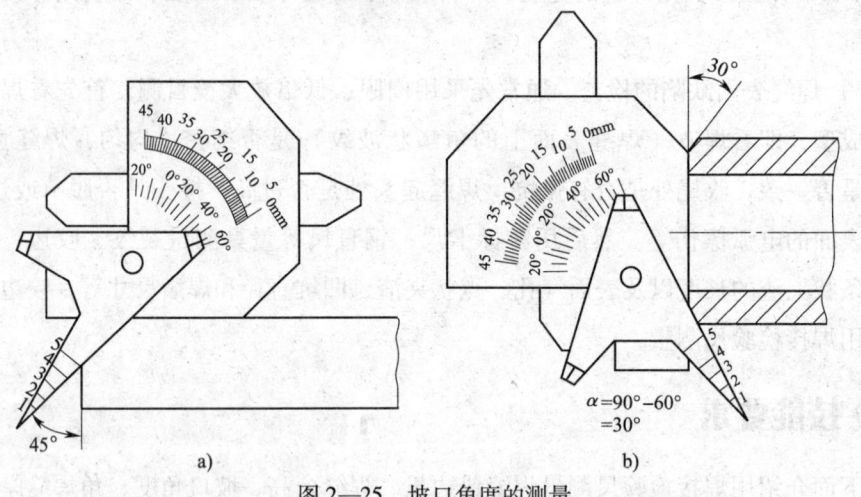

图 2—25 坡口角度的测量
a) 以焊件表面为测量基准 b) 以接口表面为测量基准

当选择焊件表面为测量基准时,在主尺上读出的测量值即为坡口角度值,如图 2—25a 所示;如果以接口表面为测量基准时,其坡口角度值等于 90°减去主尺读数,如图 2—25b 所示。

三、测量角焊缝厚度及焊角尺寸

当以焊缝侧的焊件表面为测量基准面时,用主尺和活动尺进行测量,在测量角焊缝厚度时,将主尺45°端面紧贴基准面,使活动尺的尺尖轻触焊缝表面,在主尺上即可读出角焊缝厚度的测量值,如图2—26a所示。

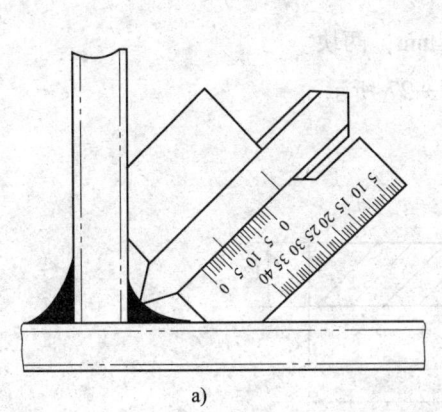 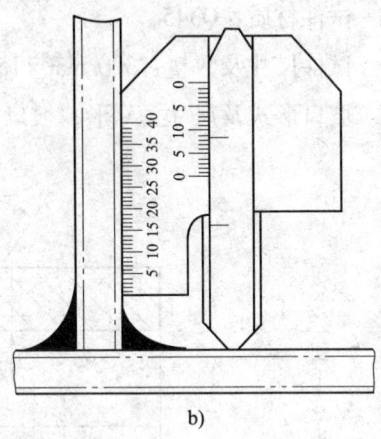

图2—26 角焊缝厚度及焊脚尺寸的测量
a)角焊缝厚度的测量 b)焊脚尺寸的测量

当测量焊脚尺寸时,将主尺大端面紧贴焊件表面并使主尺窄端面对准焊趾处,活动尺的尺尖轻触焊件另一侧表面,在主尺上读出焊脚尺寸的测量值,如图2—26b所示。

第3节 厚度 $t \geqslant 6$ mm 的低碳钢板或低合金钢板对接平焊

学习单元1 厚度 $t \geqslant 6$ mm 的低碳钢板或低合金钢板对接平焊

学习目标

➤ 掌握厚度 $t \geqslant 6$ mm 的低碳钢板或低合金钢板对接平焊的操作技能

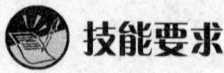 技能要求

一、操作准备

1. 试件及坡口

试件材质：Q345。

试件尺寸及数量：300 mm×150 mm×12 mm，两块。

坡口形式及尺寸：V形；坡口尺寸如图2—27所示。

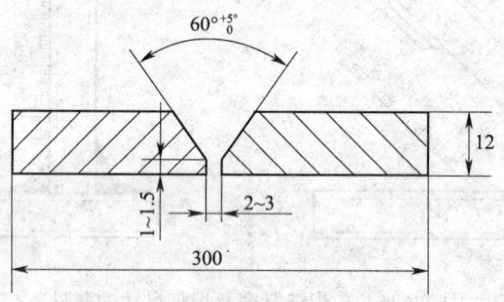

图2—27 坡口形式及尺寸

2. 焊接材料及设备

焊接材料：E5015，ϕ3.2 mm 和 ϕ4 mm。

焊接设备：ZX7—400，直流反接。

3. 焊接参数

低碳钢板或低合金钢板对接平焊焊接参数见表2—8。

表2—8　　　　低碳钢板或低合金钢板对接平焊焊接参数

焊接层次	焊条直径（mm）	焊接电流（A）
打底层	3.2	110～120
填充层（1）	4.0	135～165
填充层（2）	4.0	135～165
盖面层	4.0	135～145

二、操作步骤

1. 试件打磨及清理

将坡口及两侧20 mm范围内的锈蚀、油污、氧化物等清理干净，使其露出金属光泽，如图2—28所示。

图 2—28　打磨后的试件

2. 试件组对及定位焊

组对间隙：始焊端为 3 mm，终焊端为 4 mm；预留反变形量为 3°~4°；错边量≤1 mm；钝边为 1~1.5 mm。如图 2—29 所示为 V 形坡口对接平焊装配及反变形。

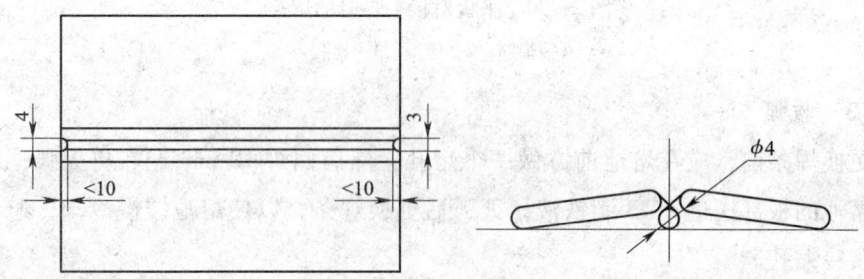

图 2—29　V 形坡口对接平焊装配及反变形

3. 打底焊

打底层的焊接是单面焊双面成型的关键。主要有三个重要环节，即引弧、收弧和接头。打底焊焊条与焊接前进方向的角度为 70°~80°。可采用连弧法，也可采用断弧法。连弧法一般采用穿透成型，在坡口、间隙、钝边合适的情况下，采用锯齿形或月牙形短弧运条法，使焊道前方始终保持一个穿透的熔孔，使坡口两侧母材金属和填充金属共同熔化后均匀地搅拌成熔池，焊道两面可同时处在气、渣保护之下，既达到单面焊接双面成型的目的，又保证了焊接质量。断弧法是通过电弧的不断引燃和熄灭来控制熔池温度和熔池形状的，以达到单面焊双面成型的目的。本实例采用断弧法打底焊。

(1) 引弧

在始焊端的定位焊处引弧，并略抬高电弧进行预热。当焊至定位焊缝尾部时，将焊条向下压一下，听到"噗"的一声后立即灭弧。此时熔池前端应有熔孔，深入两侧母材 0.5~1 mm，如图 2—30 所示为平板对接平焊时的熔孔。当熔池边缘变成暗红色，熔池中间仍处于熔融状态时，立即在熔池的中间引燃电弧，焊条略向下轻微地压一下，形成熔池，打开熔孔立即熄灭，这样反复击穿直到焊完为止。运条间距要均匀、准确，使电弧的 2/3 压住熔池，1/3 作用在熔池前方，用来熔化和击穿坡口根部，以形成熔池。

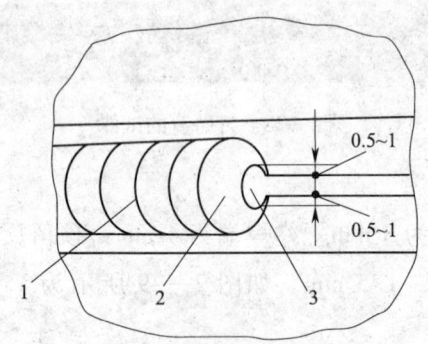

图 2—30 平板对接平焊时的熔孔
1—焊缝 2—熔池 3—熔孔

(2) 收弧

更换焊条前，应在熔池前方做一个熔孔，然后回焊 10 mm 左右再灭弧；或向末尾熔池的根部送进 2~3 滴铁液，灭弧后更换焊条，以使熔池缓慢冷却，避免接头出现冷缩孔。

(3) 接头

打底焊采用热接法。接头时换焊条的速度要快，在收弧熔池还没有完全冷却时，立即在熔池后 10~15 mm 处引弧。当电弧移至收弧熔池边缘时，将焊条向下压，听到击穿声后稍作停顿，然后灭弧。接下来再送进两滴铁液，以保证接头过渡平整，然后恢复原来的断弧焊法。如图 2—31 所示为打底焊完成后的试件。

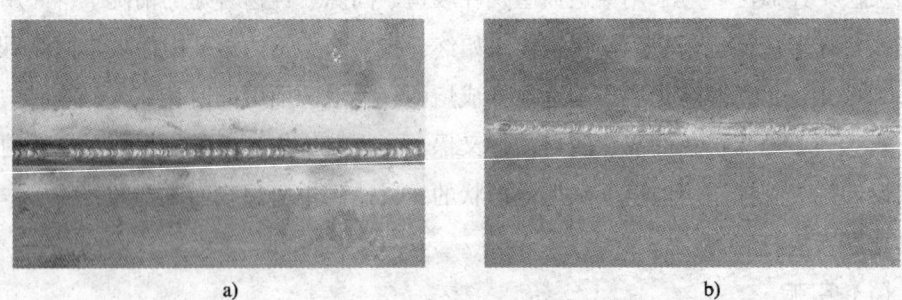

图 2—31 打底焊完成后的试件
a) 试件正面 b) 试件背面

4. 填充焊

填充焊前应对前一层焊缝仔细清理。在距焊缝始焊端前方约 10 mm 处引弧后，将电弧迅速移至始焊端并拉长电弧稍作预热，然后压低电弧开始施焊。每层始焊及每次接头都应按照这样的方法操作，以避免产生缺陷。运条采用横向锯齿形或月牙形，焊条与板件的下倾角为 70°～80°。焊条摆动到两侧坡口边缘时要稍作停顿，以利于熔合和排渣，防止焊缝两边未熔合或夹渣。填充焊层高度应比母材表面低 1～1.5 mm，并成凹形，不得熔化坡口棱边线，以利于盖面层保持平直。如图 2—32 所示为填充焊完成后的试件。

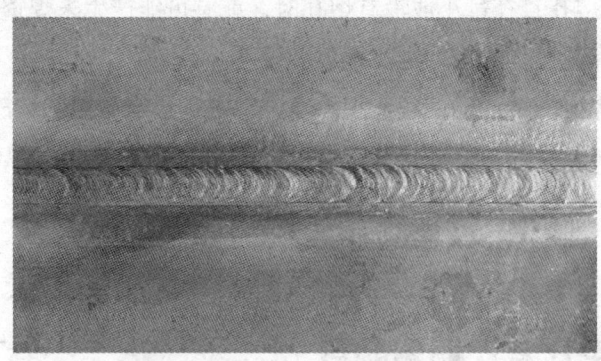

图 2—32　填充焊完成后的试件

5. 盖面焊

引弧操作方法与填充层相同。焊条与板件的下倾角为 70°～80°，采用锯齿形或月牙形运条。焊条左右摆动时在坡口边缘稍作停顿，熔化坡口棱边线 1～2 mm。当焊条从一侧到另一侧时，中间电弧稍抬高一点，观察熔池的形状。焊条摆动的速度比平时稍快一些，前进速度要均匀，每个新熔池覆盖前一个熔池 2/3～3/4 为佳。换焊条后再焊接时，应在弧坑前方约 15 mm 填充层焊缝金属处引弧，然后迅速将电弧拉回至原熔池处，填满弧坑后继续施焊。如图 2—33 所示为盖面焊完成后的试件。

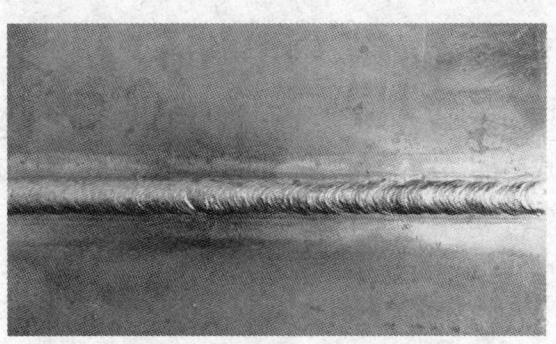

图 2—33　盖面焊完成后的试件

6. 焊后清理

每焊完一层,将熔渣清理干净后再焊接下一层。焊缝施焊结束后,应彻底清理熔渣、飞溅,保持焊道原始状态。

三、注意事项

1. 焊接过程中要分清铁液和熔渣,避免产生夹渣。
2. 严格控制熔池尺寸。打底焊在正常焊接时,熔孔直径大约为所用焊条直径的1.5倍,将坡口根部两侧各熔化0.5~1.0 mm,可以保证将焊缝背面焊透,同时不出现焊瘤。当熔孔直径过小或没有熔孔时,就有可能产生未焊透缺陷。
3. 与定位焊缝接头时应特别注意焊缝透度。
4. 对每层焊道的熔渣要彻底清理干净,特别是边缘死角的熔渣。
5. 盖面焊时要保证焊缝边缘和下层及母材熔合良好。如发现咬边,焊条稍微动一下或多停留一会,焊缝边缘要与母材表面圆滑过渡。

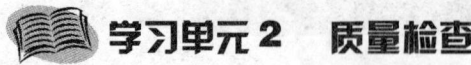

学习单元2 质量检查

学习目标

- 了解钢板对接平焊焊缝常见表面缺陷
- 了解钢板对接平焊焊缝的外观检查项目和方法

知识要求

一、钢板对接平焊焊缝常见表面缺陷

钢板对接平焊焊缝常见表面缺陷除了在前面T形接头和角接接头焊缝常见表面缺陷提到的焊缝表面成型和尺寸不符合要求、咬边、焊瘤、弧坑外,还有错边、烧穿等。

1. 错边

错边是指两个焊件由于没有对正而造成板或管的中心线平行偏差。

产生的原因:错边属于形状缺陷,是由于定位焊时两个焊件没有对正而使板或管的中心线产生平行偏差。

防止措施：定位焊时注意对正两焊件的中心线。

2. 烧穿

烧穿是指焊接过程中熔化金属自坡口背面流出而形成穿孔的现象。

产生的原因：焊接电流大，焊接速度慢，使焊件过度加热；坡口间隙大，钝边过薄；焊工操作技能差等。

防止措施：选择合适的焊接参数及合适的坡口尺寸；提高焊工的操作技能等。

二、钢板对接平焊焊缝的外观检查

1. 钢板对接平焊焊缝外观检查项目

钢板对接平焊接头焊缝外观检查项目包括焊缝咬边、弧坑、焊瘤、表面裂纹、气孔、夹渣、未熔合、错边、烧穿、电弧擦伤、焊缝表面成型及尺寸。

2. 钢板对接平焊焊缝外观检查方法

（1）焊缝外观尺寸的检查

通常借助于量规、样板及专用测量工具进行焊缝外观尺寸的检查。对接接头焊缝的宽度、厚度可用游标卡尺、钢直尺来测量，余高、错边可用焊接检验尺测量。

（2）焊缝表面缺陷的检查

通常采用肉眼、低倍放大镜和量具进行焊缝表面缺陷的检查。用目测检查焊缝外观表面成型、烧穿、焊瘤、弧坑及电弧擦伤。焊缝咬边、表面裂纹、气孔、夹渣、未熔合等的检查方法与低碳钢板T形接头焊条电弧焊角焊缝表面缺陷的检查方法相同。

第4节　管径 $\phi \geqslant 60\ mm$ 的低碳钢管对接水平转动焊

学习单元1　管径 $\phi \geqslant 60\ mm$ 的低碳钢管对接水平转动焊

学习目标

➢ 掌握管径 $\phi \geqslant 60\ mm$ 的低碳钢管对接水平转动焊的操作技能

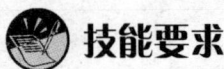 技能要求

一、操作准备

1. 试件及坡口

试件材质：20 钢。

试件尺寸及数量：$\phi 108\ mm \times 8\ mm \times 100\ mm$，两件。

坡口形式及尺寸：V 形；坡口尺寸如图 2—34 所示。

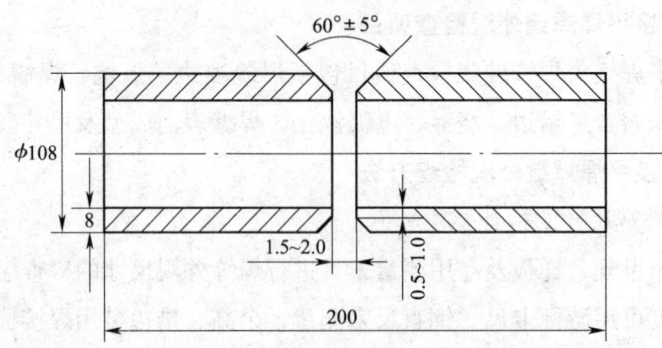

图 2—34　管对接水平转动焊试件组对图

2. 焊接材料及设备

焊接材料：E4315，$\phi 3.2\ mm$。

焊接设备：ZX7—400，直流反接。

3. 焊接参数

低碳钢管水平转动对接焊焊接参数见表 2—9。

表 2—9　　　　　　低碳钢管对接水平转动焊焊接参数

焊接层次	焊条直径（mm）	焊接电流（A）
打底层	3.2	85～95
填充层	3.2	100～110
盖面层	3.2	100～110

二、操作步骤

1. 试件打磨及清理

将坡口及两侧 20 mm 范围内的锈蚀、油污、氧化物等清理干净，使其露出金属光泽，如图 2—35 所示。

图 2—35　打磨后的试件

2. 试件组对及定位焊

组对间隙为 1.5~2.0 mm；错边量≤1 mm；钝边为 0.5~1.0 mm；定位焊缝位于管道截面上相当于"10 点钟"和"2 点钟"的位置，每处定位焊缝长度为 10~15 mm。

3. 打底焊

打底焊为单面焊双面成型，既要保证坡口根部焊透，又要防止烧穿或形成焊瘤。采用断弧焊，其操作方法与钢板平焊基本相同。打底焊的操作顺序是：从管道截面上相当于"1 点半钟"的位置起焊，进行爬坡焊，每焊完一根焊条转动一次管子，把接头的位置转到管道截面上相当于"1 点半钟"的位置。水平转动焊时的焊条角度如图 2—36 所示。焊条伸进坡口内，让 1/4~1/3 的弧柱在管内燃烧，以熔化两侧钝边。熔孔深入母材 0.5 mm。更换焊条进行焊缝中间接头时采用热焊法，与钢板平焊相同。

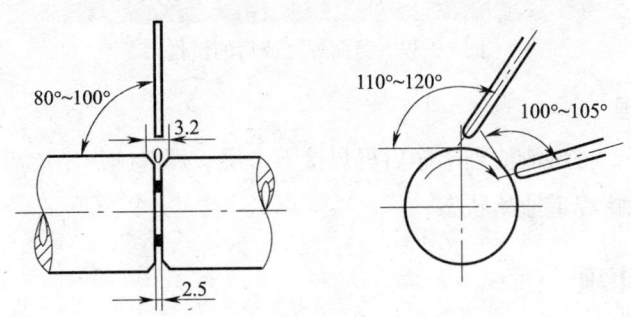

图 2—36　水平转动焊时的焊条角度

焊接过程中，经过定位焊缝时只需将电弧向坡口内压送，以较快的速度通过定位焊缝，过渡到坡口处进行施焊即可。如图2—37所示为打底焊完成后的试件。

4. 填充焊

采用连弧焊进行焊接。施焊前应将打底层的熔渣、飞溅清理干净。焊条角度与打底焊相同，其他注意事项与钢板平焊相同。如图2—38所示为填充焊完成后的试件。

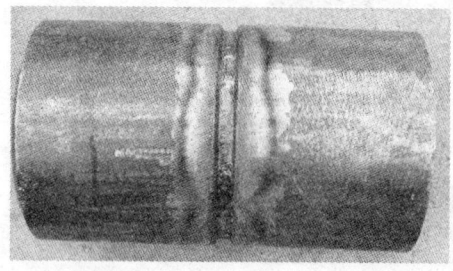
图2—37　打底焊完成后的试件

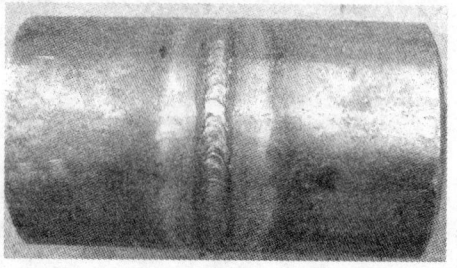
图2—38　填充焊完成后的试件

5. 盖面焊

盖面焊缝要满足焊缝几何尺寸的要求，外形美观，与母材圆滑过渡，无缺陷。施焊前应将填充层的熔渣、飞溅清理干净。施焊时焊条角度、运条方法与填充焊相同，但焊条水平横向摆动的幅度应比填充焊更宽，电弧从一侧摆至另一侧时应稍快些，当摆至坡口两侧时电弧进一步缩短，并要稍作停顿以避免咬边。如图2—39所示为盖面焊完成后的试件。

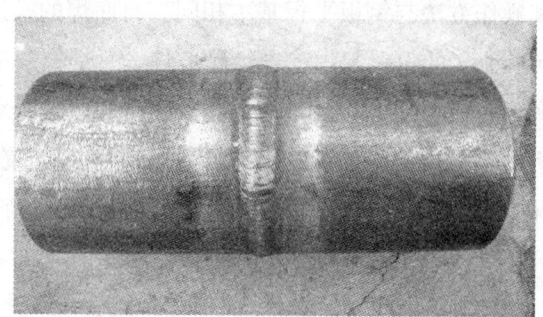
图2—39　盖面焊完成后的试件

6. 焊后清理

每焊完一层，将熔渣清理干净后再焊接下一层。焊缝施焊结束后，应彻底清理熔渣、飞溅，保持焊道原始状态。

三、注意事项

1. 焊接过程中要分清铁液和熔渣，避免产生夹渣。

2. 运条过程中防止管子转动。

3. 严格控制熔池尺寸。打底焊在正常焊接时，熔孔直径大约为所用焊条直径的 1.5 倍，将坡口根部两侧各熔化 0.5~1.0 mm，可保证焊缝背面焊透，同时不出现焊瘤。当熔孔直径过小或没有熔孔时，就有可能产生未焊透缺陷。

4. 与定位焊缝接头时，应特别注意焊缝透度。

5. 对每层焊道的熔渣要彻底清理干净，特别是边缘死角的熔渣。

6. 盖面焊时要保证焊缝边缘和下层及母材熔合良好。如发现咬边，焊条稍微动一下或多停留一会，焊缝边缘要与母材表面圆滑过渡。

学习单元 2　质量检查

学习目标

➢ 了解管对接水平转动焊焊缝常见表面缺陷
➢ 了解管对接水平转动焊焊缝的外观检查项目和方法

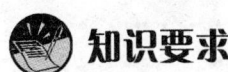

知识要求

一、管对接水平转动焊焊缝常见表面缺陷

管对接水平转动焊焊缝常见表面缺陷有焊缝表面成型和尺寸不符合要求、咬边、焊瘤、弧坑、错边、烧穿、电弧擦伤等。

二、管对接水平转动焊焊缝外观检查方法

1. 焊缝外观尺寸的检查

通常借助于量规、样板及专用测量工具进行焊缝外观尺寸的检查。具体检查方法与低碳钢板对接平焊焊缝的外观尺寸检查方法相同。

2. 焊缝表面缺陷的检查

通常采用肉眼、低倍放大镜和量具进行焊缝表面缺陷的检查。其检查方法与低碳钢板 T 形接头角焊缝及对接平焊焊缝的表面缺陷检查方法相同。

第3章

熔化极气体保护焊

第1节 熔化极气体保护焊相关知识

学习单元1 熔化极气体保护焊工艺

  学习目标

- 了解熔化极气体保护焊的原理、特点、分类及应用
- 了解CO_2气体保护焊主要焊接参数及对焊缝成型的影响

  知识要求

一、熔化极气体保护焊的原理、分类、特点及应用

1. 原理

熔化极气体保护焊是指采用连续等速送进可熔化的焊丝与被焊工件之间的电弧作为热源来熔化焊丝和母材金属,形成熔池和焊缝的焊接方法,其原理图如图3—1所示。

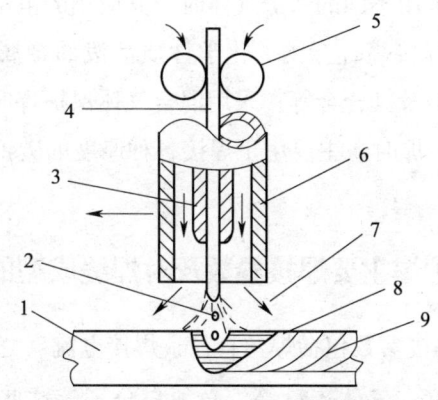

图 3—1　熔化极气体保护焊原理图

1—母材　2—电弧　3—导电嘴　4—焊丝　5—送丝轮
6—喷嘴　7—保护气体　8—熔池　9—焊缝金属

2. 特点

（1）优点

1）电弧可见，焊接过程容易观察。

2）容易实现全位置焊接。

3）热量集中，热影响区窄，焊接变形小。

4）容易实现焊接自动化。

5）无焊渣或少焊渣。

6）电弧气氛中的含氢量容易控制，可以减小冷裂倾向。

（2）缺点

1）室外作业时须有专门的防风措施。

2）弧光辐射较强。

3）CO_2气体保护焊飞溅较大，焊缝表面成型较差。

3. 分类及应用

（1）分类

按照保护气体的种类不同，熔化极气体保护焊可分为熔化极惰性气体保护焊、CO_2气体保护焊和熔化极混合气体保护焊三类。熔化极惰性气体保护焊是使用熔化电极的惰性气体保护焊；CO_2气体保护焊是利用CO_2气体作为保护的气体保护焊，简称CO_2焊；熔化极混合气体保护焊是使用熔化电极的、由两种或两种以上气体按一定比例组合的混合气体保护焊。

（2）应用

熔化极气体保护焊采用不同的保护气体时，其应用的范围有所不同。采用惰性气体保护时，主要用于焊接高合金钢、化学性质活泼的金属及合金，如铝及铝合金，铜及铜合金，钛、锆及其合金等；采用混合气体保护焊时，通常用于焊接黑色金属；采用 CO_2 气体保护焊时，主要用于焊接各种厚度的碳钢和低合金钢。本章重点介绍 CO_2 气体保护焊。

二、CO_2 气体保护焊主要焊接参数及对焊缝成型的影响

CO_2 气体保护焊的焊接参数包括焊丝直径、焊接电流（送丝速度）、电弧电压、焊接速度、焊丝伸出长度、气体流量等。必须充分了解这些因素对焊接质量的影响，以便正确地进行选择。

1. 焊丝直径

焊丝直径根据焊件的厚度、焊缝空间位置及生产效率的要求等条件来选择。焊接薄板或中、厚板的立焊、横焊、仰焊时，采用直径1.6 mm 以下的焊丝，在平焊位置焊接中、厚板时，可以采用直径大于1.6 mm 的焊丝，各种焊丝直径的使用范围见表3—1。

表3—1　　　　　　　　各种直径焊丝的使用范围

焊丝直径（mm）	焊件厚度（mm）	施焊位置	熔滴过渡形式
0.5~0.8	1.0~2.5	各种位置	短路过渡
	2.5~4.0	平焊	粗滴过渡
1.0~1.4	2.0~8.0	各种位置	短路过渡
	2.0~12.0	平焊	粗滴过渡
≥1.6	3.0~12.0	立焊、横焊、仰焊	短路过渡
	>6	平焊	粗滴过渡

2. 焊接电流

当所有其他参数恒定时，焊接电流与送丝速度以非线性关系变化。当送丝速度加快时，焊接电流也随之增大。焊接电流对熔深、焊丝熔化速度及工作效率影响最大。如图3—2所示为焊接电流与熔深的关系。

由于熔深的大小不同，熔敷金属对母材的稀释率也不同，因而熔敷金属的性质也随之不同。在大电流单层焊的情况下，母材稀释率大，熔敷金属容易受到母材成分的影响。在小电流多层焊的情况下，熔深小，母材稀释率小，对熔敷金属性质的影响也就小。焊接电流与工件的厚度、焊丝直径、施焊位置以及熔滴过渡形式有

关。通常用直径为 0.8~1.6 mm 的焊丝，在短路过渡时，焊接电流在 50~230A 范围内选择，粗滴过渡时，焊接电流可在 250~500 A 范围内选择。焊丝直径与焊接电流的关系见表 3—2。

3. 电弧电压

进行 CO_2 气体保护焊时，电弧电压与焊接电流一样，对焊接质量的影响相当大。电弧电压一般根据焊丝直径、焊接电流等来选择。随着焊接电流的增加，电弧电压也应相应加大。一般来说，短路过渡时，电压为 16~24 V；粗滴过渡时，电压为 25~40 V。另外，电弧电压对焊道外观、熔深、电弧稳定性、飞溅程度、焊接缺陷及焊缝的力学性能都有很大的影响。

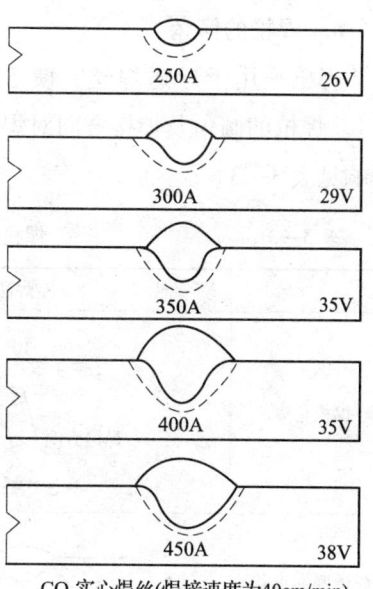

CO_2实心焊丝(焊接速度为40cm/min)

图 3—2 焊接电流与熔深的关系

表 3—2　　　　　焊丝直径与焊接电流的关系

焊丝直径（mm）	适用的电流范围（A）	焊丝直径（mm）	适用的电流范围（A）
0.8	50~120	1.2	80~350
0.9	60~150	1.6	300~500
1.0	70~180		

4. 焊接速度

焊接速度也是焊接参数中的一个重要因素。它和焊接电流、电弧电压是焊接热输入量的三大要素。它对熔深和焊道形状影响最大。对焊缝区的力学性能以及是否产生裂纹、气孔等也有一定影响。在一定的焊接电流、电压下，随着焊接速度的提高，焊缝熔深、余高、焊缝宽度减小，当速度进一步提高时就会产生咬边。焊接高强度钢时，为了防止产生裂纹，确保焊缝区的塑性、韧性，要特别注意选择合适的热输入量。一般 CO_2 半自动焊时焊接速度在 15~40 m/h 范围内，自动焊时不超过 90 m/h。

5. 焊丝伸出长度

通常，焊丝伸出长度取决于焊丝直径，约以焊丝直径的 10 倍为宜。伸出长度过大，焊丝会成段熔断，飞溅严重，气体保护效果差；焊接长度过小，不但易造成飞溅物堵塞喷嘴，影响效果，也影响焊工的视线。

6. 焊枪的倾角

焊枪是用于导送焊丝、馈送电流、给送保护气体或储送焊剂等的装置（器具）。焊枪的倾角及焊接方向对焊道的形状和熔深有影响，焊枪倾角对焊缝成型的影响见表3—3。

表3—3　　　　　　　　　焊枪倾角对焊缝成型的影响

	左焊法	右焊法
焊枪角度	10°~15°，焊接方向	10°~15°，焊接方向
焊道断面形状		

7. CO_2 气体流量

CO_2 气体流量的大小应根据焊接电流、电弧电压、焊接速度等因素来选择。如果流量小，则容易产生气孔。通常，细丝 CO_2 焊时气体流量为 5~15 L/min；粗丝 CO_2 焊时气体流量为 15~25 L/min。

8. 其他

（1）电源极性

CO_2 焊时必须使用直流电源，且多采用直流反接。

（2）回路电感

回路电感应根据焊丝直径、焊接电流和电弧电压等来选择。短路过渡焊接在回路中串联电感，有以下两个作用，一是限制与调节短路电流上升速率和短路峰值电流的大小；二是调节电弧燃烧时间，控制母材熔深。采用不同直径的焊丝焊接时，焊接回路电感参考值见表3—4。

表3—4　　　　　　　　　焊接回路电感参考值

焊丝直径（mm）	0.8	1.2	1.6
焊接电压（V）	18	19	20
焊接电流（A）	100	130	150
电感值（mH）	0.01~0.08	0.1~0.16	0.3~0.7

第3章 熔化极气体保护焊

 **学习单元2 熔化极气体保护焊设备及其安全检查**

 学习目标

➢ 了解熔化极气体保护焊设备的组成及性能
➢ 了解熔化极气体保护焊辅助设备（焊接衬垫）的种类和作用

 知识要求

熔化极气体保护焊设备可分为半自动焊和自动焊两种类型。它主要由焊接电源、送丝系统、焊枪、行走小车（自动焊）、保护气供给系统、冷却水循环系统组成，此外，还包括焊接衬垫等辅助设备。半自动焊设备不包括行走小车，焊枪的移动是由操作者完成的。

一、熔化极气体保护焊设备

1. 焊接电源

（1）焊接电源类型

熔化极气体保护电弧焊通常采用直流焊接电源，这种电源可为整流器式、原动机—发电机式和逆变式。焊接电源外特性类型分为3种，即平特性（恒压）、陡降特性（恒流）和缓降特性。

焊丝直径小于 1.6 mm 时，采用平特性电源。由于焊丝较细，电流密度大，熔化极气体保护电弧焊的静特性是上升的。所以，平特性电源和下降特性电源都可以满足电源—电弧系统的稳定条件，并且可通过改变电源空载电压调节电弧电压，故焊接参数调节方便。使用这种外特性电源，当弧长变化时可引起较大的电流变化，有较强的电弧自身调节作用，同时短路电流较大，引弧比较容易。

当焊丝直径大于 1.6 mm 时，电弧的自身调节作用较弱，弧长变化后恢复速度较慢，单靠电弧的自身调节作用难以保证稳定的焊接过程。因此，生产中一般采用下降外特性电源，配用变速送丝系统，利用电压负反馈控制送丝电路，调节送丝速度，使弧长能及时恢复。

在熔化极气体保护焊工艺中，短路过渡时负载周期性地发生很大变化，如果电源不能适应负载变化的需要,即电源动特性较差,则将破坏焊接过程的稳定性,引起强烈的飞溅和不良的焊缝成型。目前,大量使用的整流式 CO_2 焊机都采用串联在输出电路中的直流电感来获得所需的外特性。逆变式焊机主要通过电子电抗器获得良好的动特性,所以逆变式焊机的铁磁电感常常很小,仅为几十微亨,比一般整流焊机小一个数量级。通过计算机控制短路过渡的逆变式焊机,可以针对不同焊丝、不同电流和不同需要(如焊接速度和焊接位置等)较容易地通过柔性系统调节出合适的焊接参数,并得到理想的工艺效果。

(2) 熔化极气体保护电弧焊电源技术参数

熔化极气体保护电弧焊电源的主要技术参数有输入电压(相数、频率、电压值)、额定焊接电流、额定负载持续率、空载电压、负载电压范围、焊接电流范围、电源外特性曲线类型等。根据焊接工艺的需要确定对焊接电源技术参数的要求,然后选用能满足要求的焊接电源。

国内常用的 CO_2 气体保护焊机型号及技术数据见表3—5。

表3—5   国内常用的 CO_2 气体保护焊机型号及技术数据

型号	NBC—160	NBC—250	NBC—400	NBC—200	NBC—350	NBC—500	NBC—630
电源电压(V)	380	380	380	380	380	380	380
相数	3	3	3	3	3	3	3
频率(Hz)	50	50	50	50/60	50/60	50/60	50
整流方式	三相桥全波	三相桥全波	三相桥全波	双反星形带平衡电抗器	双反星形带平衡电抗器	双反星形带平衡电抗器	双反星形带平衡电抗器
额定电流(A)	160	250	400	200	350	500	630
电流调节范围(A)	40~160	60~250	80~400	50~200	60~350	100~500	60~630
空载电压(V)	18~29	19~37	20~50	33	45~55	55~70	79
电压调节范围(V)	16~22	17~27	18~34	14~25	16~36	16~45	15~50
负载持续率(%)	60	60	60	60	50~60	60	100
功率(kW)	4.5	9.2	18.8	7.5	18	32	36
外特性	平	平	平	L	L	L	L

续表

型号	NBC—160	NBC—250	NBC—400	NBC—200	NBC—350	NBC—500	NBC—630
调节方式	抽头	抽头	抽头	晶闸管	晶闸管	晶闸管	晶闸管
送丝方式	拉丝	推丝	推丝	推丝	推丝	推丝	推丝
送丝速度（m/min）	2~9	2~12	2~12	1~16	1~16	1~16	1.5~18

2. 送丝系统

送丝系统通常是由送丝机（包括电动机、减速器、校直轮和送丝轮）、送丝软管和焊丝盘等组成的。熔化极气体保护焊的送丝机有3种类型，即推丝式、拉丝式和推拉丝式，如图3—3所示。

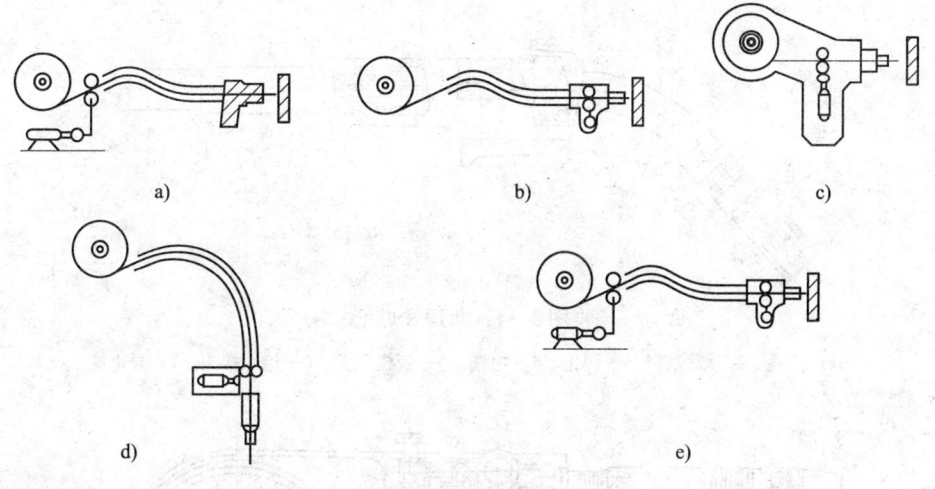

图3—3 送丝方式

a) 推丝式 b)、c)、d) 拉丝式 e) 推拉丝式

（1）推丝式

推丝式是半自动熔化极气体保护焊应用最广泛的送丝方式之一，如图3—3a所示。这种送丝方式的焊枪结构简单、轻便，操作和维修都比较方便。但焊丝送进的阻力较大，送丝稳定性变差，特别是对于较细、较软材料的焊丝。所以适用于 $\phi 0.8 \sim 2.0$ mm 的焊丝，送丝距离一般为 3~5 m。

（2）拉丝式

拉丝式可分为3种形式，如图3—3b、c、d所示。一种是将焊丝盘与焊枪分开，两者通过送丝软管连接；另一种是将焊丝盘直接安装在焊枪上。这两种都适于细丝半自动焊，但前一种操作比较方便。还有一种是不但焊丝盘与焊枪分开，而且送丝电动机也与焊枪分开,这种送丝方式可用于自动熔化极气体保护电弧焊。

(3) 推拉丝式

推拉丝式将推丝式和拉丝式机构结合在一起,如图3—3e所示。送丝软管最长可以加到15 m左右,扩大了半自动焊操作距离。但由于结构复杂,调整不便,实际应用较少。

3. 焊枪及软管

熔化极气体保护焊用焊枪可用来进行手工操作(半自动焊)和自动焊(安装在机械装置上)。这些焊枪包括用于大电流、高生产效率的重型焊枪和适用于小电流、全位置焊的轻型焊枪。还可以分为水冷式和气冷式以及鹅颈式或手枪式,这些形式既可以制成重型焊枪,也可以制成轻型焊枪。如图3—4所示为鹅颈式焊枪,图3—5所示为拉丝式焊枪。

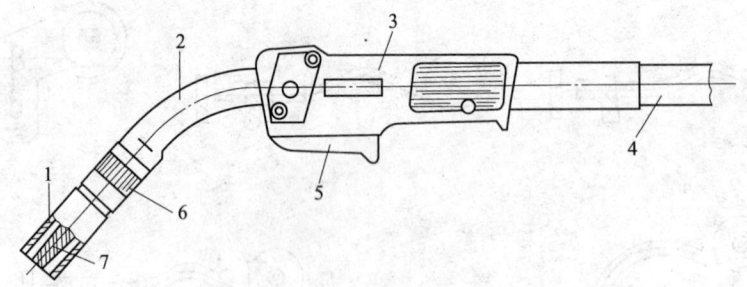

图3—4 鹅颈式焊枪

1—喷嘴 2—鹅颈管 3—焊把 4—电缆 5—扳机开关 6—绝缘接头 7—导电嘴

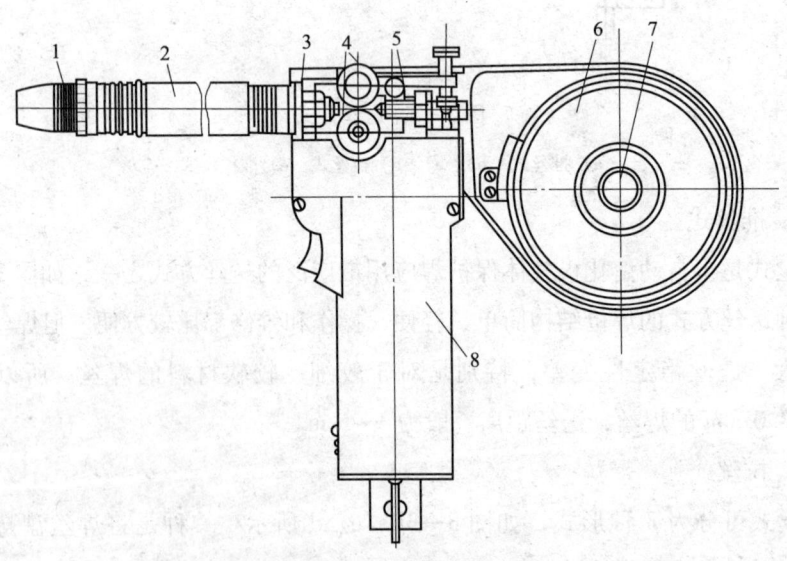

图3—5 拉丝式焊枪

1—喷嘴 2—枪体 3—绝缘外壳 4—送丝轮 5—螺母 6—焊丝盘 7—压栓 8—电动机

焊接软管和导丝管应安装在接近送丝轮处，送丝软管支撑、保护和引导焊丝从送丝轮到焊枪。导丝管可作为焊接软管的一个组成部分，还可以分开。无论哪种情况，导丝管材料和内径的选择都十分重要。钢和铜等硬材料推荐用弹簧钢管。铝、镁等软材料推荐用尼龙管。导丝管必须定期维护，以保证清洁和完好。应特别注意不能将软管盘卷和过度弯曲。

4. 行走小车

行走小车是搭载焊枪、焊丝送进装置、一部分控制装置的自动行走小车，通常在沿着焊接线铺设的导轨上移动。

5. 供气系统和冷却水系统

（1）供气系统

CO_2气体保护焊的供气系统由气瓶、预热器、干燥器、减压器（阀）、流量计、电磁阀等组成，如图3—6所示。

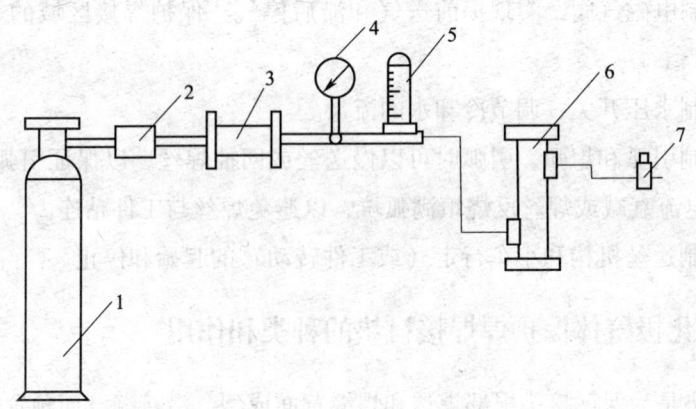

图3—6 供气系统的组成

1—气瓶 2—预热器 3—高压干燥器 4—气体减压阀
5—气体流量计 6—低压干燥器 7—气阀

1）CO_2气瓶。气瓶表面涂铝白色，并有黑色的"液态二氧化碳"字样，新灌气的瓶压约为5.7 MPa（20℃时）。

2）预热器。预热器装于气瓶的出口处，其作用是防止二氧化碳从液态变为气态时由于吸热反应而使瓶阀及减压器冻结。根据焊接设备不同，预热器的供电电压有36 V、110 V、220 V等，功率为100～150 W。

3）干燥器。干燥器用于吸收二氧化碳气体中的水分，提纯二氧化碳气体。

4）减压器和流量计。常用的二氧化碳减压器、流量计、预热器合为一体，其型号有CT30和194CR等。

5）电磁气阀。电磁气阀用来控制二氧化碳气体的接通与关闭，常用型号有 DF—2/3 和 Q22×D 等。

此外，对于熔化极活性气体保护电弧焊还需要安装气体混合装置。若采用双层气体保护，则需要两套独立的供气系统。

（2）冷却水系统

水冷式焊枪的冷却水系统由水箱、水泵和冷却水管、水压开关组成。

6. 控制系统

控制系统包括焊接参数控制系统和程序控制系统。焊接参数的控制主要有焊接输出电流和电压的调节、送丝速度的调节、小车行走速度（或工件转速）的调节以及气体流量的调节，以保证焊接过程中各参数稳定。

焊接程序控制的作用是：

（1）控制焊接设备的启动和停止。

（2）控制电磁气阀，实现提前送气和滞后停气，保护焊接区域的金属不被氧化。

（3）控制水压开关，调节冷却水的流量。

（4）控制引弧和熄弧，引弧时可以慢送丝或回抽焊丝，以保证引弧过程可靠；熄弧时可用电流衰减或焊丝反烧填满弧坑，以避免焊丝与工件粘连。

（5）控制送丝机构和小车行走（或工件转动）的起始和停止。

二、熔化极气体保护焊焊接衬垫的种类和作用

焊接衬垫是为保证接头根部焊透和焊缝背面成型，沿接缝背面预置的一种衬托装置。当要求焊缝全焊透且只能从接头的一面进行焊接时，除了采用单面焊双面成型焊接操作技术外，还可以采用焊缝背面加焊接衬垫的方法。使用焊接衬垫的目的是提供条件使第一层金属熔敷在衬垫之上，从而可避免该层熔化金属从接头底层漏穿。

1. 焊接衬垫的种类

常用的焊接衬垫有3种，即衬条、铜衬垫和非金属衬垫。

（1）衬条

衬条是放在接头背面的金属条。第一条焊道使接头的两边结合在一起并与衬条相接。如果衬条不妨碍接头的使用特性，则可保留在原位置上；否则，衬条应拆除掉。衬条须采用与母材和焊条在冶金上相匹配的材料制成。

（2）铜衬垫

有时采用铜衬垫在接头底层支撑焊接熔池,它适用于平直对接焊缝。铜的热导率较高,可防止焊缝金属与衬垫熔合。

(3) 非金属衬垫

非金属衬垫是一种可伸缩的成型件,用夹具或压敏带贴紧在接头背面,它适用于空间曲面对接焊缝。焊条电弧焊方法有时也使用这种衬垫。使用时应遵循衬垫制造厂推荐的规范。

2. 焊接衬垫的作用

焊接衬垫的作用是以单面焊的方式得到相当于双面焊全焊透的对接焊缝。

三、CO_2气体保护焊设备的安全检查

1. 检查焊机各电路连接情况,各线连接应牢固、无松脱。
2. 焊接设备必须保护接地或接零,并经常进行检查和维修。
3. 使用水冷系统的焊枪绝缘要良好,不能有漏电现象。
4. 将焊机上各项选择开关或旋钮调到所需的焊接参数上。
5. 使用的电源、电源开关、熔断器及辅助设备能满足高负载持续率工作的要求。

学习单元3 CO_2气体保护焊的基本操作方法

学习目标

- 掌握引弧、收弧和接头操作方法
- 掌握CO_2气体保护焊常见的焊枪摆动方式

技能要求

一、引弧

半自动CO_2气体保护焊引弧时常采用短路引弧法。

引弧前,将焊丝端头剪去,因为焊丝端头常有很大的球形直径,容易产生飞溅,造成缺陷。经剪断的焊丝端头应为锐角。引弧前要选好适当的引弧位置,起弧

后要灵活掌握焊接速度。

引弧时，注意保持焊接姿势，与正式焊接时一样。引弧前先点动送出一段焊丝，焊丝端头距工件表面的距离为 2～3 mm。焊枪要保持合适的倾角，然后按下焊枪开关，随后自动送气、送电、送丝，直至焊丝与工件表面相碰而短路起弧。此时，由于焊丝与工件接触而产生一个反弹力，焊工应紧握焊枪，勿使焊枪因冲击而回升，一定要使喷嘴与工件表面的距离保持恒定。这是防止引弧时产生缺陷的关键。CO_2 气体保护焊的引弧过程如图 3—7 所示。

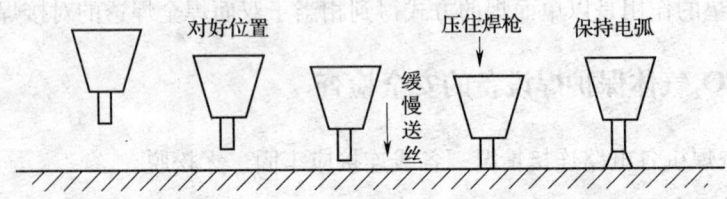

图 3—7　CO_2 气体保护焊的引弧过程

重要产品进行焊接时，为消除在引弧时产生飞溅、烧穿、气孔及未焊透等缺陷，可采用引弧板，如图 3—8 所示。

采用引弧板直接在焊件端部引弧时可采用倒退引弧法，即在焊缝始端前 15～20 mm 处引弧后快速返回起始点，然后开始焊接，如图 3—9 所示。

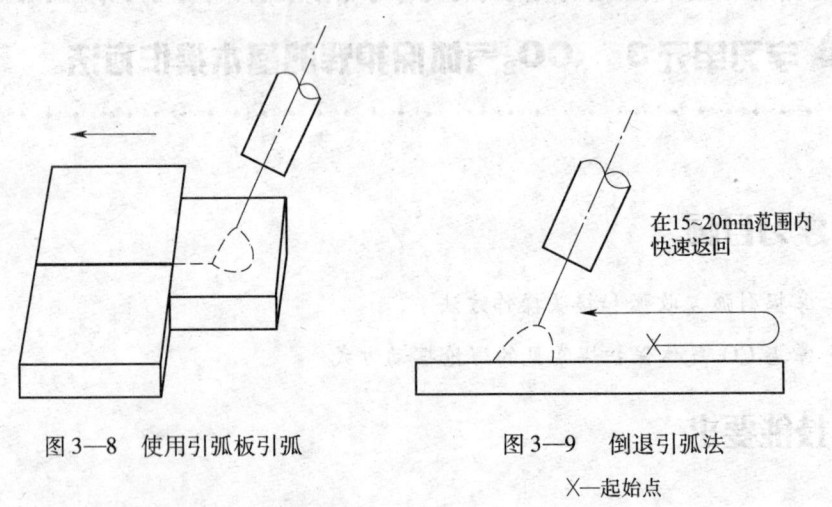

图 3—8　使用引弧板引弧　　　图 3—9　倒退引弧法

×—起始点

二、CO_2 气体保护焊焊枪的摆动方式及应用范围

为了保证焊缝的宽度和两侧坡口的熔合，CO_2 气体保护焊时要根据不同的接头类型及焊接位置做横向摆动。常见的焊枪摆动方式及应用范围见表 3—6。

表3—6　　　　　　　焊枪摆动方式及应用范围

摆动方式	应用范围
←————————	薄板及中、厚板的第一层焊接
∧∧∧∧∧∧∧∧∧∧∧	小间隙及中、厚板打底焊接，减小焊缝余高
∧∧∧∧∧∧	厚板焊接时第二层以后的横向摆动
⑧ ⑥ ⑦ ④ ⑤ ② ③ ①	薄板根部有间隙焊接、坡口有钢垫板或施工物时
ℓℓℓℓ	堆焊、多层焊时的第一层
∽∽∽∽	大间隙

为了减少输入的线能量，减小热影响区，减少变形，通常不采用大的横向摆动来获得宽焊缝，推荐采用多层多道焊接方法来焊接厚板。当坡口小时，可采用锯齿形较小的横向摆动，如图3—10所示；当坡口大时，可采用月牙形的横向摆动，如图3—11所示。

 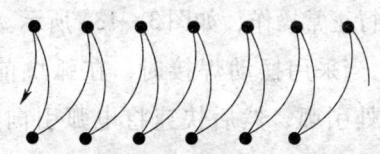

两侧停留0.5s左右　　　　　　两侧停留0.5s左右

图3—10　锯齿形的横向摆动　　图3—11　月牙形的横向摆动

三、收弧

焊接结束前必须收弧，若收弧不当则容易产生弧坑，并出现弧坑裂纹、气孔等缺陷。对于重要产品，可采用引出板，将火口引至试件之外，可以省去弧坑处理的操作。

1．焊机有弧坑控制装置

焊机有弧坑控制装置时，焊枪在收弧处停止前进，同时接通此电路，焊接电流和电弧电压会自动减少到适宜的数值，待熔池填满时断电。

2. 焊机无弧坑控制装置

焊机无弧坑控制装置时，焊枪在收弧处停止前进，并在熔池未凝固时反复断弧、引弧直至弧坑填满为止，如图3—12所示为用断续引弧法填充弧坑。操作时动作要快，若熔池已凝固再引弧，则容易产生气孔、未焊透等缺陷。

收弧时，特别要注意克服焊条电弧焊的习惯性动作，避免将焊把向上抬起。CO_2气体保护焊收弧时若将焊枪抬起，则将破坏弧坑处的保护效果；同时，即使在弧坑已填满、电弧已熄灭的情况下，也要让焊枪在弧坑处停留几秒钟后方能移开，以保证熔池凝固时得到可靠的保护。

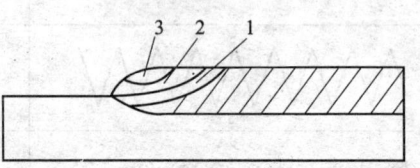

图3—12 用断续引弧法填充弧坑

1—断弧后第一次重新引燃电弧焊接的焊缝金属层
2—断弧后第二次重新引燃电弧焊接的焊缝金属层
3—断弧后第三次重新引燃电弧焊接的焊缝金属层

四、接头操作

在接头前，应将待焊处用磨光机打磨成斜面。下面介绍两种焊接接头处理方法：

1. 无摆动焊接时，可在弧坑前方约20 mm处引弧，然后快速将电弧引向弧坑，待熔化金属填满弧坑后，立即将电弧引向前方，进行正常操作，如图3—13a所示。

2. 当采用摆动焊接时，在弧坑前方约20 mm处引弧，然后快速将电弧引向弧坑，到达弧坑中心后开始摆动并向前移动；同时，加大摆动转入正常焊接，如图3—13b所示。

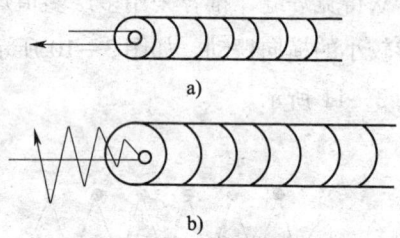

图3—13 焊接接头处理方法
a) 无摆动焊接 b) 摆动焊接

学习单元4　CO_2气体保护焊安全操作规程

 学习目标

➤ 掌握CO_2气体保护焊安全操作规程

 **知识要求**

1. 保证工作环境有良好的通风。由于 CO_2 气体保护焊以 CO_2 作为保护气体，在高温下有大量的 CO_2 气体将发生分解，生成 CO 并产生大量的烟尘。CO 极易与人体血液中的血红蛋白结合，造成人体缺氧。当空气中只有很少量的 CO 时，会使人感到身体不适、头痛，而当 CO 的含量超过一定范围时会造成人呼吸困难、昏迷等，严重时甚至引起死亡。如果空气中 CO 气体浓度超过一定的范围，也会引起上述反应。这就要求焊接工作环境应有良好的通风条件，在不能进行通风的局部空间施焊时，应佩戴能供给新鲜氧气的面具及氧气瓶。

2. 注意选用容量恰当的电源、电源开关、熔断器及辅助设备，以满足高负载持续率工作的要求。

3. 采用必要的防止触电措施与良好的隔离防护装置和自动断电装置；焊接设备必须保护接地或接零，并经常进行检查和维修。

4. 采用必要的防火措施，由于金属飞溅引起火灾的危险比其他焊接方法大，要求在焊接作业的周围采取可靠的隔离、遮蔽或防止火花飞溅的措施；焊工应有完善的劳动防护用具，防止被灼伤。

5. 由于 CO_2 气体保护焊比普通埋弧电弧焊的弧光更强，紫外线辐射更强烈，应选用颜色更深的滤光片。

6. 采用 CO_2 气体电热预热器时，电压应低于 36 V，外壳要可靠接地。

7. 由于 CO_2 气体以高压液态盛装在气瓶中，要防止 CO_2 气瓶直接受热，气瓶不能靠近热源，也要防止剧烈震动。

8. 加强个人防护。戴好面罩、手套，穿好工作服、工作鞋。

9. 当焊丝送入导电嘴后，不允许将手指放在焊枪的末端来检查焊丝送出情况；也不允许将焊枪放在耳边来试探保护气体的流动情况。

10. 使用水冷系统的焊枪应防止因绝缘破坏而发生触电事故。

11. 焊接工作结束后，必须切断电源和气源，并仔细检查工作场所周围及防护设施，确认无起火危险后方能离开。

第2节 低碳钢板或低合金钢板T形接头和角接接头熔化极气体保护焊

 学习单元1 低碳钢板或低合金钢板T形接头的CO_2气体保护焊

 学习目标

➤ 掌握低碳钢板或低合金钢板T形接头的CO_2气体保护焊操作技能

 技能要求

一、操作准备

1. 试件及坡口

试件材质：Q235。

试件尺寸及数量：300 mm×100 mm×6 mm，两块。

坡口形式：I形。

2. 焊接材料及设备

焊接材料：ER49—1，ϕ1.2 mm，CO_2气体（纯度99.9%）。

焊接设备：NBC—350，直流反接。

3. 焊接参数

焊接参数见表3—7。

表3—7　　　　　　　　　　焊接参数

焊接层次	焊丝直径（mm）	伸出长度（mm）	焊接电流（A）	焊接电压（V）	气体流量（L/min）	焊接速度（cm/min）
1层1道	1.2	13~18	220~250	24~26	15~20	35~45

二、操作步骤

1. 试件打磨及清理

采用角向磨光机将坡口两侧 20 mm 范围内的锈蚀、油污、氧化物、水分等打磨及清理干净,使其露出金属光泽。如图 3—14 所示为打磨后的试件。为防止飞溅不好清理和堵塞喷嘴,可在焊件表面涂上一层飞溅防黏剂,在喷嘴上涂一层喷嘴防堵剂。

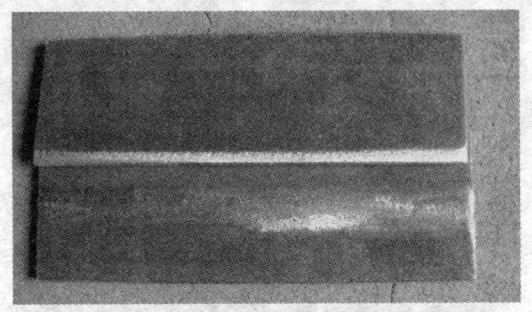

图 3—14 打磨后的试件

2. 试件组对及定位焊

试件组对间隙为 0 ~ 2 mm,定位焊时定位焊缝长 10 ~ 15 mm,焊脚尺寸为 6 mm,试件两端各一处,注意预留反变形($\beta = 3° ~ 5°$),如图 3—15 所示。

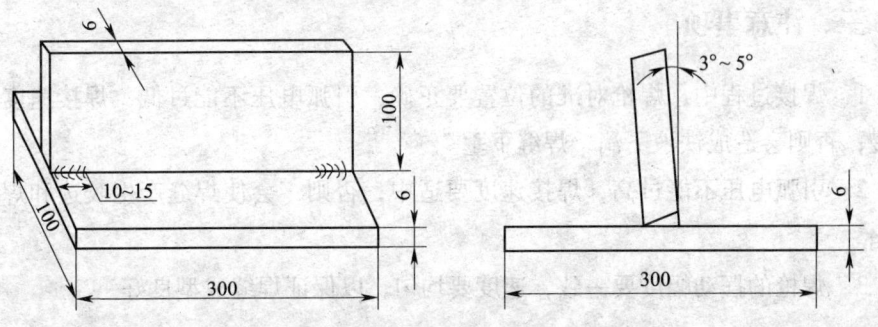

图 3—15 试件组对及定位焊

3. 焊接

(1) 焊接时采用左焊法,一层一道。焊枪角度如图 3—16 所示。

(2) 调好焊接参数后,在试板的右端引弧,从右向左进行焊接。

(3) 焊枪指向距根部 1 ~ 2 mm 处,由于采用的焊接电流比较大,焊接速度可以稍快,同时要适当地做锯齿形横向摆动。如图 3—17 所示为焊完的试件。

4. 焊后清理

焊接完毕,用砂布或钢丝刷将焊缝处的飞溅清理干净。

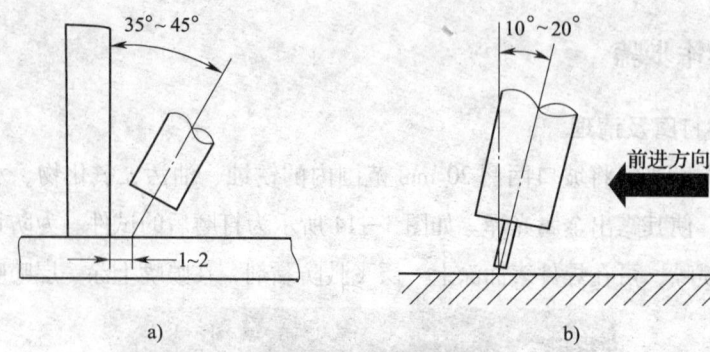

图 3—16 焊枪角度
a) 正面　b) 反面

图 3—17 焊完的试件

三、注意事项

1. 焊接过程中,焊枪对准的位置要正确,引弧电压不能过低,焊接速度不能过慢;否则会造成铁液下淌,焊缝下垂。

2. 引弧电压不能过高,焊接速度要适中;否则,会使焊缝产生咬边和焊瘤等缺陷。

3. 焊枪的摆动幅度要一致,速度要均匀,以保证焊缝成型良好。

 学习单元 2　低碳钢板或低合金钢板角接接头的 CO_2 气体保护焊

 学习目标

➢ 掌握低碳钢板或低合金钢板角接接头的 CO_2 气体保护焊操作技能

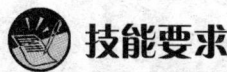

技能要求

一、操作准备

1. 试件及坡口

试件材质：Q345。

试件尺寸及数量：300 mm×100 mm×8 mm，两块。

坡口形式：如图3—18所示。

2. 焊接材料及设备

焊接材料：ER50—6，ϕ1.2 mm，CO_2气体（纯度99.9%）。

焊接设备：NBC—350，直流反接。

图3—18 试件坡口形式

3. 焊接参数

焊接参数见表3—8。

表3—8　　　　　　焊接参数

焊接层次	焊丝直径（mm）	伸出长度（mm）	焊接电流（A）	焊接电压（V）	气体流量（L/min）	焊接速度（cm/min）
打底层	1.2	13~18	200~230	24~26	15~20	40~50
第2层（1道）			210~240			35~45

二、操作步骤

1. 试件打磨及清理

采用角向磨光机将坡口两侧 20 mm 范围内的锈蚀、油污、氧化物、水分等打磨及清理干净，使其露出金属光泽。如图3—19所示为打磨后的试件。为防止飞溅不好清理和堵塞喷嘴，可在焊件表面涂上一层飞溅防黏剂，在喷嘴上涂一层喷嘴防堵剂。

2. 试件组对及定位焊

试件组对间隙为 0~2 mm，定位焊时定位焊缝长 10~15 mm，焊脚尺寸为 6 mm，试件两端各一处，组对时进行刚性固定，如图3—20所示。

3. 打底层

（1）焊接时采用左焊法，一层一道。焊枪角度（见图3—16）同T形接头平角焊。

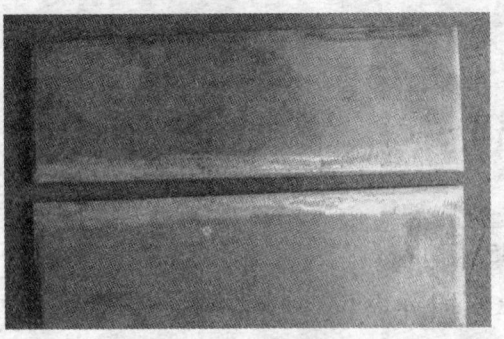

图3—19 打磨后的试件

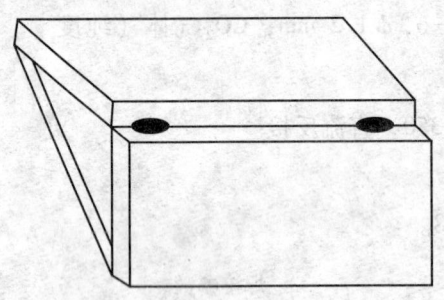

图3—20 角接接头定位焊

（2）调好焊接参数后，在试板的右端引弧，从右向左进行焊接。

（3）焊枪指向距根部1~2 mm处，由于采用的焊接电流比较大，焊接速度可以稍快，焊枪不用做横向摆动。如图3—21所示为打底层焊完的试件。

图3—21 打底层焊完的试件

4. 盖面层（1道）

（1）同样采用左焊法，一道完成，焊枪角度同打底层焊接。

（2）焊接速度比打底焊时稍慢，焊枪要做横向摆动。如图3—22所示为盖面层焊完的试件。

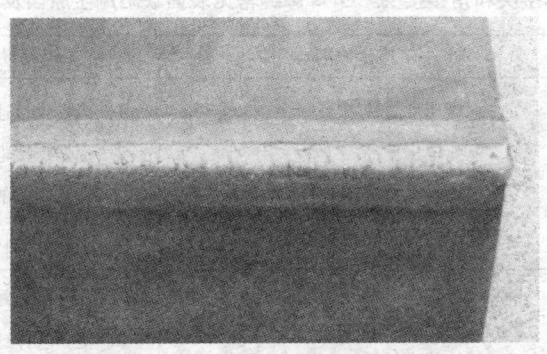

图 3—22　盖面层焊完的试件

5. 焊后清理

焊接完毕,用砂布或钢丝刷将焊缝处的飞溅清理干净。

三、注意事项

除低碳钢板或低合金钢板 T 形接头 CO_2 气体保护焊的注意事项以外,盖面焊时要注意控制熔池,避免铁液从坡口下缘流失。

学习单元3　质量检查

 学习目标

➢ 了解低碳钢板或低合金钢板 T 形接头和角接接头焊缝常见表面缺陷产生原因及防止措施

➢ 了解低碳钢板或低合金钢板 T 形接头和角接接头焊缝外观检查项目和方法

 知识要求

一、T 形接头和角接接头焊缝常见表面缺陷

T 形接头和角接接头 CO_2 气体保护焊时,由于设备、材料、工艺、操作等方面的原因而产生的焊接缺陷的产生原因及防止措施见表3—9。

表3—9　T形接头和角接接头 CO_2 焊焊缝常见表面缺陷产生原因及防止措施

缺陷	产生原因	防止措施
咬边	1. 焊接速度过快 2. 电弧电压偏高 3. 焊枪指向位置不对 4. 摆动时焊枪在两侧停留时间太短	1. 减慢焊接速度 2. 根据焊接电流调整电弧电压 3. 注意焊枪的正确操作 4. 延长焊枪在两侧停留时间
气孔	1. 焊丝或焊件有油污、锈蚀和水分 2. 气体纯度较低 3. 减压阀冻结 4. 喷嘴被飞溅物堵塞 5. 输气管路堵塞 6. 有风	1. 仔细除去污物和水分 2. 更换气体或对气体进行提纯 3. 在减压阀前接预热器 4. 注意清除喷嘴内壁附着的飞溅物 5. 注意检查输气管路有无堵塞和弯折处 6. 采用挡风措施或更换工作场地
焊瘤	1. 焊接速度过慢 2. 电弧电压过低	1. 适当提高焊接速度 2. 根据焊接电流调整电弧电压
裂纹	1. 焊丝或焊件表面有油污、锈蚀、涂料等 2. 焊缝中碳和硫的含量高，含锰量低 3. 多层焊第一层焊道过薄	1. 焊前仔细清理 2. 检查焊件和焊丝的化学成分，更换焊接材料，调整熔合比 3. 增加焊道厚度
飞溅严重	1. 电感量过大或过小 2. 电弧电压太高 3. 导电嘴磨损严重 4. 送丝不均匀 5. 焊丝和焊件不洁净	1. 调节电感至适当值 2. 根据焊接电流调整电弧电压 3. 及时更换导电嘴 4. 检查并调整送丝系统 5. 焊接前仔细清理焊丝和焊件
焊缝成型不规则（如焊缝下垂、焊脚不对称等）	1. 焊丝未校直 2. 导电嘴磨损严重而引起电弧摆动 3. 焊丝伸出过长 4. 焊接速度过低或电流过大	1. 校直焊丝 2. 及时更换导电嘴 3. 调整焊丝伸长量 4. 适当提高焊接速度或减小电流

二、T形接头和角接接头焊缝的外观检查

1. 焊缝外观尺寸的检查

通常借助于量规、样板及专用测量工具来检查焊缝外观尺寸。具体检查方法与

低碳钢板 T 形接头角焊缝外观尺寸的检查相同。

2. 焊缝表面缺陷的检查

通常采用肉眼、低倍放大镜和量具来检查焊缝表面缺陷。其检查方法中除飞溅严重用目测检查以外，其余表面缺陷的检查方法与低碳钢板 T 形接头角焊缝表面缺陷的检查相同。

第 3 节　低碳钢板或低合金钢板平位对接的熔化极气体保护焊（双面焊或背部加衬垫）

学习单元 1　低碳钢板或低合金钢板平位对接 CO_2 气体保护焊双面焊

学习目标

➢ 掌握低碳钢板或低合金钢板平位对接 CO_2 气体保护焊双面焊的操作技能

技能要求

一、操作准备

1. 试件及坡口

试件材质：Q345。

试件尺寸及数量：300 mm×150 mm×8 mm，两块。

坡口形式：I 形。

2. 焊接材料及设备

焊接材料：ER50—6，ϕ1.2 mm，CO_2 气体纯度（99.9%）。

焊接设备：NBC—500，直流反接。

3. 焊接参数

焊接参数见表3—10。

表3—10　　　　　　　　　　焊接参数

焊接层道位置	焊丝直径（mm）	伸出长度（mm）	焊接电流（A）	焊接电压（V）	焊接速度（cm/min）	气体流量（L/min）
第1层（正面1道）	1.2	13~18	230~250	24~26	35~45	15~20
第2层（反面1道）						

二、操作步骤

1. 试件打磨及清理

将坡口面和靠近坡口上、下两侧15~20 mm范围内钢板上的油污、锈蚀、水分及其他污物打磨干净，直至露出金属光泽。如图3—23所示为打磨后的试件。为防止飞溅不好清理和堵塞喷嘴，可在焊件表面涂上一层飞溅防黏液，在喷嘴上涂一层焊接喷嘴防堵剂。

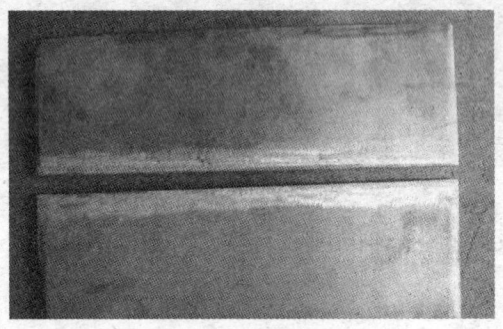

图3—23　打磨后的试件

2. 试件组对及定位焊

组对间隙为1~2 mm，预留反变形量为1°~2°，装配及定位焊尺寸如图3—24所示。

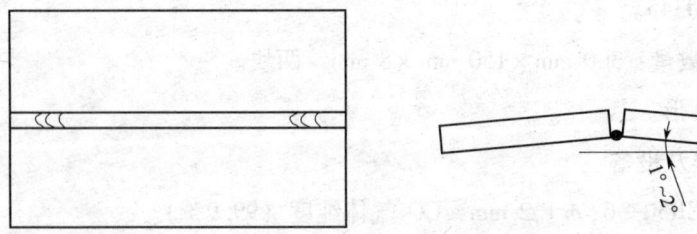

图3—24　试件组对及定位焊

3. 焊接

（1）正面焊接

焊接时采用左焊法，焊丝中心线前倾角为 10°～15°。采用月牙形小幅度摆动焊丝，摆动幅度不能太大，以免产生气孔。焊枪摆动时在焊缝的中心移动稍快，摆动到焊缝两侧要稍作停顿 0.5～1 s。若坡口间隙较大，应在横向摆动的同时做适当的前后移动的倒退式月牙形摆动，这种摆动可避免电弧直接对准间隙，以防止烧穿。盖面层采用锯齿形或月牙形摆动焊丝，并在坡口两侧稍作停顿，防止咬边。如图 3—25 所示为正面焊道焊完的试件。

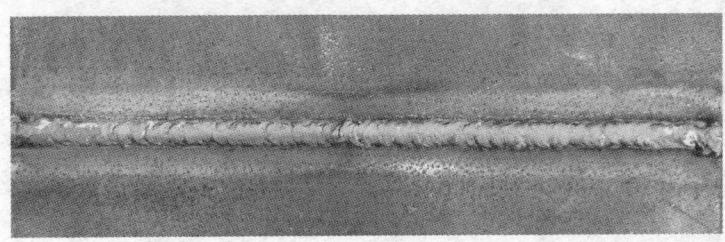

图 3—25　正面焊道焊完的试件

（2）反面焊接

正面焊接完成后，将试件翻过来进行反面焊接，方法及操作要点同正面焊接。反面焊道的焊接方向与正面焊道相反。

4. 焊后清理

焊缝施焊结束后，应用钢丝刷彻底清理焊缝表面及焊缝两侧的飞溅，保持焊道原始状态。

三、注意事项

1. 焊接过程中，焊枪对准焊件的位置要正确。
2. 引弧电压不能过高，焊接速度要适中；否则，会使焊缝产生咬边和焊瘤缺陷。
3. 焊枪的摆动幅度要一致，速度要均匀，以保证焊缝成型良好。

学习单元 2　背部加衬垫的低碳钢板或低合金钢板平位对接 CO_2 气体保护焊

学习目标

➢ 掌握背部加衬垫的低碳钢板或低合金钢板平位对接 CO_2 气体保护焊的操作技能

技能要求

一、操作准备

1. 试件及坡口

试件材质：Q345R。

试件尺寸及数量：300 mm×150 mm×12 mm，两块。

坡口形式及尺寸：V 形；坡口角度为 60°±5°，钝边为 0～2 mm。

2. 焊接材料及设备

焊接材料：焊丝，ER50—6，ϕ1.2 mm；衬垫：JLHD—R 型衬垫，宽为 14 mm。陶瓷衬垫块的结构形式如图 3—26 所示。

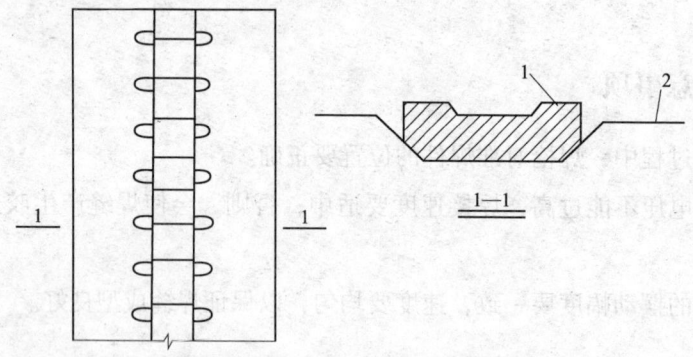

图 3—26　陶瓷衬垫块的结构形式
1—陶瓷衬垫块　2—金属箔

焊接设备：NBC—500，直流反接。

3. 焊接参数

焊接参数见表 3—11。

表3—11　　　　　　　　焊接参数

焊接层道位置	焊丝直径（mm）	伸出长度（mm）	焊接电流（A）	焊接电压（V）	焊接速度（cm/min）	气体流量（L/min）
打底层	1.2	13~18	250~320	26~35	10~15	20~25
填充层、盖面层					8~12	

二、操作步骤

1. 试件打磨及清理

将坡口面和靠近坡口上、下两侧15~20 mm范围内钢板上的油污、锈蚀、水分及其他污物打磨干净，直至露出金属光泽。如图3—27所示为打磨后的试件。为防止飞溅不好清理和堵塞喷嘴，可在焊件表面涂上一层飞溅防黏液，在喷嘴上涂一层焊接喷嘴防堵剂。

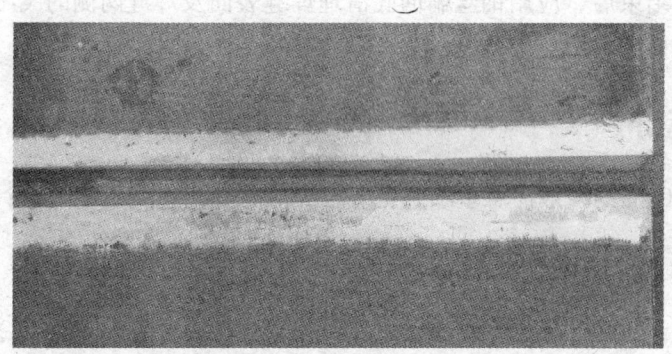

图3—27　打磨后的试件

2. 试件组对及定位焊

组对间隙为4~6 mm，错变量为0~0.2 mm。装配及定位焊尺寸如图3—28所示。定位焊后，将衬垫紧密地贴合在坡口背面。

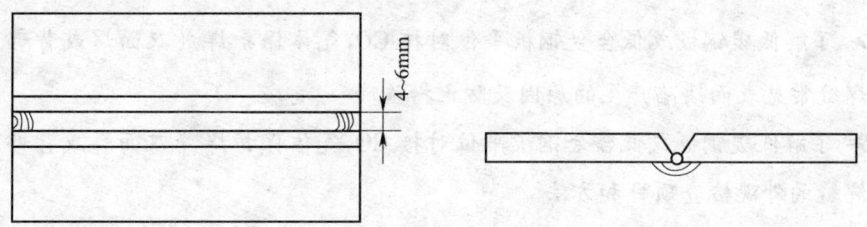

图3—28　V形坡口对接背面加衬垫定位焊

3. 打底焊

焊接底层时，由于靠衬垫反面强制成型，所以操作简单。调整好底层焊接参数后，在焊件右端预焊点的坡口上引弧，待熔池形成后，焊枪沿坡口做小幅度横向摆动并向前移动，焊枪后倾10°~20°。

4. 填充焊

调整好填充焊焊接参数后，从右端起焊，焊枪后倾10°~20°，焊枪的横向摆动幅度比底层焊接时稍大，应注意熔池两侧的熔合情况，保证焊道表面平整并稍向下凹。

5. 盖面焊

调整好填充焊焊接参数后，从右端起焊，焊枪后倾10°~20°，焊枪的横向摆动幅度比填充焊时稍大，当熔池两侧超过坡口边缘0.5~1.5 mm时，匀速焊接。

6. 焊后清理

焊缝施焊结束后，应用钢丝刷彻底清理焊缝表面及焊缝两侧的飞溅，保持焊道原始状态，并取掉衬垫。

三、注意事项

除注意CO_2焊的一般注意事项外，底层焊接时焊接速度不能过快；否则电弧易熄灭。

学习单元3　质量检查

学习目标

➢ 了解低碳钢板或低合金钢板平位对接CO_2气体保护焊（双面焊或背部加衬垫）焊缝常见表面缺陷产生的原因及防止措施

➢ 了解低碳钢板或低合金钢板平位对接CO_2气体保护焊（双面焊或背部加衬垫）焊缝的外观检查项目和方法

 知识要求

一、低碳钢板或低合金钢板平位对接的 CO_2 气体保护焊（双面焊或背部加衬垫）焊缝常见表面缺陷

对于平位对接双面焊，除易产生前面提到的T形接头和角接接头焊缝常见表面缺陷外，还易烧穿。烧穿产生的原因是焊接电流大，焊接速度慢，使焊件过度加热；坡口间隙大，钝边过薄；焊工操作技能差等。其防止措施是选择合适的焊接参数及合适的坡口尺寸，提高焊工的操作技能等。

对于平位对接背部加衬垫焊，其背面易产生成型不良和焊瘤等缺陷，其原因是试件错边量过大、衬垫贴合不够紧密或没有贴正。所以，焊接前一定要贴好衬垫。

二、低碳钢板或低合金钢板平位对接 CO_2 气体保护焊（双面焊或背部加衬垫）焊缝的外观检查

1. 焊缝外观尺寸的检查

通常借助于量规、样板及专用测量工具来检查焊缝外观尺寸。具体检查方法与低碳钢板对接平焊焊缝外观尺寸的检查相同。

2. 焊缝表面缺陷的检查

通常采用肉眼、低倍放大镜和量具来检查焊缝表面缺陷。其检查方法与低碳钢板T形接头角焊缝及对接平焊焊缝表面缺陷的检查相同。

第4章
非熔化极气体保护焊

第1节 手工钨极氩弧焊相关知识

学习单元1 手工钨极氩弧焊焊接工艺

  学习目标

➢ 熟悉手工钨极氩弧焊的原理、分类、特点及应用
➢ 熟悉手工钨极氩弧焊的焊接参数

  知识要求

非熔化极气体保护焊一般是指钨极惰性气体保护焊,即使用纯钨或活化钨(如钍钨、铈钨等)电极的惰性气体保护焊,简称 TIG 焊。而钨极氩气保护焊是典型的钨极惰性气体保护焊。

一、钨极氩弧焊的原理、分类、特点及应用

1. 原理

钨极氩弧焊是指用钨棒作为电极加上氩气进行保护的焊接方法,其原理图如图

4—1所示。焊接时氩气从焊枪的喷嘴中连续喷出，隔绝空气在电弧周围形成气体保护层，以防止其对钨极、熔池及邻近热影响区的有害影响，从而获得优质的焊缝。焊接过程中根据工件的具体要求可以加或者不加填充焊丝。

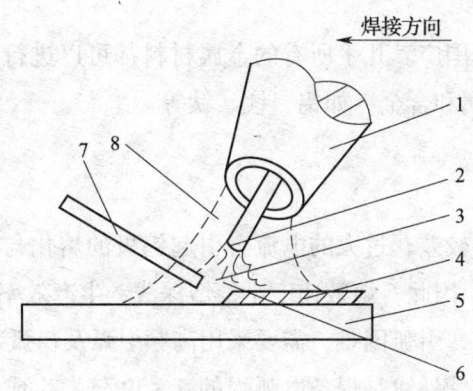

图4—1 钨极氩弧焊原理图

1—喷嘴 2—钨极 3—电弧 4—焊缝 5—工件 6—熔池 7—填充焊丝 8—惰性气体

2. 分类

（1）按电流波形不同分为直流氩弧焊、交流氩弧焊和脉冲氩弧焊。

（2）按操作方式不同分为手工氩弧焊和自动氩弧焊。

（3）按保护气体成分不同分为氩弧焊、氦弧焊和混合气体保护焊。

（4）按填充焊丝的状态不同分为冷丝焊、热丝焊和双丝焊。

上述几种钨极氩弧焊方法中手工钨极氩弧焊应用最为广泛，本章将重点进行介绍。

3. 特点

（1）优点

1）保护效果好，焊缝质量高。氩气不与金属发生反应，也不溶于金属，焊接过程基本上是金属熔化与结晶的简单过程，因此，能获得较为纯净及质量高的焊缝。

2）焊接变形和应力小。由于电弧受氩气流的压缩和冷却作用，电弧热量集中，热影响区很窄，焊接变形与应力均小。

3）特别适用于焊接薄板。钨极电弧非常稳定，即使在很小的电流情况下（小于10 A）仍可稳定燃烧，所以特别适用于薄板的焊接。

4）易观察，易操作。由于是明弧焊，所以观察方便，操作容易，尤其适用于全位置焊接。

5) 稳定。电弧稳定,且填充焊丝不通过电流,故不会产生飞溅,焊缝成型美观,焊后不用清渣。

6) 易控制熔池尺寸。由于焊丝和电极是分开的,焊工能够很好地控制熔池尺寸和大小。

7) 可焊的材料范围广。几乎所有的金属材料都可以进行氩弧焊。特别适宜焊接化学性能活泼的金属和合金,如铝、镁、钛等。

(2) 缺点

1) 设备成本较高。

2) 钨极载流能力较差,过大的电流会引起钨极的熔化与蒸发,其微粒有可能进入熔池而引起夹钨。因此,熔敷速度小,熔深浅,生产效率低。

3) 氩气电离势高,引弧困难,需要采用高频引弧及稳弧装置。

4) 氩弧焊产生的紫外线是焊条电弧焊的 5~30 倍,生成的臭氧对焊工也有危害,所以要加强防护。

5) 焊接时需有防风措施。

4. 应用

钨极氩弧焊是一种高质量的焊接方法,在工业中被广泛地采用。特别是一些化学性能活泼的金属,如铝、镁、钛、铜等有色金属,用其他电弧焊焊接非常困难,而用氩弧焊则可很容易地得到高质量的焊缝;不锈钢、耐热钢也常用钨极氩弧焊焊接。另外,在碳钢和低合金钢的压力管道焊接中,现在也越来越多地采用氩弧焊打底,以提高焊接接头的质量。

二、手工钨极氩弧焊的焊接参数

手工钨极氩弧焊的焊接参数有焊接电流种类和极性、钨极直径、焊接电流、电弧电压、氩气流量、焊接速度、喷嘴直径及喷嘴至焊件的距离、钨极伸出长度等。必须正确地选择并合理地配合各项焊接参数,才能得到满意的焊接质量。

学习单元 2　手工钨极氩弧焊设备及其安全检查

➤ 了解手工钨极氩弧焊设备及其安全检查方法

知识要求

一、手工钨极氩弧焊设备

钨极氩弧焊设备通常由焊接电源、引弧及稳弧装置、焊枪、供气系统、水冷系统和焊接程序控制装置等部分组成。对于自动氩弧焊还包括焊接小车行走机构及送丝装置。

手工钨极氩弧焊设备组成如图4—2所示。

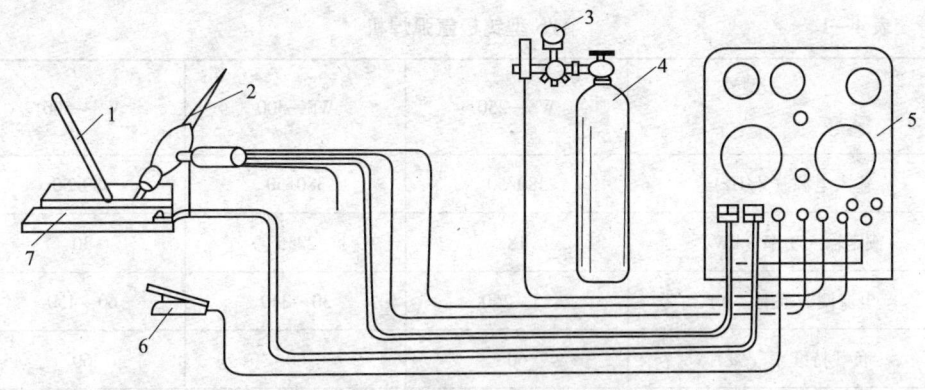

图4—2 手工钨极氩弧焊设备的组成

1—填充金属 2—焊枪 3—流量计 4—氩气瓶 5—焊接电源 6—脚踏开关 7—工件

1. 焊接电源

（1）电源的外特性

钨极氩弧焊要求采用陡降外特性电源，如图4—3a所示，以减少或排除因弧长变化而引起的焊接电流波动。有些电源为了减少接触引弧时钨棒的烧损，多采用如图4—3b所示的内拖外特性，效果良好。

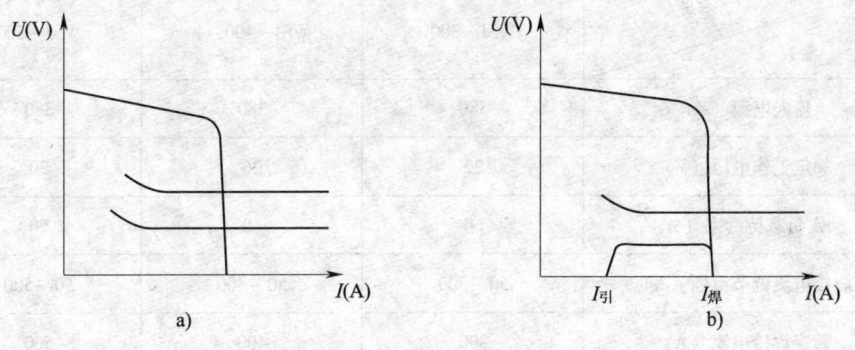

图4—3 焊接电源外特性曲线

a）陡降外特性 b）内拖外特性

(2) 电源种类

作为钨极氩弧焊的电源有直流电源、交流电源、交直流两用电源及脉冲电源。这些电源从结构和要求上与一般焊条电弧焊的电源并无多大差别，原则上可以通用，只是要求具有垂直陡降的外特性。

目前使用最为广泛的是晶闸管式弧焊电源，而各种逆变电源具有优良的性能指标及节能效果，今后将会成为主导产品。

(3) 常用氩弧焊机型号及性能参数

常用氩弧焊机型号及性能参数见表4—1～表4—3。

表4—1　　　　　　　　　　WS型钨极氩弧焊机

型号 参数	WS—250	WS—300	WS—500
输入电源（V/Hz）	380/50	380/50	380/50
额定输入功率（kW）	18	22.5	30
电流调节范围（A）	25～250	30～340	60～450
负载持续率（%）	60	60	60
工作电压（V）	11～22	11～23	13～28
电流衰减时间（s）	3～10	3～10	3～10
滞后断电时间（s）	4～8	4～8	4～8
冷却水流量（L/min）	>1	>1	>1

表4—2　　　　　　　　　　WSJ型钨极交流氩弧焊机

型号 参数	WSJ—300	WSJ—400-1	WSJ—500
输入电源（V）	380	380	380
额定工作电压（V）	22	26	30
额定负载持续率（%）	60	60	60
焊接电流调节范围（A）	50～300	50～400	50～500
额定焊接电流（A）	300	400	500

表4—3　　　　　　　　WSE型交直流钨极氩弧焊机

型号 参数	WSE—160	WSE—315	WSE—500
输入电源（V）	380	380	380
空载电压（V）	78	85	96
电流调节范围（A）	8~160	16~315	25~500
负载持续率（%）	35	35	60

2. 引弧及稳弧装置

（1）引弧方法

1）短路引弧。是指依靠钨极和引弧板或者工件之间接触引弧。其缺点是引弧时钨极损耗较大，钨极端部的形状易被破坏，与工件接触引弧也易造成工件夹钨，应尽量少用。

2）高频引弧。是指利用高频振荡器产生的高频高压（2 500~3 000 V、150~260 kHz）击穿钨极与工件之间的间隙（3 mm左右）而引燃电弧。

3）高压脉冲引弧。是指在钨极与工件之间加一高压脉冲（大于等于脉冲幅值800 V），使两极间气体介质电离而引弧。

（2）稳弧方法

交流电弧的稳定性很差，在正极性转换成反极性的瞬间必须采取稳弧措施。

1）高频稳弧。同步采取高频高压稳弧时，可以在稳弧时适当降低高频的强度。

2）高压脉冲稳弧。在电流过零瞬间加上一个高压脉冲。

3）交流矩形波稳弧。利用交流矩形波在过零瞬间有极高的电流变化率，帮助电弧在极性转换时很快地反向引燃。

3. 焊枪

焊枪的作用是夹持钨极，传导焊接电流和输送保护气，它应满足下列要求：

（1）保护气流具有良好的流动状态和一定的挺度，以获得可靠的保护。

（2）有良好的导电性能。

（3）确保充分冷却，以保证持久工作。

（4）喷嘴与钨极间绝缘良好。以免喷嘴和焊件接触时产生短路、打弧。

（5）质量轻，结构紧凑，可达性好，装拆及维修方便。

焊枪分为气冷式和水冷式两种，气冷式焊枪用于小电流（小于等于100 A）焊接，水冷式焊枪适宜大电流和自动焊接使用。如图4—4所示为PQ1—150型水冷式焊枪的结构。

4. 供气系统

供气系统由氩气瓶、减压阀、浮子流量计、电磁气阀、气管组成，其作用是将氩气瓶内的高压气体减至一定的低压，按不同流量要求将氩气输送至焊接区，达到焊接保护要求。

5. 水冷系统

当焊接电流大于100 A时必须用水冷却钨极和焊枪，水流量的大小通过水压开关或手动控制。

6. 焊接程序控制装置

焊接程序控制装置可实现焊接过程各程序及焊接参数的可调控制。焊接程序是：提前送气1.5～4 s→接通电源→引弧→焊接→停电→滞后停气5～15 s→焊接结束。

二、手工钨极氩弧焊设备的安全检查

手工钨极氩弧焊设备的安全检查方法如下：

1. 检查焊机各电路连接情况，各线连接应牢固，无松脱。
2. 检查焊接设备保护接地或接零是否可靠、完好。
3. 使用水冷系统的焊枪绝缘要良好，不能有漏电现象。
4. 检查钨极端部的形状是否符合要求。
5. 检查气瓶瓶阀是否损坏和漏气。
6. 检查水路和气路系统接头连接处及管子是否漏水和漏气。

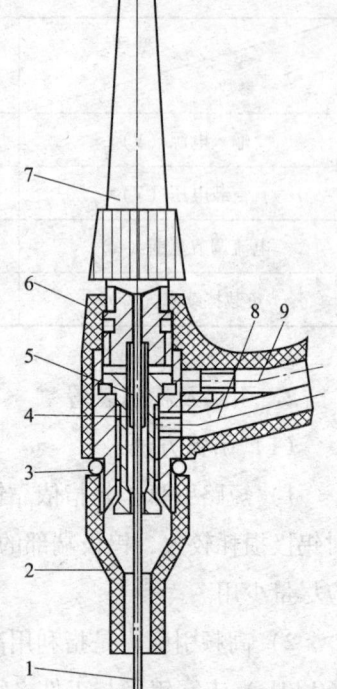

图4—4　PQ1—150型水冷式焊枪的结构

1—钨极　2—陶瓷喷嘴　3—密封环
4—轧头套管　5—电极轧头
6—枪体塑料压制件　7—绝缘帽
8—进气管　9—冷却水管

  学习单元3　手工钨极氩弧焊基本操作技术

 学习目标

➢ 掌握手工钨极氩弧焊基本操作技术

知识要求

一、引弧和收弧

1. 引弧

引弧时通常采用引弧器引弧,即采用高频振荡器和高压脉冲非接触引弧。引弧时使钨极端头与工件保持 3 mm 的距离,然后接通电路(包括引弧电路)即可引弧。没有引弧器时可采用接触引弧,用纯铜板或石墨板作为引弧板,放在焊接坡口上引弧。引弧前应提前 1.5~4 s 送气。

2. 收弧

收弧时要采用电流自动衰减装置。当要收弧时,应减小焊枪与焊件的夹角,让热量集中在焊丝上,加大焊丝熔化量,以填满弧坑,然后切断控制开关,这时焊接电流逐渐减小,熔池也不断缩小,焊丝回抽,但不要脱离氩气保护区,停弧后,氩气需延时 10 s 左右再关闭,以防止熔池金属在高温下被氧化。没有该装置时,则应在收弧处慢慢地抬起焊枪,拉长电弧,并减小焊枪倾角,加大焊丝熔化量,待弧坑填满后再切断电流。收弧后,应延时 10 s 左右再停止送气。

二、焊枪、焊丝和工件之间的相对位置

焊接时,焊枪、焊丝和工件之间必须保持正确的相对位置,如图 4—5 所示。

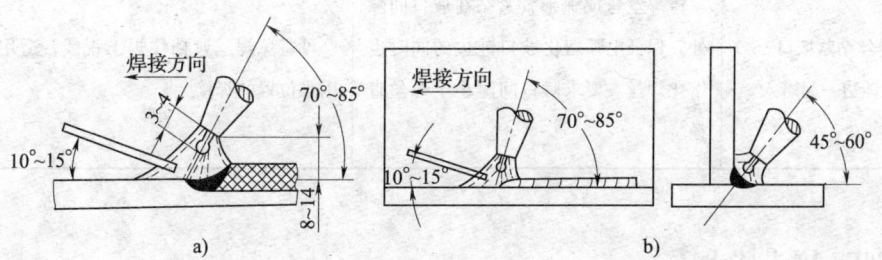

图 4—5 焊枪、焊丝和工件之间的相对位置
a) 对接焊条电弧焊 b) 角接焊条电弧焊

三、填丝

填丝的基本操作技术见表 4—4。填丝时还必须注意以下几点:

1. 必须等坡口两侧熔化后再填丝。
2. 填丝时,焊丝和焊件表面夹角为 15°左右,敏捷地从熔池前沿点进,随后

撤回，如此反复。

3. 填丝要均匀，快慢适当。送丝速度应与焊接速度相适应。对口间隙大于焊丝直径时，焊丝应随电弧做同步横向摆动。

4. 焊接时，焊丝端头应始终处在氩气保护区内，不得将焊丝直接放在电弧下面或抬得过高，也不应让熔滴向熔池"滴渡"。

5. 操作过程中，如钨极和焊丝不慎相碰，发生瞬间短路，会造成焊缝污染（夹钨）。应立即停止焊接，用砂轮磨掉被污染处，并将填充焊丝头部剪去一段。被污染的钨极应重新磨成形后方可继续焊接。

表4—4　　　　　　　　填丝的基本操作技术

填丝技术	操作方法	适用范围
连续填丝	用左手的拇指、食指、中指配合动作送丝，无名指和小指夹住焊丝以控制方向，要求焊丝比较平直，手臂动作不大，待焊丝快用完时前移	对保护层扰动小，适用于填丝量较大、较大焊接参数下的焊接
断续填丝（点滴送丝）	用左手的拇指、食指、中指捏紧焊丝，焊丝末端始终处于氩气保护区内。填丝动作要轻，靠手臂和手腕的上下往复动作将焊丝端部熔滴熔入熔池	适用于全位置焊
焊丝贴紧坡口，与钝边一起熔入	将焊丝弯成弧形，紧贴在坡口间隙处，保证电弧熔化坡口钝边的同时也熔化焊丝。要求对口间隙小于焊丝直径	可避免焊丝遮挡住焊工视线，适用于困难位置的焊接

四、接头技术

接头时应注意下列问题：

1. 接头处要有斜坡，不能有死角。

2. 重新引弧位置在原弧坑后面，使焊缝重叠20～30 mm，重叠处一般不加或少加焊丝。

3. 熔池要贯穿到接头的根部，以确保接头处熔透。

学习单元4　手工钨极氩弧焊安全操作规程

学习目标

➢ 掌握手工钨极氩弧焊安全操作规程

知识要求

1. 焊接工作场所必须备有防火设备，如沙箱、灭火器、消火栓、水桶等。易燃物品距离焊接场所不得小于 5 m。若无法满足规定距离时，可用石棉板、石棉布妥善覆盖，以防止火星落入易燃物品。易爆物品距离焊接场所不得小于 10 m。氩弧焊工作场地要有良好的自然通风和固定的机械通风装置，以减少氩弧焊有害气体和金属烟尘的危害。

2. 手工钨极氩弧焊机应放置在干燥通风处，并严格按照焊机使用说明书操作。使用前应对焊机进行全面检查，确定焊机没有隐患后再接通电源。空载运行正常后方可施焊。保证焊机接线正确，必须良好、牢靠地接地，以保障安全。焊机电源的通、断由电源板上的开关控制，严禁负载扳动开关，以免开关触点烧损。

3. 应经常检查氩弧焊焊枪冷却系统或供气系统的工作情况，发现堵塞或泄漏时应立即解决，以防止烧坏焊枪，影响焊接质量。

4. 焊接人员离开工作场所或焊机不使用时必须切断电源。若焊机发生故障，应由专业人员进行维修，检修时应采取防电击等安全措施。焊机应每年除尘清洁一次。

5. 钨极氩弧焊机高频振荡器产生的高频电磁场会使人产生一定的头晕、疲乏。因此，焊接时应尽量减少高频电磁场的作用时间，引燃电弧后应立即切断高频电源。焊枪和焊接电缆外应采用软金属编织线屏蔽（软管一端接在焊枪上，另一端接地，外面不包绝缘）。如有条件，应尽量用晶体脉冲引弧取代高频引弧。

6. 进行氩弧焊时，紫外线强度很大，易引起电光性眼炎、电弧灼伤，同时产生的臭氧和氮氧化物会刺激呼吸道。因此，焊工操作时应穿白色帆布工作服，戴好口罩、面罩及防护手套、脚盖等。为防止触电，应在工作台附近地面覆盖绝缘橡胶，工作人员应穿绝缘胶鞋。

第2节 厚度 $t<6$ mm 的低碳钢板或不锈钢板平位对接手工钨极氩弧焊

学习单元1 低碳钢板 $t<6$ mm 平位对接手工钨极氩弧焊

学习目标

➤ 掌握低碳钢板 $t<6$ mm 平位对接手工钨极氩弧焊的操作技能

技能要求

一、操作准备

1. 试件及坡口

试件材质：Q345R。

试件尺寸及数量：150 mm×100 mm×5 mm，两块。

坡口形式及尺寸：V形；坡口尺寸如图4—6所示。

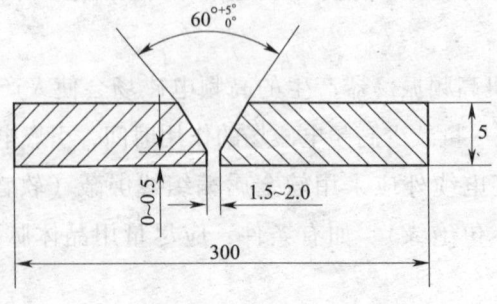

图4—6 坡口形式及尺寸

2. 焊接材料及设备

焊接材料：焊丝 ER49-1，ϕ2.5 mm；电极为铈钨极，为使电弧稳定，将其尖端磨成如图4—7所示形状，氩气纯度99.99%。

焊接设备：直流手工钨极氩弧焊机 WS—300，直流正接。

3. 焊接参数（见表4—5）

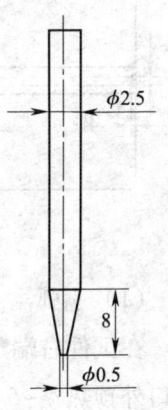

图4—7 钨极尺寸

二、操作步骤

1. 试件打磨及清理

将坡口面和靠近坡口上、下两侧15~20 mm范围内的钢板上的油污、锈蚀、水分及其他污物打磨干净，直至露出金属光泽。如图4—8所示为打磨后的试件。

表4—5 薄板V形坡口平焊位置手工钨极氩弧焊焊接参数

焊接层次	焊接电流（A）	电弧电压（V）	氩气流量（L/min）	钨极直径（mm）	焊丝直径（mm）	钨极伸出长度（mm）	喷嘴直径（mm）	喷嘴至工件距离（mm）
打底焊	80~100	10~14	8~10	2.5	2.5	4~6	8~10	≤12
填充焊	90~100							
盖面焊	100~110							

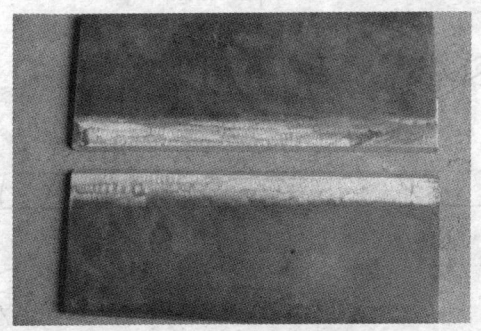

图4—8 打磨后的试件

2. 试件组对及定位焊

组对间隙，始焊端2 mm，终焊端3 mm；预留反变形，3°~4°；错边量，≤1 mm；钝边，0~0.5 mm，如图4—9所示。

3. 打底焊

手工钨极氩弧焊通常采用左焊法（焊接热源从接头右端向左端移动，并指向待焊部分的操作法），故将试件装配间隙大端放在左侧。

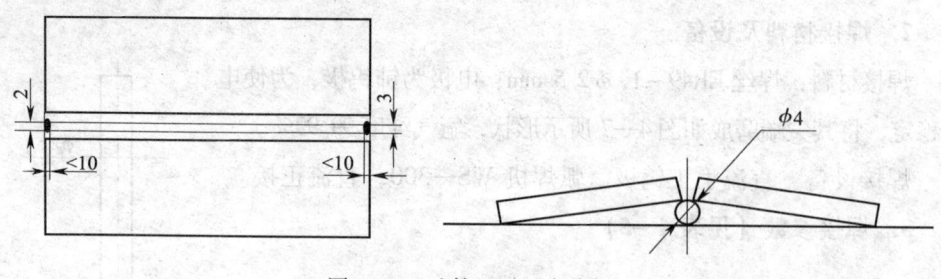

图4—9 试件组对及定位焊

(1) 引弧

在试件右端定位焊缝上引弧。引弧时采用较长的电弧（弧长为4~7 mm），在坡口外预热4~5 s。

(2) 焊接

引弧后预热引弧处，当定位焊缝左端形成熔池并出现熔孔后开始送丝。焊丝、焊枪与焊件角度如图4—10所示。焊接打底层时，采用较小的焊枪倾角和较小的焊接电流。由于焊接速度和送丝速度过快，容易使焊缝下凹或烧穿，因此，焊丝送入要均匀，焊枪移动要平稳、速度一致。焊接时，要密切注意焊接熔池的变化，随时调节有关焊接参数，保证背面焊缝成型良好。当熔池增大、焊缝变宽并出现下凹时，说明熔池温度过高，应减小焊枪与焊件夹角，加快焊接速度；当熔池减小时，说明熔池温度过低，应增加焊枪与焊件夹角，减慢焊接速度。

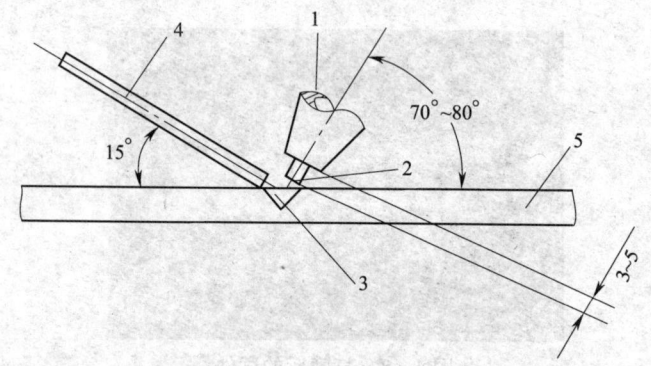

图4—10 焊丝、焊枪与焊件角度示意图
1—喷嘴 2—钨极 3—熔池 4—焊丝 5—焊件

(3) 接头

当更换焊丝或暂停焊接时，需要接头。这时松开焊枪上按钮开关（使用接触引弧焊枪时，立即将电弧移至坡口边缘上快速灭弧），停止送丝，焊机电流衰减熄弧，但焊枪仍需对准熔池进行保护，待其完全冷却后方能移开焊枪。若焊机无电流衰减功能，应在松开按钮开关后稍微抬高焊枪，待电弧熄灭、熔池完全冷却后移开焊枪。进行接头前,应先检查接头熄弧处弧坑质量。如果无氧化物等缺陷,则可直接进行接头焊接。如果有缺陷,则必须将缺陷修磨掉,并将其前端打磨成斜面,然后在弧坑右侧 15～20 mm 处引弧,缓慢向左移动,待弧坑处开始熔化形成熔池和熔孔后,继续填丝焊接。

(4) 收弧

当焊至试件末端时,应减小焊枪与试件夹角,使热量集中在焊丝上,加大焊丝熔化量以填满弧坑。切断控制开关,焊接电流将逐渐减小,熔池也随着减小,将焊丝抽离电弧(但不离开氩气保护区)。停弧后,氩气延时约 10 s 关闭,从而防止熔池金属在高温下氧化。图 4—11 为打底焊完成后的试件。

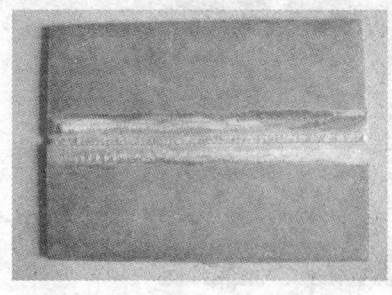 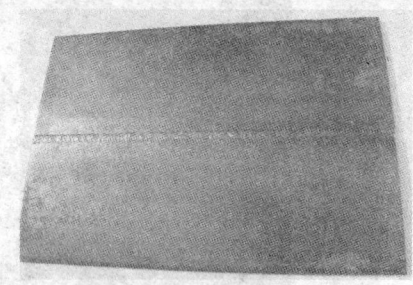

a)   b)

图 4—11 打底焊完成后的试件

a) 试件正面　b) 试件背面

4. 填充焊

按表 4—5 中填充层焊接参数调节好设备,进行填充层焊接,其操作与打底层相同。焊接时焊枪可做圆弧"之"字形横向摆动,其幅度应稍大,并在坡口两侧停留,保证坡口两侧熔合好,焊道均匀。从试件右端开始焊接,注意熔池两侧熔合情况,保证焊缝表面平整且稍向下凹。盖面层的焊道焊完后应比焊件表面低 1.0～1.5 mm,以免坡口边缘化导致盖面层产生咬边或焊偏现象,焊完后将焊道表面清理干净。图 4—12 为填充焊完成后的试件。

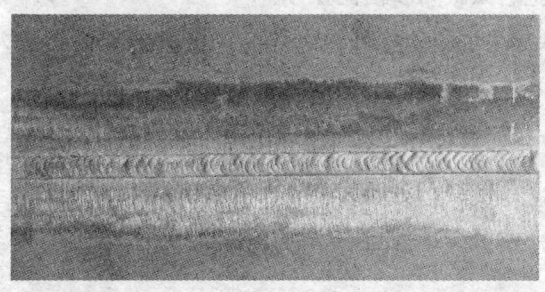

图 4—12 填充焊完成后的试件

5. 盖面层

按表4—5中盖面层焊接参数调节好设备，进行盖面层焊接，其操作与填充层基本相同，但要加大焊枪的摆动幅度，保证熔池两侧超过坡口边缘0.5~1 mm，并按焊缝余高决定填丝速度与焊接速度，尽可能保持焊接速度均匀，熄弧时必须填满弧坑。图4—13为盖面焊完成后的试件。

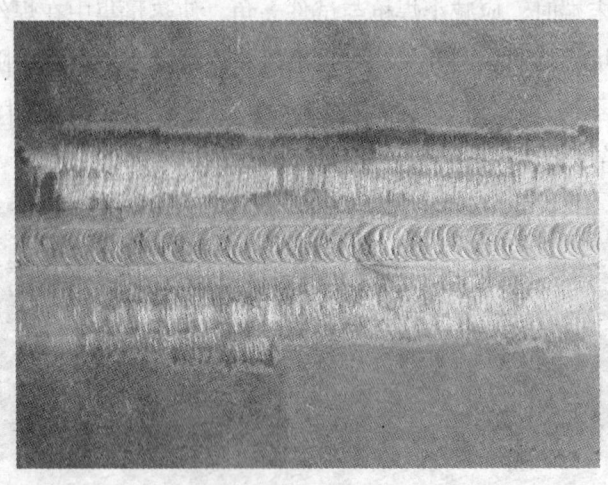

图4—13　盖面焊完成后的试件

6. 焊后清理

焊接结束后，关闭焊机，用钢丝刷清理焊缝表面。

三、注意事项

1. 必须等坡口两侧熔化后填丝。

2. 填丝时，焊丝和焊件表面夹角为15°左右，敏捷地从熔池前沿点进，随后撤回，如此反复。

3. 填丝要均匀，快慢得当。送丝速度应与焊接速度相适应。对口间隙大于焊丝直径时，焊丝应随电弧做同步横向摆动。

4. 焊接时，焊丝端头应始终处在氩气保护区内，不得将焊丝直接放在电弧下面或抬得过高，也不应让熔滴向熔池"滴渡"。

5. 操作过程中，如钨极和焊丝不慎相碰，会造成焊缝污染。应立即停止焊接，用砂轮磨掉污染处，直至磨出金属光泽，并将填充焊丝端头剪去一段。被污染的钨极应重新磨成形后，才可继续焊接。

学习单元2 不锈钢板 $t<6$ mm 平位对接手工钨极氩弧焊

学习目标

➤ 掌握不锈钢板 $t<6$ mm 平位对接手工钨极氩弧焊的操作技能

技能要求

一、操作准备

1. 试件及坡口

试件材质：06Cr19Ni10。

试件尺寸及数量：300 mm×150 mm×1.5 mm，两块。

坡口形式：I 形。

2. 焊接材料及设备

焊接材料：H08Cr21Ni10，ϕ1.6 mm。

焊接设备：WSE5—315，直流正接。

3. 焊接参数（见表4—6）

表4—6　　　　　焊接参数

焊接层次	焊丝直径 （mm）	钨极直径 （mm）	焊接电流 （A）	钨极伸出长度 （mm）	气体流量 （L/min）
1层1道	1.6	2	40~70	5~8	4~6

二、操作步骤

1. 试件打磨及清理

清理坡口及其正、反两面两侧各20 mm 范围内的油污、锈蚀，直至露出金属光泽，然后用丙酮进行清洗。焊丝的清理方法是先用汽油或丙酮清洗，然后用硝酸溶液进行中和处理，使表面光洁，再用热水冲洗，烘干后备用。图4—14 为清理后的试件。

图4—14 清理后的试件

2. 试件组对及定位焊

可采用三点或四点定位,三点定位时,先点焊中间,后点焊两端。间隙为0.5 mm,并预留反变形,如图4—15所示。

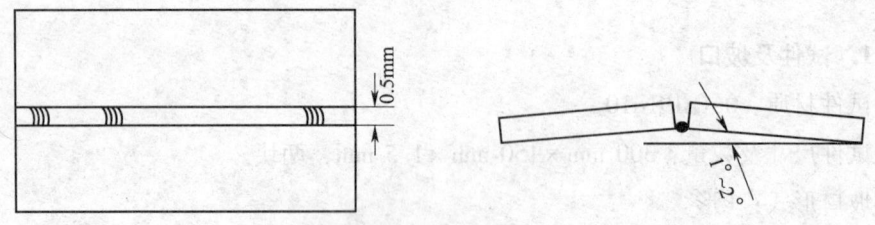

图4—15 定位焊示意图

3. 焊接

采用左焊法,一层一道焊,要求单面焊双面成型。

操作要点基本同于本节学习单元1低碳钢板 $t<6$ mm 平位对接手工钨极氩弧焊的打底焊。应注意在不妨碍视线的前提下,尽量采用短弧焊接以增强氩气保护效果。另外,还应注意观察熔池大小及与母材熔合良好,焊枪通常不摆动,焊接速度稍快。图4—16为焊接完成后的试件。

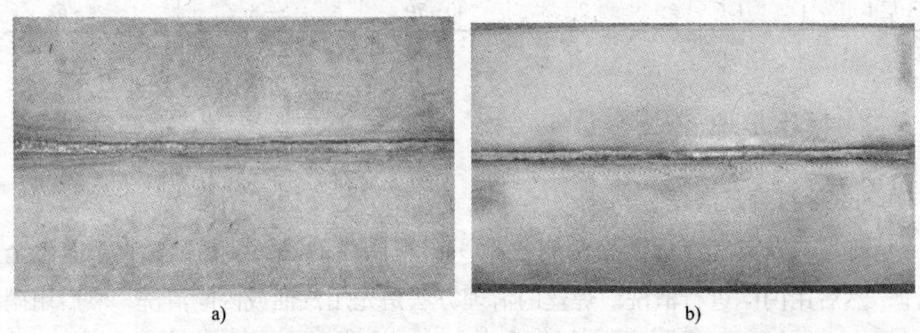

图4—16 焊接完成后的试件
a) 试件正面 b) 试件背面

4. 焊后清理

焊接结束后，关闭焊机，用钢丝刷清理焊缝表面。

三、注意事项

除本节学习单元 1 应注意的事项外，既要防止烧穿，又要保证熔透，即保证两面成型。

学习目标

> 了解低碳钢或不锈钢板平位对接手工钨极氩弧焊焊缝常见表面缺陷、缺陷产生的原因及防止措施

知识要求

一、焊缝常见外观缺陷及其消除措施

低碳钢或不锈钢板平位对接手工钨极氩弧焊焊缝常见表面缺陷有气孔、焊缝成型不良等。气孔产生的原因有焊前对坡口及两侧清理不彻底、气体不纯或保护不良等。防止措施即焊前严格清理和纯净气体并加强保护。焊缝成型不良有焊接参数选择不当或操作不熟练等。防止措施即正确选择焊接参数和提高操作水平。

二、焊缝的外观检查

1. 焊缝外观检查项目

低碳钢或不锈钢板平位对接手工钨极氩弧焊焊缝外观检查项目包括气孔、裂纹、咬边、烧穿（不锈钢）、电弧擦伤、焊接变形（不锈钢）、焊缝表面成型及尺寸。

2. 焊缝外观检查方法

（1）焊缝外观尺寸的检查，通常借助于量规、样板及专用测量工具来进行。

对接接头焊缝的宽度、厚度可用游标卡尺、钢直尺来测量，余高、错边可用焊接检验尺测量。

（2）焊缝表面缺陷的检查，通常采用肉眼、低倍放大镜和量具来进行。用目测检查焊缝外观表面成型及烧穿（不锈钢）、电弧擦伤、焊接变形（不锈钢）。焊缝咬边、裂纹、气孔等的检查方法与低碳钢板 T 形接头焊条电弧焊角焊缝表面缺陷的检查方法相同。

第 3 节　管径 $\phi<60$ mm 的低碳钢管对接水平转动手工钨极氩弧焊

学习单元 1　管径 $\phi<60$ mm 的低碳钢管对接水平转动手工钨极氩弧焊

学习目标

➢ 掌握管径 $\phi<60$ mm 的低碳钢管对接水平转动手工钨极氩弧焊的操作技能

技能要求

一、操作准备

1. 试件及坡口

试件材质：20 钢。

试件尺寸及数量：$\phi 57$ mm×6 mm，两根。

坡口形式及尺寸：V 形；坡口尺寸如图 4—17 所示。

2. 焊接材料及设备

焊接材料：焊丝 ER49—1，$\phi 2.5$ mm；电极为铈钨极，氩气纯度 99.99%。

焊接设备：WS—300，直流正接。

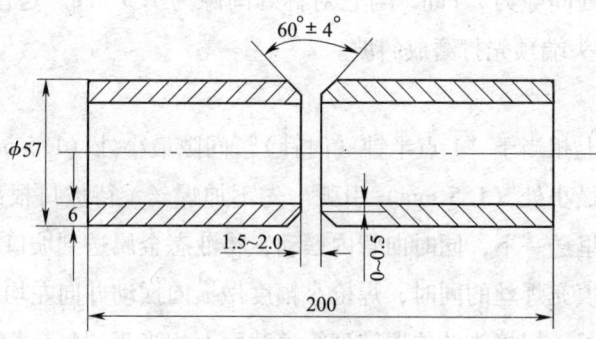

图4—17 坡口形式及尺寸

3. 焊接参数（见表4—7）

表4—7　　　　小直径低碳钢管对接焊焊接参数

焊接层次	焊接电流 （A）	电弧电压 （V）	氩气流量 （L/min）	钨极直径 （mm）	焊丝直径 （mm）	钨极伸出 长度（mm）	喷嘴直径 （mm）	喷嘴至工件 距离（mm）
打底焊	80～105	10～12	8～10	2.5	2.5	4～6	8～10	≤10
填充焊	90～105	10～12	8～10	2.5	2.5	4～6	8～10	≤10
盖面焊	100～110	10～12	8～10	2.5	2.5	4～6	8～10	≤10

二、操作步骤

1. 试件打磨及清理

清理坡口及其正、反两面两侧各20 mm范围内和焊丝表面的油污、锈蚀，直至露出金属光泽，然后用丙酮进行清洗。图4—18为打磨后的试件。

图4—18 打磨后的试件

2. 试件组对及定位焊

装配间隙为1.5～2.0 mm，错边量不大于0.5 mm。采用手工钨极氩弧焊一点定位,并保证该处间隙为 2 mm,与它对称处间隙为 1.5 mm。定位焊长度为 10~15 mm,将焊点接头端预先打磨成斜坡。

3. 打底焊

从管道截面上相当于"1 点半钟(时针)"间隙最小处(1.5 mm)引弧,进行爬坡焊,在间隙最小处(1.5 mm)引弧。先不加焊丝,待坡口根部熔化后,将焊丝轻轻地向熔池里送一下,同时向管内摆动,将液态金属送到坡口根部,以保证背面焊缝的高度。填充焊丝的同时,焊枪小幅度做横向摆动并向左均匀移动。每焊完一段转动一次管子,把接头的位置转到管道截面上相当于"1 点半钟"的位置,如图 4—19 所示。

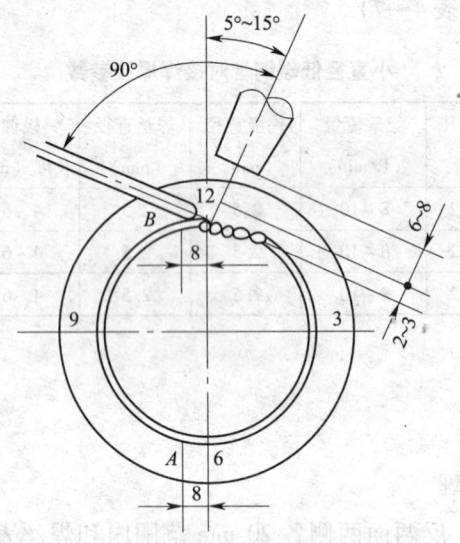

图 4—19 焊丝与焊枪角度

在焊接过程中填充焊丝以往复运动方式间断地送入电弧内的熔池前方,在熔池前呈滴状加入。焊丝送进速度要均匀,不能时快时慢,这样才能保证焊缝成型美观。

4. 填充焊

焊枪及焊丝角度与打底焊相同,其他注意事项与钢板平焊相同。图 4—20 为填充焊完成后的试件。

5. 盖面焊

施焊时焊枪及焊丝角度、运条方法与填充焊相同,但焊枪横向摆动的幅度应比填充焊更宽,保证熔池两侧超过坡口边缘 0.5~1 mm,并按焊缝余高决定填丝速度与焊接速度,尽可能保持焊接速度均匀,熄弧时必须填满弧坑。图 4—21 为盖面焊完成后的试件。

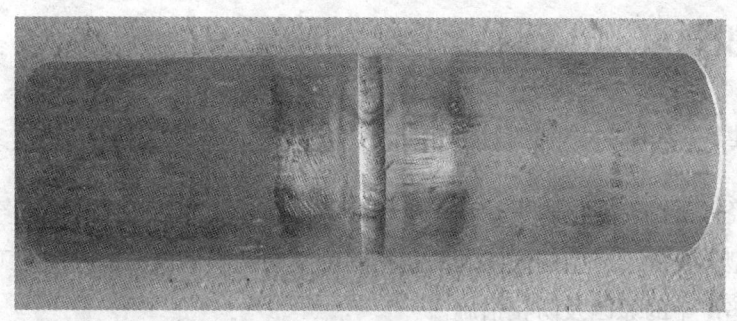

图4—20　填充焊完成后的试件

图4—21　盖面焊完成后的试件

6. 焊后清理

焊接结束后，关闭焊机，用钢丝刷清理焊缝表面。

三、注意事项

注意在"1点半钟（时针）"间隙最小处（1.5 mm）引弧，爬坡焊时，每焊一段转动一次管子，接头位置始终处于"1点半钟"的位置。其他注意事项同本章第2节学习单元1应注意的事项。

学习单元2　质量检查

学习目标

➤ 了解小直径低碳钢管对接水平转动手工钨极氩弧焊焊缝常见表面缺陷、缺陷产生的原因及防止措施

 **知识要求**

一、焊缝常见外观缺陷及其消除措施

小直径低碳钢管对接水平转动手工钨极氩弧焊焊缝常见表面缺陷有气孔、咬边和焊缝成型不良等。产生的原因和防止措施基本同低碳钢板平位对接手工钨极氩弧焊焊缝缺陷产生的原因及防止措施。

二、焊缝的外观检查方法

1. 焊缝外观尺寸的检查，通常借助于量规、样板及专用测量工具来进行。焊缝的宽度可用游标卡尺、钢直尺来测量，余高可用焊接检验尺测量。

2. 焊缝表面缺陷的检查，通常采用肉眼、低倍放大镜和量具来进行。用目测检查焊缝外观表面成型及电弧擦伤。焊缝咬边、裂纹、气孔等的检查方法与低碳钢板T形接头焊条电弧焊角焊缝表面缺陷的检查方法相同。

第5章 埋弧焊

第1节 埋弧焊相关知识

学习单元1 埋弧焊焊接工艺

 学习目标

- 掌握埋弧焊的原理、工艺特点和应用范围
- 掌握埋弧焊的焊接参数及影响因素
- 了解埋弧焊焊接坡口的基本形式和尺寸
- 掌握埋弧焊常见的引弧和收弧方法及引弧板的装配要求

 知识要求

一、埋弧焊原理、工艺特点和应用范围

1. 工作原理

埋弧焊又称熔剂层下自动电弧焊。它是一种电弧在颗粒状焊剂层下燃烧的自动电弧焊接方法，是目前仅次于焊条电弧焊的应用最广泛的一种焊接方法。埋弧焊的

焊缝成型过程如图 5—1 所示。

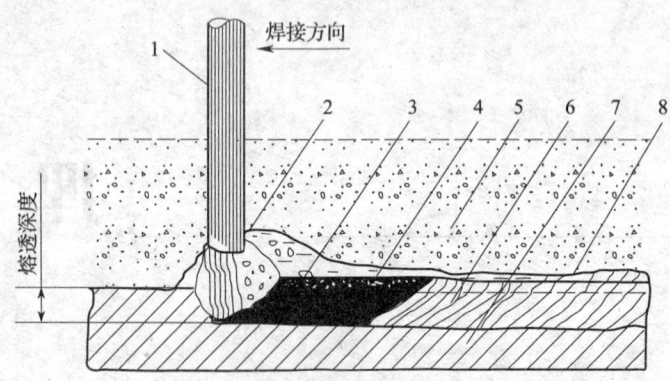

图 5—1　埋弧焊的焊缝成型过程
1—焊丝　2—电弧　3—熔池金属　4—熔渣
5—焊剂　6—焊缝　7—焊件　8—渣壳

焊接时，在焊接部位覆盖着一层焊剂，焊剂在常温下是不导电的。在开始引弧时，焊剂作为电极的焊丝与工件接触，短路后通电，焊丝反抽，形成电弧。电弧的辐射热使焊丝末端周围新的焊剂熔化，形成液态熔渣，部分焊剂分解蒸发成气体。气体排开熔渣，使熔渣在电弧周围形成一个封闭的空腔，使电弧与外界空气隔绝，电弧在空腔内稳定燃烧，焊丝便不断熔化，并以熔滴落下，与焊件被熔化的液态金属混合形成焊接熔池。随着焊接过程的进行，电弧向前移动，焊接熔池随之冷却而凝固形成焊缝。密度较轻的熔渣浮在熔池表面，冷却后形成渣壳。去除渣壳后就能得到一个力学性能良好、外表光滑平整的焊缝。

2. 工艺特点

（1）埋弧焊与焊条电弧焊相比的优点

1）效率高。埋弧焊时，焊丝从导电嘴伸出的长度较短，故可以使用较大的电流。因而，使埋弧焊在单位时间内的熔化量显著增加。另外，埋弧焊电流大、熔深也大的特点，保证了对较厚的焊件不开坡口也能焊透，可大大提高生产效率。

2）接头质量好。埋弧焊焊接参数稳定，焊缝的化学成分和力学性能比较均匀。焊缝外形平整光滑，由于是连续焊接，中间接头少，所以不容易产生缺陷。

3）节约焊接材料和电能。由于熔深大，埋弧焊时可不开坡口或少开坡口，减少了焊缝中焊丝的填充量。这样既节约了焊丝和电能，又节省了由于加工坡口而消耗的金属。同时，由于熔剂的保护，金属的烧损和飞溅明显减少，完全消除了焊条电弧焊中焊条头的损失。另外，埋弧焊的热量集中，利用率高，在单位长度焊缝上所消耗的电能大大降低。

4）劳动强度低。焊接电弧在焊剂层下，没有弧光外露，产生的烟尘及有害气体较少。自动埋弧焊时，焊接过程机械化，操作简便，焊工的劳动强度比焊条电弧焊时大为减轻。

（2）埋弧焊与焊条电弧焊相比的缺点

1）适用于平焊或倾斜度不大的位置上的焊接。

2）焊接设备较为复杂，维修保养的工作量大。对于单件或批量较小，焊接工作量并不太大的场合，辅助准备工作量所占比例增加，限制了它的应用。

3）由于需要导轨行走，故对于一些形状不规则的焊缝无法焊接。

4）电流小于 100 A 时，电弧稳定性不好，不适合焊接薄板。

5）熔池较深，对气孔的敏感性较高。

6）焊工看不见电弧，不能判定熔池是否足够，不能判断焊道是否对正焊缝坡口，容易产生焊偏和未焊透现象，不能及时地调整焊接参数。

3. 应用范围

（1）焊缝类型和厚度

埋弧焊可用于对接、角接和搭接接头。埋弧焊可焊接的材料厚度范围很大。除了厚度 5 mm 以下的材料由于容易烧穿而用得不多外，较厚的材料可采用开适当的坡口或多层焊的方法进行焊接。

（2）材料的种类

埋弧焊既可以焊接低碳钢、低合金钢、调制钢和镍合金，又可以焊接奥氏体耐蚀和耐热不锈钢。但是焊接时，要严格控制热输入量，以免造成耐蚀性能的严重下降。纯铜可以采用埋弧焊和埋弧堆焊。但埋弧焊不适用于铝、钛等氧化性强的金属和合金。

因此，埋弧焊在造船、锅炉、桥梁、起重机械及冶金和化工机械制造业中被广泛地应用。

二、埋弧焊焊接参数

埋弧焊焊接参数主要有焊缝成型系数、熔合比、焊接电流、电弧电压、焊接速度、焊丝直径、焊丝伸出长度、焊剂粒度和堆高、焊丝倾角等。

三、埋弧焊焊接坡口的基本形式和尺寸

埋弧自动焊由于使用的焊接电流较大，对于 12 mm 以下的板材，可以不开坡口，采用双面焊接，达到全焊透的要求；厚度在 12～20 mm 的板材，为了达到全焊透，在单面焊后，焊件背面应清根，再进行焊接。埋弧自动焊双面焊焊接参数见表 5—1。

表 5—1　　　　　　　　　　埋弧自动焊双面焊焊接参数

板厚（mm）	坡口形式	焊接位置	焊接电流（A）	电弧电压（V）	焊丝直径（mm）	焊接速度（m/h）
6~10	I 形	正	550~600	35±1	4	35~39
6~10	I 形	反	550~600	35±1	4	35~39
10~12	I 形	正	600~650	35±1	4	35
10~12	I 形	反	600~650	35±1	4	28~35
14~16	I 形	正	650~750	38±1	4	25~30
14~16	I 形	反	650~750	38±1	4	25~28
14	V 形	正	650±25	37±1	4	252
14	V 形	反	680±25	37±1	4	252
16	V 形	正	680±25	37±1	4	25±2
16	V 形	反	680±25	37±1	4	27±2
18	V 形	正	650±25	35±1	4	25±2
18	V 形	正	725±25	38±1	4	28±2
18	V 形	反	680±25	37±1	4	28±2
20	V 形	正	650±25	35±1	4	25±2
20	V 形	正	725±25	38±1	4	28±2
20	V 形	反	680±25	37±1	4	28±2

对于厚度较大的板材，应开坡口进行焊接，坡口形式与焊条电弧焊相同。但由于埋弧焊的特点，坡口应开在较厚的钝边，以免烧穿。埋弧焊焊接接头的基本形式与尺寸，应符合国家标准（GB/T 985.2—2008《埋弧焊的推荐坡口》）的规定。

埋弧焊常见板厚的坡口形式及装配间隙见表 5—2。

表 5—2　　　　　　　埋弧焊常见板厚的坡口形式及装配间隙

工件板厚 t（mm）	坡口形式	坡口角度（°）	装配间隙 b（mm）	钝边高度（mm）	备 注
6	I 形	—	≤0.5t　最大 5	—	带衬垫，衬垫厚度至少 5 mm 或 0.5t
8	I 形	—	≤0.5t　最大 5	—	带衬垫，衬垫厚度至少 5 mm 或 0.5t
10	I 形	—	≤0.5t　最大 5	—	带衬垫，衬垫厚度至少 5 mm 或 0.5t

续表

工件板厚 t (mm)	坡口形式	坡口角度 (°)	装配间隙 b (mm)	钝边高度 (mm)	备 注
12	I 形	—	≤0.5t 最大 5	—	带衬垫，衬垫厚度至少 5 mm 或 0.5t
14	V 形	60	4≤b≤8	≤2	带衬垫，衬垫厚度至少 5 mm 或 0.5t
16	V 形	60	4≤b≤8	≤2	带衬垫，衬垫厚度至少 5 mm 或 0.5t
18	V 形	60	4≤b≤8	≤2	带衬垫，衬垫厚度至少 5 mm 或 0.5t
20	V 形	60	4≤b≤8	≤2	带衬垫，衬垫厚度至少 5 mm 或 0.5t

四、埋弧焊的引弧和收弧

1. 引弧

按下启动按钮，引燃电弧。焊接小车沿试板间隙走动，开始焊接。此时，要注意观察控制盘上的电流表与电压表，检查焊接电流和焊接电压与工艺规定的参数是否相符。如果不相符应迅速调整相应的旋钮，至参数符合规定为止。在整个焊接过程中，焊工都要注意监视电流表、电压表和焊接情况，观察小车行走速度是否均匀，焊机头上的电缆是否妨碍小车移动，焊剂是否足够，漏出的焊剂是否能埋住焊接区，焊接过程的声音是否正常等。观察工作要直到焊接电弧走到引出板中部，估计焊接熔池已经全部到了引出板为止。

2. 收弧

当熔池全部到了引出板上以后，准备收弧。收弧时，要特别注意，分两步按停止按钮。先按下一半，焊接小车停止前进，但电弧仍在燃烧，熔化的焊丝用来填满弧坑。若按得时间太短，则填不满弧坑；若按得时间太长，则弧坑填得太高。按按钮时间长短要恰到好处，这必须不断地总结经验才能掌握。估计弧坑已经填满后，应立即将停止按钮按到底。

3. 引弧板和引出板的装配要求

埋弧焊时，由于在焊接起始阶段焊接参数的稳定和使焊道熔深达到要求，需要有个过程；而在焊道收尾时，由于焊道冷却收缩容易出现弧坑，影响焊接质量，甚至产生缺陷，因此，在非封闭焊缝的焊接时，常在接口两端分别采用引弧板和引出板。焊接结束后，将两板用机械法去除。引弧板和引出板的厚度应与焊件相同。长度为 100~150 mm，宽度为 75~100 mm。

当焊接环缝时，应使焊道重叠一段再收弧。这样，既可保证引弧处焊透，又可避免收弧处产生弧坑，因此，可不加引弧板和引出板。

 学习单元 2　埋弧焊设备及其安全检查

 学习目标

➢ 掌握埋弧焊设备及其安全检查方法
➢ 了解埋弧自动焊常用辅助设备

 知识要求

一、埋弧焊设备

埋弧自动焊机按需要有各种不同形式。常用的有小车式、门架式、悬臂式、电磁爬行式等，应用最为广泛的是 MZ—1000 型小车式埋弧自动焊机。MZ—1000 型埋弧焊机主要用于粗丝埋弧焊。要求电源有陡降的外特性。其主要由 MZT—1000 型自动行走小车、MZP—1000 型控制箱和 MZG—1000 型直流弧焊电源三大部分组成，相互间由电缆线和控制线连接。

1. MZ—1250 型自动行走小车

MZ—1250 型自动行走小车是由机头、控制盒、焊丝盘、焊剂漏斗及小车等组成，如图 5—2 所示。

自动焊车上的送丝机构是由直流电动机驱动，通过正齿轮和蜗杆、蜗轮两级减速，带动送丝轮送给焊丝。焊丝的压紧程度是由调节螺母、弹簧、调节送丝轮和轴距来实现的；行走机构是由小车电动机来驱动，经二级减速后，可前后行走。在车轮与第二级减速之间装有离合器，通过手柄操纵。

控制盘上装有焊接电流表、电弧电压表、电弧电压和焊接速度调节器，各种控

图 5—2　MZ—1250 型自动行走小车

制开关、按钮,"焊接""空载"转换开关,焊车的"前后"和"停止"转换开关,焊接的"启动""停止"转换开关,焊丝"向上""向下"开关,焊接电流"增加"和"减小"按钮等。焊车的机头可根据需要进行调节,机头能左右旋转 90°,向后倾斜的最大角度为 45°,垂直方向位移 85 mm,横向位移 30 mm。

2. 埋弧自动焊辅助设备

(1) 埋弧自动焊焊接操作机

焊接操作机常称为焊机变位装置,主要功能是将焊机机头准确地送到待焊部位上;以给定的速度均匀地移动焊机;它与焊件变位装置配合使用,可以完成各种位置焊件的焊接。常用的变位装置有平台式、悬臂式和龙门式等几种。

(2) 埋弧自动焊焊件变位装置

焊件变位装置主要有滚轮架和翻转机。它的作用是灵活、准确地旋转、倾斜、翻转焊件,使焊缝处于最佳位置,以达到提高劳动生产率和改善焊接质量的目的。

(3) 埋弧自动焊焊缝成型装置

埋弧自动焊焊缝成型装置主要是指焊接衬垫。

1) 埋弧焊常用焊接衬垫的种类。一般常用的焊剂垫有普通焊剂垫、气压焊剂垫、热固化焊剂垫、陶质衬垫、纯铜板垫等多种。

2) 埋弧焊衬垫的作用。埋弧焊衬垫的作用在于将熔化的金属托住,防止其流失,并使焊缝的底部也得到圆滑过渡的良好成型。

二、埋弧焊设备的安全检查

1. 焊接电源的检查

(1) 打开电源开关,将转换开关放置于手工焊位置,观察电源输出电压是否显示在规定范围内，达不到规定的，应更换控制线路板进行试焊。

（2）检查熔断器是否良好，输入三相电压是否正常。检查控制变压器各级电压是否在规定范围之内。

（3）检查各继电器能否正常工作，出现问题的要及时更换器件。

（4）检查常温时温度继电器是否导通，冷却风扇运转是否正常。

（5）晶闸管的检查。

2. 控制电缆检查

控制电缆长期处于运动状态，很容易折断，检查方法是用万用表电阻挡按电缆两端号码检测其通断情况。即将万用表的两个表笔接触电缆两端同号码的线头，电表指示电阻为零时为通，否则为断。

3. 小车故障的检查

（1）按小车"前进""后退"按键，小车是否行走；调节速度旋钮，能否改变行走速度。按下送丝按钮，送丝轮能否正、反转。

（2）焊接。调整开关放在自动焊接位置，在不装焊丝时，按下焊接按钮，空载时，检查送丝轮是否慢速旋转。

（3）送丝不稳定。检查送丝轮的齿轮是否损坏，如损坏，则更换新齿轮。检查压紧装置是否调节得当，即压紧装置不能过紧，也不能过松，否则应调节。

学习单元 3　埋弧焊安全操作规程

学习目标

➤ 掌握埋弧焊安全操作规程

知识要求

1. 注意选用容量恰当的弧焊电源、电源开关、熔断器及辅助装置，以满足通常为100%的满负载率持续工作的要求。

2. 控制箱、弧焊电源及焊接小车等壳体或机体必须可靠接地。

3. 所有电缆必须拧紧。

4. 接通电源和电源控制开关后,不可触及电缆接头、焊丝、导电嘴、焊丝盘及其支架、送丝滚轮、齿轮箱、送丝电动机支架等带电体,以免触电或因机器运动发生挤伤、碰伤。

5. 停止焊接后,操作工离开岗位时,应切断电源开关。

6. 搬动焊机时,应切断电源。

7. 按下启动按钮引弧前,应施放焊剂,以免引燃电弧。

8. 焊剂漏斗口相对于焊件应有足够高度,以免焊剂层堆高不足而造成电弧穿顶,变成明弧过程。

9. 清除焊机行走通道上可能造成焊头与焊件短路的金属构件,以免短路中断正常焊接。

10. 焊工应穿绝缘工作鞋,以防触电;应戴浅色防护镜,以防渣壳飞溅和泄漏弧光灼伤眼睛。

11. 操作场地应设有通风设施,以便及时排走焊剂施放时的粉尘及焊接过程中散发的烟尘和有害气体。

12. 当埋弧焊机发生电器部分故障时,应立即切断电源,及时通知电工修理。

13. 埋弧焊经常焊接大型物体,往往有高空作业,要求焊工高空作业应遵守相关安全规定。

第 2 节 厚度 $t = 8 \sim 12$ mm 的低碳钢板或低合金钢板的船形焊

 学习单元 1 厚度 $t = 8 \sim 12$ mm 低碳钢板或低合金钢板的船形焊

 学习目标

➢ 掌握用埋弧焊进行厚度 $t = 8 \sim 12$ mm 的低碳钢板或低合金钢板的船形焊

技能要求

一、操作准备

1. 试件及坡口

试件材质：Q235。

试件尺寸及数量：600 mm×400 mm×12 mm，两块。

坡口形式：I 形坡口，如图 5—3 所示。

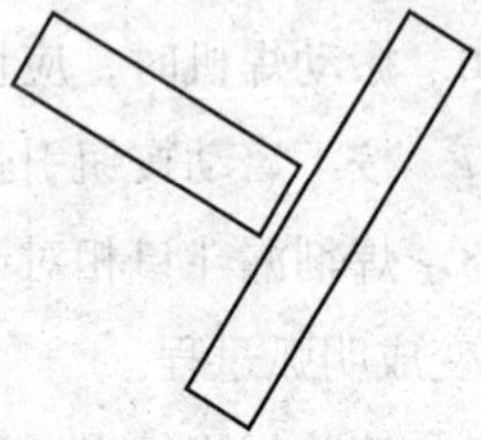

2. 焊接材料及设备

焊接材料：焊丝，H08A，ϕ4 mm；焊剂，HJ431；定位焊条，E4303，ϕ4 mm。

图 5—3　坡口形式示意图

焊接设备：MZ—1000 型。

3. 焊接参数（见表 5—3）

表 5—3　　　　　　　　　焊接参数

试板厚度 (mm)	间隙 (mm)	焊丝直径 (mm)	焊接电流 (A)	焊接电压 (V)	焊接速度 (m/min)	电流种类 和极性
12	0～1	4	700～750	34～38	25～30	直流反接

二、操作步骤

1. 试件打磨及清理

对钢板上的油污、铁锈、氧化皮及其他污物，应采用有效的方法去除，以利于焊道边缘的熔合，防止产生气孔和裂纹。焊丝应去油、锈及其他污物，焊条焊剂要烘干。

2. 试件组对及定位焊

组对间隙≤2 mm，预留反变形为 4°～5°。错边量≤1.5 mm。用焊条电弧焊进行定位焊，定位焊焊点长度应为 50～60 mm，焊缝间距为 400～500 mm。

3. 焊接

（1）工件吊放在专用的焊接架上补焊，封闭缝隙使焊剂不会流淌进入空隙中去影响铁液熔化，以保证焊接过程，开动焊车至焊件位置，调整焊接导电嘴对正焊缝，其焊丝伸出后应垂直于焊缝中心，如图 5—4 所示。

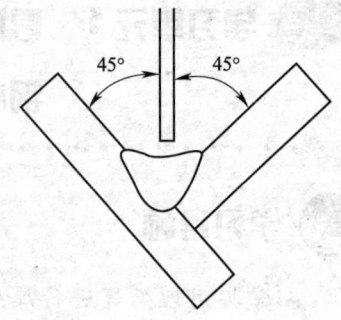

图 5—4　焊丝对工件的位置示意图

(2) 检查工件组对质量及间隙,当钢板有不平整处或间隙过大时,应先用焊条将有缝处补焊,封闭缝隙使焊剂不会流淌进入空隙中去,影响铁液熔化,以保证焊接过程能顺利进行。

(3) 焊接时,要调整好焊丝长度。焊丝伸出长度是从导电嘴端算起,伸出导电嘴的焊丝长度。焊丝伸出长度越长,电阻就越大,焊丝熔化速度加快,焊缝余高也增加;伸出长度太短则可能烧毁电嘴。

(4) 焊件倾斜度。焊件倾斜时焊接方向有下坡和上坡之分。当下坡焊时,熔宽增大,熔深减小,它的影响与焊丝后倾相似,所以,无论是上坡焊还是下坡焊,焊件倾角不宜大于6°~8°。

(5) 正面焊道焊完后,外观检验合格,将试件背面朝上放好,用碳弧气刨在试件背部间隙处对称刨一条宽10~12 mm、深4~5 mm的U形槽,要求宽窄、深浅均匀,将未焊透及槽内熔渣、氧化皮全部清除干净。

(6) 封底焊按照正面的焊接步骤完成。

4. 焊后清理

待焊缝金属及熔渣完全凝固并冷却后,敲掉焊渣,并检查背面焊道外观质量。

三、注意事项

1. 焊前焊剂需要经250℃烘焙1 h。焊剂铺撒厚度过大,或反复使用造成粒度发生变化,有时会引起焊道成型恶化。

2. 为确保良好的冲击韧度,焊接线能量应尽量低,一般不超过30 kJ/cm。

3. 焊前必须对焊件、焊丝清除铁锈、油污、水分等杂质。

 **学习单元2　质量检查**

 **学习目标**

➤ 掌握焊缝常见外观缺陷及其消除方法

➤ 了解厚度 $t=8~12$ mm 低碳钢板或低合金钢板的埋弧焊船形焊焊缝的外观检查

知识要求

一、焊缝常见外观缺陷及其消除方法（见表5—4）

表5—4　　　　　埋弧焊焊缝常见外观缺陷及其消除方法

缺陷	主要原因	消除方法
裂纹	1. 焊丝和焊剂配合不当（母材的含碳量高时，焊缝含锰量减少） 2. 焊接接头急速冷却时热影响区的硬化 3. 多层焊打底焊道上的裂纹是焊道收缩应力引起 4. 焊接施工不当，母材拘束大 5. 不适当的焊道形状，焊道高而窄（由于梨形焊道的收缩产生裂纹） 6. 焊缝冷却方法不当 7. 焊缝成型系数太小 8. 角焊缝熔深太大 9. 焊接顺序不合理 10. 焊件刚度大	1. 选取适当的焊丝与焊剂配合，母材含碳量高时，应预热 2. 增加焊接电流，减小焊接速度，母材预热 3. 加大打底焊道 4. 注意施工方法 5. 使焊道的宽度与高度近似相等（减小焊接电流、增加电弧电压） 6. 进行焊后热处理 7. 调整焊接规范和改进坡口 8. 调整规范和改变极性（直流） 9. 合理安排焊接顺序 10. 焊前预热和焊后缓冷
未熔合	1. 焊丝未对准 2. 焊缝局部弯曲过大	1. 调整焊丝 2. 精心操作
咬边	1. 焊接速度过大 2. 衬垫与焊件的间隙过大 3. 焊接电流、电弧电压不合适 4. 焊丝位置或角度不正确	1. 减小焊接速度 2. 使衬垫与焊件靠紧 3. 调整焊接电流及电弧电压 4. 调整焊接位置
焊瘤	1. 焊接电流过大 2. 焊接速度过小 3. 电弧电压过低	1. 减小焊接电流 2. 加大焊接速度 3. 提高电弧电压

续表

缺陷	主要原因	消除方法
气孔	1. 接头未清理干净 2. 焊剂受潮 3. 焊剂（尤其是焊剂垫）中混有污物 4. 焊剂覆盖层厚度不当或焊剂斗堵塞 5. 焊剂表面清理不够 6. 电压过高	1. 接头必须清理干净 2. 焊剂按规定烘干 3. 焊剂必须过筛、吹灰、烘干 4. 调节焊剂覆盖层高度，疏通焊剂斗 5. 焊剂必须清理，清理后尽快使用 6. 调整电压
夹渣	1. 焊件沿焊接方向倾斜，熔渣下淌 2. 多层焊时焊丝与坡口面的距离太小 3. 焊缝起始端起皱（有引弧板时更容易产生） 4. 焊接电流过小，多层焊时不易清渣 5. 焊接速度过小，焊渣溢流	1. 逆向施焊或将焊件置于水平位置 2. 焊丝与坡口面的距离应大于焊丝直径 3. 使引弧板的厚度和坡口形状与焊件相同 4. 加大焊接电流，使焊渣充分熔化 5. 加大焊接电流和焊接速度
余高过大	1. 焊接电流过大 2. 电弧电压过低 3. 焊接速度过小 4. 衬垫与焊件的间隙太小 5. 焊件非水平位置 6. 上坡焊时倾角过大 7. 环缝焊接位置不当（相对于焊件的直径和焊接速度）	1. 降到适当的电流值 2. 提高电弧电压 3. 加大焊接速度 4. 增大加工间隙 5. 焊件水平放置 6. 调整上坡焊倾角 7. 相对一定的焊件直径和焊接速度，确定适当的焊接位置

二、焊缝的外观检查

1. 用目测检查焊缝表面，应无未熔合、裂纹、咬边、气孔、成型不良、弧坑不满等缺陷。

2. 用焊接检验尺测量焊脚高度及裂纹、咬边、气孔的尺寸；焊缝形状呈凹形圆滑过渡。

第3节 厚度 $t=8\sim12$ mm 的低碳钢板对接平位埋弧焊（背部加衬垫）

 学习单元1　厚度 $t=8\sim12$ mm 低碳钢板对接平位埋弧焊（背部加衬垫）

 学习目标

➢ 掌握用埋弧焊进行厚度 $t=8\sim12$ mm 的低碳钢板对接平焊（背部加衬垫）

 技能要求

一、操作准备

1. 试件及坡口

试件材质：Q235。

试件尺寸及数量：600 mm × 300 mm × 12 mm，两块。

坡口形式：V 形坡口，角度 60°，钝边高度 4 mm。

2. 焊接材料及设备

焊接材料：焊丝，H08A，ϕ4 mm；焊剂，HJ431；定位焊条，E4303，ϕ4 mm。

焊接设备：MZ—1000 型。

埋弧焊辅助设备：埋弧焊用陶质衬垫。

3. 焊接参数（见表5—5）

表5—5　　　　　　　焊接参数表

焊接层次	焊丝直径 (mm)	焊接电流 (A)	电弧电压 (V)	电流种类 和极性	焊接速度 (m/h)	层间温度 (℃)
打底焊	4	600~700	34~38	直流反接	25~30	≤200
盖面焊	4	500~600	34~38	直流反接	25~30	

二、操作步骤

1. 试件打磨及清理

对钢板焊接坡口及两侧的油污、铁锈等，应进行清理，或用角向磨光机打磨干净，以免焊接过程中，产生气孔或熔合不良等缺陷。

2. 试件组对及定位焊

组对间隙为 4 mm，预留反变形为 3°~4°，错边量≤1 mm，定位焊可在坡口内及两端引弧板、引出板上进行。点焊缝长度为 30~50 mm。装配焊件应保证间隙均匀、高低平整，且应保证定位焊缝质量要与正式焊缝要求一致。

3. 焊接

（1）打底焊

将在背面贴好衬垫的试件放在水平位置进行平焊，按表 5—5 调节好打底焊焊接参数，按下述步骤焊接：焊丝对中；引弧焊接；收弧；清渣。检查焊道，除不能有缺陷外，焊道表面应平整或稍向下凹；两个坡口面的熔合应均匀，特别是两个坡口面处不能有死角，否则容易产生未熔合或夹渣等缺陷。

（2）盖面焊

调节好盖面焊焊接参数，按打底焊的步骤焊接。

4. 焊后清理

将焊剂和渣壳清理干净，并拆除衬垫，再将焊道正反面清理干净。

三、注意事项

1. 焊剂、焊条按规定的温度烘干。
2. 焊接时，要保证试件的背面完全被衬垫贴紧。焊接过程中，要注意防止因试板受热变形与衬垫脱开及产生漏焊。特别是要防止焊缝末端收尾处出现焊漏和烧穿。

学习单元 2　焊缝的外观检验

学习目标

➤ 了解背部加衬垫中等厚度低碳钢板对接平位埋弧焊焊缝常见缺陷及外观检

验方法

 知识要求

一、焊缝常见缺陷

焊缝常见缺陷主要有未熔合、气孔、焊缝成型不良、弧坑不满等。

二、焊缝外观检验方法

1. 用目测检查焊缝表面,应无裂纹、未熔合、气孔、成型不良、弧坑不满等缺陷。
2. 用钢直尺、焊接检验尺测量焊缝宽度、余高、裂纹、气孔的尺寸。

第6章 气焊

第1节 气焊相关知识

 **学习单元1 气焊工艺**

 学习目标

- 掌握气焊的原理、特点及应用
- 掌握气焊材料以及主要气焊焊接参数
- 了解气焊火焰的特点
- 掌握气焊基本操作技术

 知识要求

一、气焊的原理、特点及应用

1. 气焊原理

气焊是利用气体火焰做热源的焊接法。即利用可燃气体加上助燃气体,在焊炬里进行混合,并使它们发生剧烈的氧化燃烧,然后用氧化燃烧的热量去熔化工件接头部位的金属和焊丝,使熔化金属形成熔池,冷却后形成焊缝。最常用的气焊是氧乙炔焊,氧乙炔焊是利用氧乙炔焰作为焊接热源进行焊接的方法。但近来液化气或丙烷燃气的焊接也已迅速发展。

2. 气焊的特点

(1) 优点

1) 由于填充金属的焊丝是与焊接热源分离的,所以焊工能够控制热输入量、焊接区温度、焊缝的尺寸和形状。

2) 由于气焊火焰种类是可调的,因此,焊接气氛的氧化性和还原性是可控制的。

3) 设备简单、价格低廉、移动方便,实用性强。特别是在无电力供应的地区可以方便地进行焊接。

(2) 缺点

1) 热量分散,热影响区及变形大。

2) 生产率较低,除修理外不宜焊接较厚的工件。

3) 因气焊火焰中氧、氢等气体与熔化金属发生作用,会降低焊缝性能。

4) 不适于焊接难熔金属和"活泼"金属。

3. 应用

在电弧焊广泛应用之前,气焊在许多工业部门是一种应用比较广泛的焊接方法。目前在焊条电弧焊、气体保护焊、激光焊等先进的焊接方法迅速发展和广泛应用的情况下,气焊的应用范围越来越小,但在铜、铝等有色金属焊接领域仍有独特的优势。另外,气焊常用于薄板黑色金属焊接。建筑、安装、维修及野外施工等没有电源的场所,无法进行电焊时常使用气焊。

二、气焊材料

1. 气体

气焊用的气体有两类:助燃气体(氧气);可燃气体(乙炔、液化石油气、氢气等)。

(1) 氧气

氧气是一种无色、无味、无毒的气体,其分子式为 O_2。在标准状态下,氧气的密度为 1.429 kg/m^3,比空气重(空气为 1.29 kg/m^3)。氧气本身不能燃烧,但它是一种活泼的助燃气体。

氧气的化学性质极为活泼,它能与自然界的大部分元素(除惰性气体和金、银、铂外）相结合，称为氧化反应。而激烈的氧化反应就是燃烧。氧的化合能力随着压力的加大和温度的升高而增强。高压氧与油脂类等易燃物质接触就会发生剧烈的氧化反应而迅速燃烧，甚至爆炸，因此，使用中要注意安全。

氧气的纯度对气焊、气割的质量和效率有很大的影响，因此，焊接用氧气纯度一般应不低于99.2%。

（2）乙炔

乙炔是一种无色而有特殊臭味的气体，是一种碳氢化合物，其分子式为 C_2H_2。在标准状态下，密度为 1.17 kg/m³，比空气略轻。

乙炔是可燃气体，它与空气混合燃烧时所产生的火焰温度为 2 350 ℃，而与氧气混合燃烧时所产生的火焰温度可达 3 000 ~ 3 300 ℃。因此，能够迅速熔化金属进行焊接与切割。

（3）液化石油气

液化石油气的主要成分是丙烷、丁烷、丙烯等碳氢化合物，在常压下以气态存在，在 0.8 ~ 1.5 MPa 压力下，可变为液态，并装入瓶中储存和运输。

液化石油气的火焰温度比乙炔的火焰温度低，其在氧气中的燃烧速度低，约为乙炔的1/3，其完全燃烧所需氧气量比乙炔所需氧气量大。

2. 气焊焊丝

焊丝是气焊时起填充作用的金属丝。焊丝的化学成分影响着焊缝质量。气焊时正确选择焊丝非常重要。焊接低碳钢时常用焊丝牌号有 H08、H08A、H08MnA 等，其直径一般为 2 ~ 4 mm。除此以外，还有低合金钢焊丝、不锈钢焊丝、铸铁焊丝、铜及铜合金焊丝等。这些焊丝都有相应的国家标准。焊丝使用前应清除表面上的油、锈等污物，不允许使用不明牌号的焊丝进行焊接。

3. 气焊熔剂

气焊熔剂是焊接时的辅助熔剂。其作用是保护熔池；减少有害气体侵入；去除熔池中形成的氧化物杂质；增加熔池金属的流动性。一般低碳钢气焊不必用焊剂。但在焊接有色金属、铸铁以及不锈钢等材料时，必须采用气焊熔剂。常用的气焊熔剂见表6—1。

表6—1　　　　　　　　　气焊熔剂的种类、用途及性能

牌号	名称	适用材料	基本性能
CJ101	不锈钢及耐热钢气焊熔剂	不锈钢及耐热钢	熔点约为900℃，有良好的润湿作用，能防止熔化金属被氧化，焊后熔渣易清除

续表

牌号	名称	适用材料	基本性能
CJ201	铸铁气焊熔剂	铸铁	熔点约为650℃，呈碱性反应，具有潮解性，能有效地去除铸铁在气焊时产生的硅酸盐和氧化物，有加速金属熔化的功能
CJ301	铜气焊熔剂	铜及铜金合	熔点约为650℃，呈酸性反应，能有效地熔解氧化铜和氧化亚铜
CJ401	铝气焊熔剂	铝及铝合金	熔点约为560℃，呈碱性反应，能有效地破坏氧化铝膜，因具有潮解性，在空气中能引起铝的腐蚀，焊后必须将熔渣清除干净

三、气焊火焰

1. 氧—乙炔火焰

乙炔与氧混合燃烧形成的火焰叫氧—乙炔火焰。氧—乙炔火焰的外形构造及温度分布是由氧气和乙炔混合的比值大小决定的。按比值大小的不同，可得到性质不同的3种火焰：碳化焰、中性焰和氧化焰，各种氧—乙炔火焰的形状如图6—1所示。

2. 氧—液化石油气火焰

氧—液化石油气火焰的构造同氧—乙炔火焰基本一样，也分为碳化焰、中性焰和氧化焰3种。其焰芯也有部分分解反应，不同的是焰芯分解产物较少，内焰不像乙炔焰明亮，而有点发蓝，外焰则显得比氧—乙炔焰清晰而且较长。由于液化石油气的着火点较高，使得点火较乙炔困难，必须用明火才能点燃。

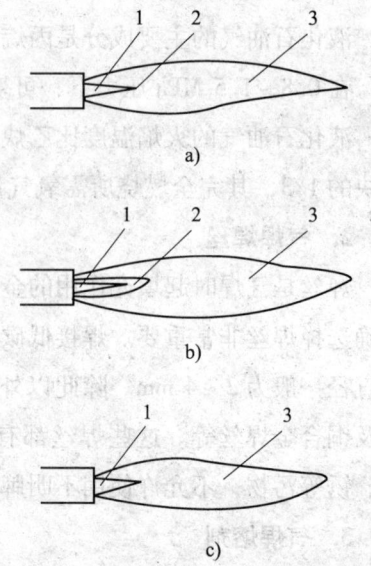

图6—1 各种氧—乙炔火焰的形状
a) 中性焰 b) 碳化焰 c) 氧化焰
1—焰芯 2—内焰 3—外焰

氧—液化石油气火焰的温度比氧—乙炔火焰略低，可达2 800~2 850℃。调节时，先送一点氧气，然后再慢慢加大液化石油气量和氧气量，当火焰最短，呈蓝白色并发出"呜、呜"响声时，该火焰温度最高。

目前，氧—液化石油气火焰用于焊接还不成熟，但在气割中已成功地应用，并正在积极地推广。

四、气焊的主要焊接参数

1. 焊丝直径

焊丝直径要根据工件的厚度来选择。如果焊丝过细,则焊丝熔化太快,熔滴滴在焊缝上,容易造成熔合不良和焊波高低不平,降低焊缝质量。如果焊丝过粗,为了熔化焊丝,则需要延长加热时间,从而使热影响区增大,容易产生过热组织,降低接头质量。碳钢气焊时采用的焊丝直径可参考表6—2。

表6—2　　　　　　　　焊丝直径与工件厚度的关系　　　　　　　　mm

工件厚度	1.0~2.0	2.0~3.0	3.0~5.0	5.0~10.0	10~15
焊丝直径	1.0~2.0 或不用焊丝	2.0~3.0	3.0~4.0	3.0~5.0	4.0~6.0

2. 火焰种类

火焰种类主要是根据工件的材质来选择的。各种金属材料气焊火焰的选择可参考表6—3。

表6—3　　　　　　　　各种金属材料气焊时采用的火焰

焊件材料	火焰种类
低碳钢	中性焰
中碳钢	中性焰或乙炔稍多的中性焰
高碳钢	乙炔稍多的中性焰或轻微的碳化焰
低合金钢	中性焰
纯铜	中性焰
青铜	中性焰或轻微的氧化焰
黄铜	氧化焰
铝及铝合金	中性焰或乙炔稍多的中性焰
不锈钢	中性焰或乙炔稍多的中性焰
铅、锡	中性焰或乙炔稍多的中性焰
锰钢	轻微的氧化焰
镍	中性焰或轻微的碳化焰
铸铁	碳化焰或乙炔稍多的中性焰
镀锌铁皮	轻微的碳化焰
高速钢	碳化焰或轻微的碳化焰
硬质合金	碳化焰或轻微的碳化焰

3. 火焰能率

火焰能率是以每小时混合气体的消耗量(L/h)来表示的。火焰能率的大小要根据工件的厚度、材料的性质（熔点及导热性等）以及焊件的空间位置来选择。如果焊接厚度较大、熔点较高、导热性好的工件，要选用较大的火焰能率才能将母材熔透。如果焊接小件、薄件，或是立焊、仰焊等，火焰能率就要适当减小，才不致使焊缝组织过热。在实际工作中，视具体情况在允许范围内尽量采取较大一些的火焰能率，以提高生产率。

火焰能率是由焊炬型号和焊嘴号码大小来决定的。焊嘴孔径越大，火焰能率也就越大；反之则越小。

4. 焊嘴的倾斜角度

焊嘴的倾斜角度（也叫焊嘴倾角）是指焊嘴与焊件间的夹角，如图6—2所示。

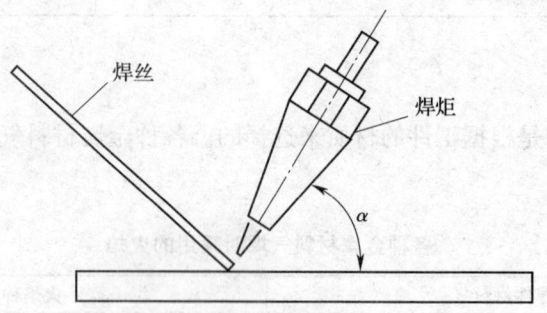

图6—2　焊嘴倾角示意图

焊嘴倾角的大小要根据焊件厚度、焊嘴的大小及施焊位置等来确定。焊嘴倾角大，则火焰集中，热量损失小，工件受热量大，升温快；焊嘴倾角小，则火焰分散，热量损失大，工件受热量小，升温慢。

5. 焊丝倾角

焊丝倾角是指在焊接过程中，焊丝与工件表面的夹角。一般这个倾角为30°~40°，而焊丝相对焊炬的角度为90°~100°，如图6—3所示。

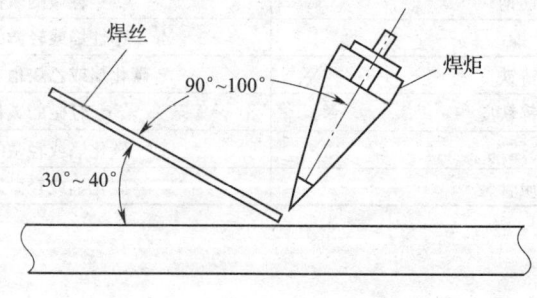

图6—3　焊炬与焊丝的位置

6. 焊接速度

焊接速度直接影响生产率和产品质量。根据不同产品，必须选择相应的焊接速度。焊接速度是焊工根据自己的操作熟练程度来掌握的。在保证质量的前提下，应尽量提高焊接速度，以提高生产效率。一般说来，对于厚度大、熔点高的焊件，焊接速度要慢些，以避免产生未熔合的缺陷；而对于厚度小、熔点低的焊件，焊接速度要快些，以避免产生烧穿和使焊件过热而降低焊接质量。

五、气焊基本操作技术

1. 左焊法和右焊法

（1）左焊法

如图6—4所示，焊丝和焊炬都是从焊缝的右端向左端移动，焊丝在焊炬的前方，火焰指向焊件金属的待焊部分，这种操作方法叫做左焊法。

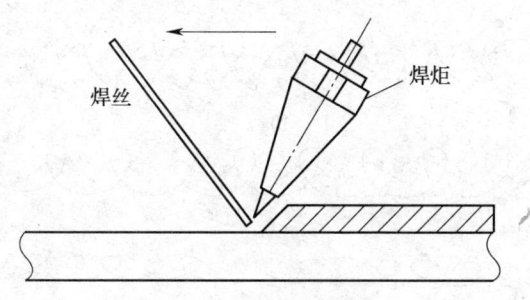

图6—4　左焊法示意图

（2）右焊法

如图6—5所示，焊丝与焊炬从焊缝的左端向右端移动，火焰指向已焊好的焊缝，焊炬在焊丝前面，这种操作方法叫做右焊法。

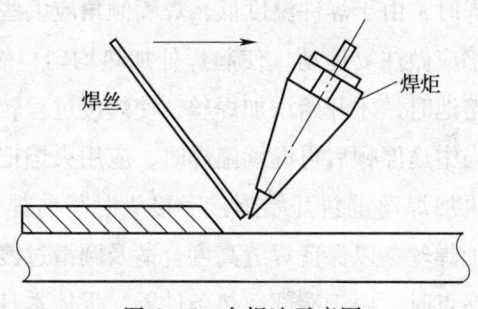

图6—5　右焊法示意图

2. 焊炬和焊丝的常见摆动方法

在焊接过程中，为了获得优质而美观的焊缝，焊炬与焊丝应做均匀协调的摆动。通过摆动，既能使焊缝金属熔透、熔匀，又避免了焊缝金属的过热和过烧。在焊接某些有色金属时，还要不断地用焊丝搅动熔池，以促使熔池中各种氧化物及有害气体排出。

焊炬摆动基本上有3种动作：

第一种，沿焊缝向前移动。

第二种，沿焊缝做横向摆动（或做圆圈摆动）。

第三种，做上下跳动，即焊丝末端在高温区和低温区之间做往复跳动，以调节熔池的热量，但必须均匀协调，不然就会造成焊缝高低不平、宽窄不一致现象。

焊炬和焊丝的摆动方法与摆动幅度，与焊件的厚度、性质、空间位置及焊缝尺寸有关。图6—6所示为平焊时焊炬和焊丝常见的几种摆动方法。

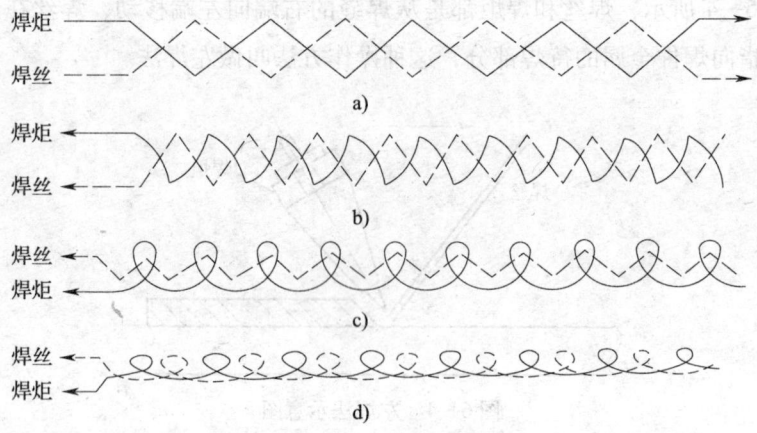

图6—6 焊炬和焊丝的摆动方法
a）右焊法 b）、c）、d）左焊法

3. 焊缝的起焊、接头和收尾

一般情况下，起焊时，由于焊件温度低，焊嘴倾角应大些，对起焊处的一定范围进行预热，同时火焰应做往复运动，使起焊处加热均匀，然后集中到一点加热，当起焊处形成白亮的熔池时，才开始添加焊丝，使焊接过程转入正常化。

在焊接过程中，当中途停顿后再继续施焊时，应用火焰把原熔池重新加热至熔化，形成新的熔池后再加焊丝重新开始焊接。接头时与前焊道要重叠5～10 mm，重叠焊道要少加或不加焊丝，以保证焊缝高度合适及圆滑过渡。

当焊接至焊缝的终点时，由于端部散热条件差，焊体本身温度较高，应减小焊炬与焊件的倾角，同时要加快焊接速度并多加一些焊丝，以防止焊件烧穿。待终点熔池填满后，火焰才可慢慢离开熔池。

学习单元 2　气焊设备、工具及其安全检查

 学习目标

➢ 掌握气焊设备、工具的结构、性能与作用
➢ 了解气焊的设备、工具的安全检查的内容与方法

 **知识要求**

一、气焊的设备、工具

1. 气瓶

（1）氧气瓶

氧气瓶是储存和运输氧气的一种高压容器。氧气瓶的形状和构造如图 6—7 所示。工业用氧气瓶是用优质碳素钢或低合金钢冲压拔伸、收口而成的圆柱形无缝容器，头部装有瓶阀并配有瓶帽，瓶体上需装两道橡胶防震圈。

目前，工业中最常用的氧气瓶的规格是瓶外径为 219 mm，瓶体高度约为 1 370 mm，容积为 40 L，当工作压力为 15 MPa 时，储存 6 m^3 氧气。

氧气瓶由瓶体、瓶阀、瓶箍及瓶盖等组成。

瓶阀是控制瓶内氧气进出的阀门。使用时，如将手轮逆时针方向旋转，可开启瓶阀；顺时针旋转则关闭瓶阀。氧气瓶的安全是由瓶阀中的金属安全膜来实现的。一旦瓶内压力达到 18~22.5 MPa 时，安全膜即自行爆破泄压，确保瓶体安全。

氧气瓶外表面涂淡酞蓝漆，并用黑漆写上"氧"字。

（2）乙炔瓶

乙炔瓶又称溶解乙炔瓶，乙炔瓶是一种储存和运输乙炔的压力容器，其外形与氧气瓶相似，比氧气瓶矮，但是略粗一些。

乙炔瓶主要是由瓶体、多孔性填料、丙酮、瓶阀、石棉、瓶座等组成，如图 6—8 所示。瓶内装有浸满了丙酮的多孔性填料。使用时，溶解在丙酮内的乙炔就分解出来，而丙酮仍留在瓶内。

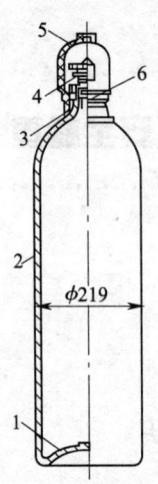
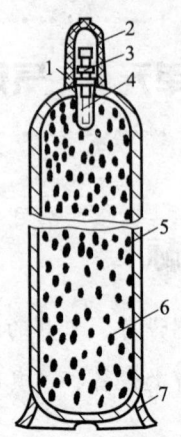

图6—7 氧气瓶构造　　　　　　　图6—8 乙炔瓶构造
1—瓶底　2—瓶体　3—瓶箍　　　1—瓶口　2—瓶帽　3—瓶阀　4—石棉
4—氧气瓶阀　5—瓶帽　6—瓶头　　5—瓶体　6—多孔性填料　7—瓶底

乙炔瓶用优质气瓶专用钢制造成型。目前，生产中最常用的乙炔瓶的规格为瓶外径250 mm，容积为40 L，充装丙酮为13.2～14.3 kg，充装乙炔量为6.2～7.4 kg，约为5.3～6.3 m^3。

乙炔瓶外表面涂白色漆，并用红漆写上"乙炔不可近火"字样。

（3）液化石油气瓶

液化石油气瓶如图6—9所示。钢瓶的壳体采用气瓶专用钢焊接而成。根据钢瓶大小，瓶体中间有一道或两道焊缝。按用户用量及使用方式，气瓶容量有15 kg、20 kg、30 kg、50 kg等多种。一般民用大多为15 kg的，工业上目前常采用30 kg的。气瓶最大工作压力为1.6 MPa，水压试验的压力为3 MPa。

气瓶外表面涂银灰色漆，并用红漆写有"液化石油气"字样。

2. 减压器

减压器又称为压力调节器，它是将高压气体降为低压气体的调节装置。例如，把氧气瓶内的15 MPa高压气体减压至0.1～0.3 MPa的工作压力，供焊接或切割时使用。减压器同时还有稳压作用，使气体的工作压力不随气瓶内的压力减小而降低。

（1）氧气减压器

氧气减压器的品种很多，有单级和双级的，有正作用式和反作用式的。目前氧气瓶上经常使用的减压器为QD—1型单级反作用式减压器，其内部构造如图6—10所示。

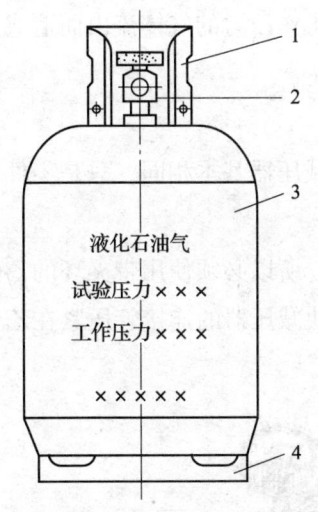
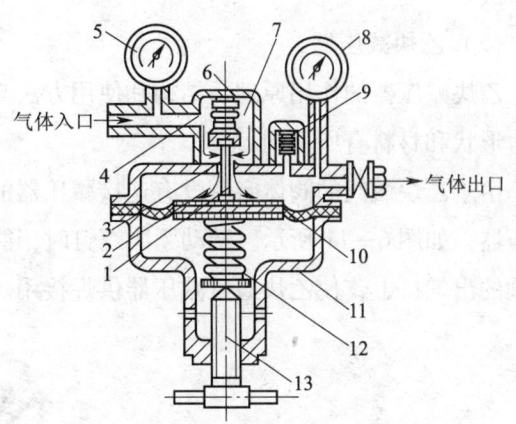

图 6—9　液化石油气瓶构造　　　　图 6—10　单级反作用式减压器构造
1—护罩　2—瓶阀　3—瓶体　4—底座　　　1—传动杆　2—低压室　3—活门座　4—高压室
　　　　　　　　　　　　　　　　　　　　5—高压表　6—副弹簧　7—减压活门　8—低压表
　　　　　　　　　　　　　　　　　　　　9—安全阀　10—弹性薄膜　11—外壳　12—主弹簧　13—调节螺钉

　　减压器各部分工作如下：氧气从气瓶气体入口进入高压气室4，高压表5显示出瓶内的气体压力。开始气焊与气割时，转动调节螺钉13，压迫主弹簧12，通过弹性薄膜10的压力作用到活门传动杆1上，并顶开减压活门7，使活门与高压气室间出现了缝隙。这样高压气室内的气体经缝隙流入装有弹性薄膜10的低压室2内。高压气体从高压室流入低压室时，由于体积的膨胀而使压力降低成为低压气体，这就是减压器的减压作用。此时低压表8即显示出低压气室内的气体压力，而氧气便从气体出口通入焊炬。

　　减压器工作时，弹性薄膜受到两个方向相反的力作用。一侧是主弹簧向上的压力，另一侧是副弹簧和低压氧气向下的压力。当两个作用力相等时，弹性薄膜不动，活门打开的缝隙不变，氧气源源不断地输出。如果氧气使用量减少，则低压室氧气压力增大，推动弹性薄膜，使活门关小，减小流量，低压室压力到达原先的压力时，弹性薄膜两侧作用力又取得平衡。当氧气的使用量增大时，低压室的压力降低，主弹簧则推动弹性薄膜开大活门，增加氧气流量，使低压室的气压保持不变。减压器的恒压原理就是利用弹性薄膜上受到两个方向相反的作用力的平衡与不平衡来控制活门缝隙的大小和进气量，保证了低压室内氧气的工作压力稳定。

　　在减压器上还装有与低压室相通的安全阀。当减压器某部分发生故障而使低压室的压力超过额定值时，气体就自动地打开安全阀逸出。这样不但可以保护低压表不受压力过高的气体冲击而损坏，而且也不会使超过工作压力的气体流出而造成其他事故。

(2) 乙炔减压器

乙炔减压器的作用原理、结构和使用方法与氧气减压器基本相同，只是零件尺寸、形状和材料有所不同。

由于乙炔瓶阀的阀体旁侧没有连接减压器的接头，所以必须使用带夹环的乙炔减压器，如图 6—11 所示。转动紧固螺钉时，能使乙炔减压器的连接管压紧在乙炔瓶阀的出气口上，使乙炔通过减压器供焊接用。

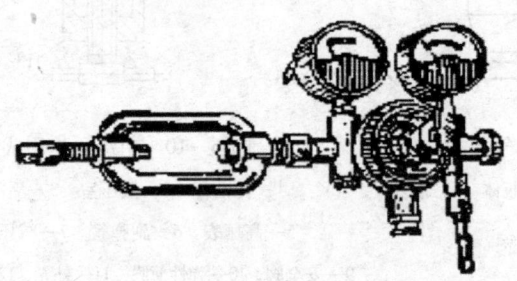

图 6—11　带夹环的乙炔减压器

另外，由于氧—乙炔焰使用过程中会出现回火现象，即混合气体火焰倒流进入焊、割嘴，为了防止火焰倒流进入气瓶而发生爆炸的危险，在乙炔的通路上要安装回火防止器。目前，在乙炔减压器的出口处安装小型的干式回火防止器，使减压器和回火防止器形成一个整体，使用很方便。

(3) 液化石油气减压器

液化石油气减压器的作用也是将气瓶内气体的压力降至工作压力和稳定输出压力，保证供气量均匀。液化石油气减压器的输出压力可在一定范围内调节。一般民用的减压器可用于切割一般厚度的钢板，民用减压器只要更换一下弹簧，其输出压力即可提高，但在改制时必须保证安全阀弹簧处不漏气。具体办法是拧紧安全阀弹簧。实践证明，用稍加改制后的民用减压器完全可以切割 200～300 mm 的铸钢冒口。

另外，液化石油气减压器也可以直接使用丙烷减压器。如果用乙炔瓶灌装液化石油气则可使用乙炔减压阀。

3. 焊炬

焊炬是进行气焊的主要工具。它是可燃气体与氧气按一定比例混合燃烧形成稳定火焰的工具。按可燃气体与助燃气体混合方式不同，焊炬可分为射吸式和等压式两大类。

目前，国内使用的焊炬多为射吸式。其工作原理是：氧气由氧气通道进入喷射管，再从直径非常小的喷嘴喷出。当氧气从喷嘴喷出时，就要吸出聚集在喷嘴周围的低压乙炔。这样，氧气与乙炔就按一定的比例混合，并以一定的流速经混合气通道从焊嘴喷出。因为乙炔的流动是靠氧气的射吸作用来实现的，故称这种焊炬为射吸式焊炬。它的最大优点是可以使用低压乙炔也能使焊炬正常工作。

射吸式焊炬的型号由汉语拼音字母、表示结构和形式的序号及规格组成。例如：

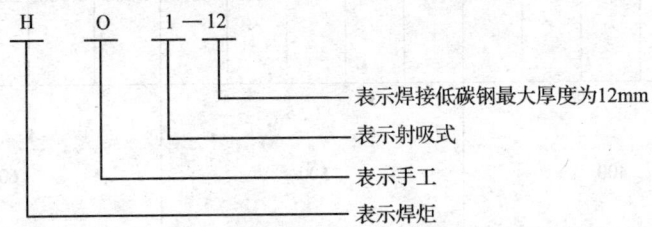

每个焊炬都配有不同规格的5个焊嘴，每个焊嘴上刻有不同数字1、2、3、4、5，数字小的焊嘴孔径小，焊接时可根据材料、板厚选用所需的焊嘴。射吸式焊炬的主要技术数据见表6—4。

表6—4　　　　　　　射吸式焊炬主要技术数据

焊炬型号	H O 1—6					H O 1—12					H O 1—20				
焊嘴号码	1	2	3	4	5	1	2	3	4	5	1	2	3	4	5
焊嘴孔径(mm)	0.9	1.0	1.1	1.2	1.3	1.4	1.6	1.8	2.0	2.2	2.4	2.6	2.8	3.0	3.2
工件厚度(mm)	1~2	2~3	3~4	4~5	5~6	6~7	7~8	8~9	9~10	10~12	10~12	12~14	14~16	16~18	18~20
氧气压力(MPa)	0.2	0.25	0.3	0.35	0.4	0.4	0.45	0.5	0.6	0.7	0.6	0.65	0.7	0.75	0.8

续表

乙炔压力（MPa）	0.001~0.1					0.001~0.1					0.001~0.1				
氧气消耗量（m^3/h）	0.15	0.20	0.24	0.28	0.37	0.37	0.49	0.65	0.86	1.10	1.25	1.45	1.65	1.95	2.25
乙炔消耗量（m^3/h）	170	240	280	330	430	430	580	780	1 050	1 210	1 500	1 700	2 000	2 300	2 600
焊炬总长度（mm）	400					500					600				

二、气焊的设备、工具的安全检查

1. 气瓶

（1）氧气瓶、乙炔瓶在使用前应先检查瓶体及瓶嘴是否沾有油污，瓶嘴丝扣是否损坏，以防减压器在使用中脱落。乙炔瓶阀与减压器连接是否可靠，严禁在漏气的情况下使用。

（2）冬季使用时检查氧气瓶瓶阀是否产生冻结现象，如冻结只能用热水解冻。

（3）工作前检查氧气瓶与乙炔瓶是否靠近热源及电源。

（4）使用前检查氧气瓶与乙炔瓶是否距离 5 m 以上，两瓶与明火作业的距离是否大于 10 m。

（5）夏天工作时，应防止氧气瓶、乙炔瓶直接受烈日暴晒。

（6）氧气瓶、乙炔瓶应竖立放稳，严禁卧放使用。

2. 减压器

（1）工作前应检查减压器是否有油污，减压器的指针是否灵活准确。

（2）检查减压器与瓶嘴是否有漏气的现象。

（3）工作前检查减压器是否有产生自流的现象，如有自流现象应禁止使用。

（4）检查乙炔减压器是否安装回火防止阀。

（5）检查减压器是否是专用减压器，否则不能使用。

（6）冬季使用减压器时如果发生冻结，应用热水解冻。

3. 焊炬

（1）焊炬在使用前应先检查其是否有吸射能力。检查的方法是：氧气胶管接焊炬的氧气接头上，开启氧气，调节至工作压力，开启焊炬的乙炔阀门和混合氧气阀门，使氧气自焊嘴喷出，检查乙炔进气口是否有向内的吸力，如果乙炔进气口有足够的吸力并随着氧气的流量增大而增强，说明焊炬有射吸能力，是合格、安全的，反之，禁止使用。

（2）点火前应先检查焊炬各阀门及气体连接处是否有漏气现象，阀门是否灵活好用。

（3）检查焊炬的气体通路不得沾有油脂，以防氧气遇到油脂引起燃烧爆炸。

（4）焊炬内腔要光滑，阀门严密、调节灵敏，连接部位紧密而不泄漏。

学习单元3　气焊安全操作规程

▶ 掌握气焊安全操作规程

1. 所有独立从事气焊作业人员必须经劳动安全部门或指定部门培训，经考试合格后持证上岗。

2. 工作前戴好防护用品，检查工具设备，确认安全后，方可作业。

3. 运氧气瓶、乙炔瓶时，应有支架固定，夏季要防晒避阴，不准摔打、撞击。安装减压器前，应先打开瓶阀吹掉瓶口内的灰尘，人应站在瓶口一侧。乙炔气瓶使用前要直立 15 min 后方可使用。

4. 储存、运输氧气和乙炔的容器和管路须严密。禁止用纯铜材质的连接管连接乙炔管。储存、运输乙炔的工具设备冻结时，不准用明火烘烤。

5. 氧气瓶、乙炔瓶的位置应避开输电线路垂直下放。氧气瓶、乙炔瓶距明火地点 10 m 以外，氧气瓶和乙炔瓶间距不小于 5 m，存放应通风、避阴。焊接前应检查工作场地周围环境，不要靠近易燃、易爆物品。如果有易燃、易爆物品，应将其移至 5 m 以外。要注意氧化渣的喷射方向上是否有他人在工作，要安排他人避开后再进行焊接。

6. 氧气瓶严禁沾染油脂，有油脂的衣服、手套等禁止与氧气瓶、减压阀、氧气软管接触。

7. 有故障的焊具未经修复合格不准使用。在易燃、易爆区域和储装过易燃、易爆品的容器、管线、设备附近动火时，应按动火审批程序办理手续，否则不准动火。

8. 在狭窄和通风不良的地沟、坑道、检查井、管道等半封闭场所进行气焊作业时，应在地面调节好焊炬混合气，并点好火苗，再进入焊接场所。焊炬应随人进出，严禁放在工作地点。

9. 在高空和容器内进行焊接作业时，必须采取防坠落、中毒的安全措施。

10. 露天作业时遇有六级以上大风或下雨时应停止焊接作业。

第 2 节　管径 $\phi < 60$ mm 的低碳钢管对接水平转动和垂直固定气焊

学习单元 1　管径 $\phi < 60$ mm 的低碳钢管对接水平转动气焊

学习目标

➢ 掌握管径 $\phi < 60$ mm 的低碳钢管对接水平转动气焊操作技术

技能要求

一、操作准备

1. 试件及坡口

试件材质：Q235。

试件尺寸及数量：φ57 mm × 100 mm × 4 mm，两根。

坡口形式及尺寸：V 形坡口，尺寸如图 6—12 所示。

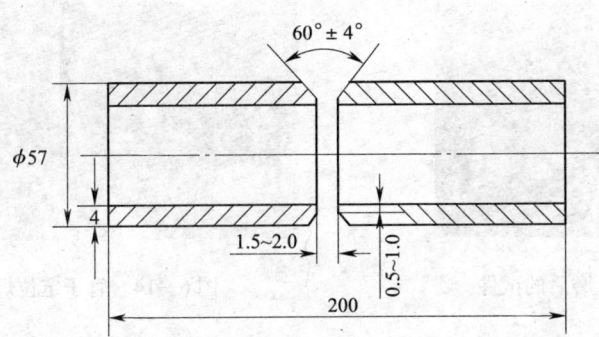

图 6—12　试件的坡口形式及尺寸

2. 焊接材料及设备

焊接材料：H08MnA。

焊接设备：氧气瓶、乙炔瓶、氧气减压器、乙炔减压器、焊炬、氧气胶管、乙炔胶管及辅助工具等。

3. 焊接参数（见表 6—5）

表 6—5　管径 φ<60 mm 的低碳钢管对接水平转动气焊焊接参数

焊接层次	焊丝直径（mm）	氧气压力（MPa）	乙炔压力（MPa）	火焰	焊嘴倾角
打底层	2.5	0.3	0.02～0.03	中性焰	45°～55°
盖面层	2.5	0.3	0.02～0.03	中性焰	50°～60°

注：①火焰能率的选择应采用 HO1—6 型焊炬，3 号或 4 号焊嘴；

②焊丝与焊嘴的夹角为 90°～100°。

二、操作步骤

1. 试件打磨及清理

为了保证焊缝质量，焊接前应将试件坡口及其正反两侧 20 mm 范围内和焊丝表面的氧化物、油污、铁锈、水分等脏物清除干净，直至露出金属光泽，如图 6—13 所示。

2. 试件组对及定位焊

组对间隙为 1.5～2 mm。定位焊点 2 点，定位焊缝长度为 6～10 mm。定位焊的位置要均匀对称分布，焊接时的起焊点应在两个定位焊缝的中间，如图 6—14 所示。

图 6—13 打磨后的试件

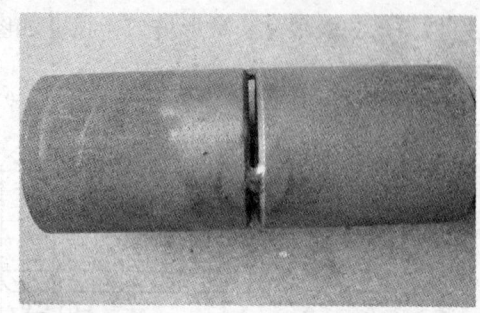

图 6—14 管子定位焊示意图

3. 打底焊

采用左焊法，焊嘴倾角应始终控制在与管道水平中心线夹角 50°～70°进行焊接，如图 6—15 所示。由于管子可以自由转动，因此，焊缝熔池始终可以控制在方便的位置施焊。采用爬坡焊，这样可以加大熔深，并易于控制熔池的形状，同时使填充金属熔滴自然流向熔池根部，保证背面焊透，在焊接过程中，填充焊丝的同时，焊嘴应做小幅度的横向摆动并向前均匀移动，熔滴的大小要掌握合适，这样才能保证背面焊缝的质量。

当需要移动位置时，先暂停焊接，火焰应缓慢离开熔池，再进行焊接时，形成熔池后，即可添加焊丝继续进行施焊。图 6—16 为打底焊完成后的试件。

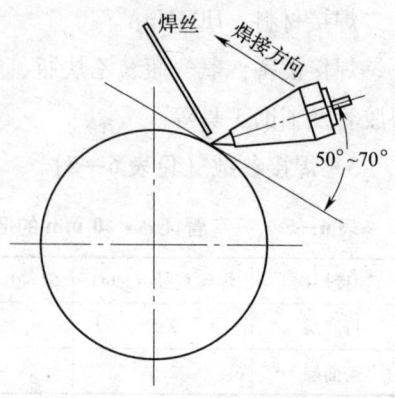

图 6—15 左焊法焊嘴角度

图 6—16 打底焊完成后的试件

4. 盖面焊

仔细清除打底焊焊缝表面的氧化物和接头局部，气焊时，先将起焊处适当加热，当形成熔池后开始填充焊丝，施焊时焊嘴做横向摆动的幅度应比打底焊时稍大些，控制好熔池的温度，焊嘴迁移的速度要均匀，熔滴的大小要掌握合适，否则会造成焊缝高低不平，产生脱节现象，接头处应圆滑过渡。收尾时起点与终点焊缝应重叠 5~10 mm。图 6—17 为盖面焊完成后的试件。

图 6—17　盖面焊完成后的试件

5. 焊后清理

采用钢丝刷将焊缝表面的氧化物清除干净。

三、注意事项

1. 焊接过程中焊嘴与焊件的角度掌握要准确。
2. 焊接过程中注意熔池的温度和熔池的大小。
3. 焊接时，焊嘴的前移速度要均匀，熔滴的大小要掌握准确，熔滴送入熔池的位置要准确，否则会造成焊波不均匀。
4. 注意接头产生脱节现象，收尾时弧坑应填满。

学习单元 2　管径 φ＜60 mm 的低碳钢管的对接垂直固定气焊

 学习目标

➢ 掌握管径 φ＜60 mm 的低碳钢管的对接垂直固定气焊操作技能

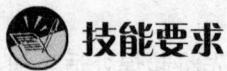 **技能要求**

一、操作准备

1. 试件及坡口

试件材质：Q235。

试件尺寸及数量：$\phi 57\ mm \times 4\ mm \times 100\ mm$，两根。

坡口形式及尺寸：V形坡口，尺寸如图6—18所示。

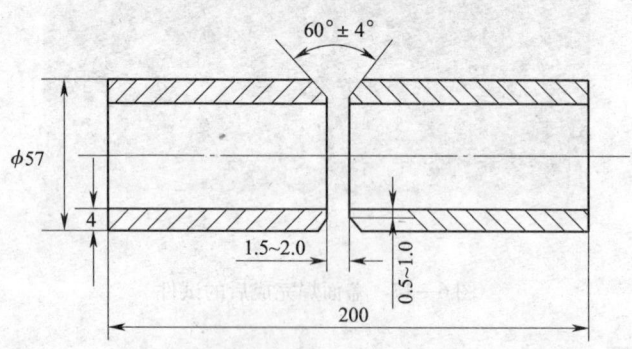

图6—18 试件的坡口形式及尺寸

2. 焊接材料及设备

焊接材料：H08Mn 或 H08MnA。

焊接设备：氧气瓶、乙炔瓶、氧气减压器、乙炔减压器、焊炬、氧气胶管、乙炔胶管及辅助工具等。

3. 焊接参数（见表6—6）

表6—6 管径 $\phi < 60\ mm$ 的低碳钢管的对接垂直固定气焊焊接参数

焊接层次	焊丝直径（mm）	氧气压力（MPa）	乙炔压力（MPa）	火焰	焊嘴倾角
打底层	2.5	0.2	0.03	中性焰	85°
盖面层	2.5	0.2	0.03	中性焰	80°~85°

注：①火焰能率的选择应采用 H01—6 型焊炬，3号或4号焊嘴；

②焊丝与焊嘴的夹角为 90°~100°。

二、操作步骤

1. 试件打磨及清理

为了保证焊缝质量，焊接前应将试件坡口及其正、反两侧 20 mm 范围内和焊丝表面的氧化物、油污、铁锈、水分等脏物清除干净，直至露出金属光泽，以保证焊接质量，如图6—19所示。

2. 试件组对及定位焊

组对间隙：1.5~2 mm。

定位焊：定位焊点2点，焊点长度为6~10 mm。定位焊的位置要均匀对称分布，焊接时的起焊点应在两个点焊位置的中间起焊，如图6—20所示。

图6—19 打磨后的试件

图6—20 定位焊示意图

3. 焊接

采用右焊法焊接，火焰能率与焊接一般工件相同或稍小。火焰性质为中性焰。焊嘴倾角与管道轴向夹角约为80°，如图6—21所示。焊炬倾角与管道切线方向的夹角约为60°，如图6—22所示。

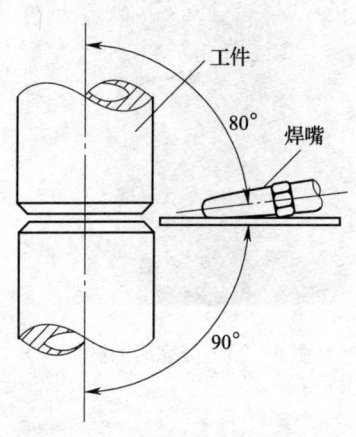
图6—21 焊嘴、焊丝与管子轴线的夹角

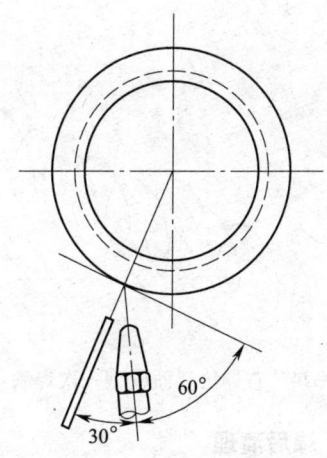
图6—22 焊嘴、焊丝与管子切线方向的夹角

焊丝与管子轴线方向的夹角约为90°，如图6—21所示。焊丝与焊炬之间的夹角约为30°，如图6—22所示。

起焊时，先将被焊处适当加热，然后将熔池烧穿，形成一个熔孔，如图6—23所示。这个熔孔一直保持到焊接结束。形成熔孔的目的有两个：第一是使管壁熔透，以得到双面成型；第二是通过熔孔的大小还可以控制熔池的温度。熔孔的大小应控制在等于或稍大于焊丝直径为宜。

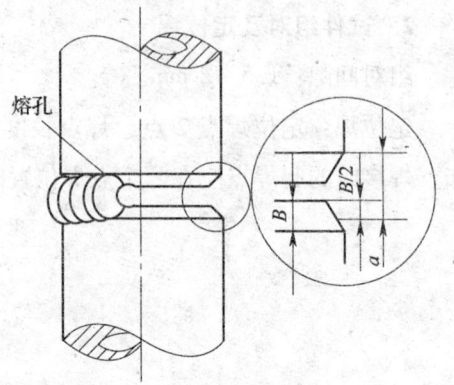

熔孔形成后，开始填充焊丝。施焊中焊炬不做横向摆动，而只在熔池和熔孔间做轻微的前后摆动，以控制熔池温度。若

图6—23 熔孔形状和运条范围

熔池温度过高，为使熔池冷却，此时火焰不必离开熔池，可将火焰的高温区（焰芯）朝向熔孔。这时外焰仍然笼罩着熔池和近缝区，保护液态金属不被氧化。

在施焊过程中，焊丝始终浸在熔池中，不停地以"r"形往上挑动金属熔液，如图6—24所示。运条范围不要超过管道对口下部坡口的1/2处（见图6—23），要在坡口范围内上下运条，否则容易造成熔滴下垂现象。

焊缝需要一次焊成，所以焊接速度不可太快，必须将焊缝填满，并要有一定的余高。如图6—25所示为焊完后的试件。

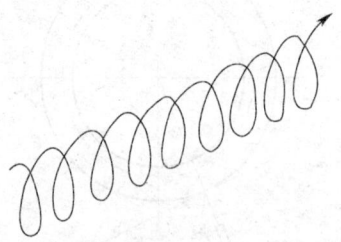

图6—24 右焊法双面成型一次焊满运条法　　　图6—25 焊完后的试件

4. 焊后清理

采用钢丝刷将焊缝表面的氧化物清除干净。

三、注意事项

1. 焊接过程中焊嘴与焊件的角度掌握要准确。
2. 焊接过程中应注意熔池的温度和熔池的大小。
3. 焊接时焊嘴前移的速度要均匀，熔滴的大小要掌握准确，熔滴送入的位置要准确，防止熔滴出现下垂现象。
4. 注意接头产生脱节现象，收尾时弧坑一定要填满。

学习单元3 质量检查

> 了解管径 $\phi < 60$ mm 的低碳钢管的对接水平转动和垂直固定气焊焊缝的常见表面缺陷、外观检查项目及方法

一、焊缝常见表面缺陷

常见的气焊焊接缺陷主要包括焊缝尺寸不符合要求、表面气孔、咬边、未焊透、烧穿、焊瘤等。

1. 焊缝尺寸不符合要求

产生焊缝尺寸不符合要求的原因：接头边缘加工不整齐、坡口角度或装配间隙不均匀，焊接参数不正确，如火焰能率过大或过小、焊丝和焊嘴的倾角配合不当、焊接速度不均匀等，操作技术不当。

防止措施：提高坡口加工和装配精度，正确选择焊接参数，提高操作技能。

2. 表面气孔

焊接时，熔池中的气孔在凝固时未能逸出而残留下来形成的空穴称为气孔。气孔又可分为密集气孔、条状气孔和针状气孔等。处于焊缝表面的气孔称为表面气孔。

产生气孔的原因：熔池周围的空气、火焰分解及燃烧的气体产物、焊件上的杂

质受热分解后产生的气体通过溶解和化学反应进入熔池,在熔池结晶时,这些气体以气泡的形式向外逸出,在熔池凝固前来不及逸出,就会在焊缝中形成气孔。

防止措施:焊前严格清理焊件及焊丝,焊接时注意保护熔池,并控制熔池存在时间使气体得以逸出。

3. 咬边

产生咬边的原因:火焰能率过大、焊嘴倾角不正确,焊嘴与焊丝摆动不当等。

防止措施:正确选用火焰能率和焊嘴倾角等焊接参数,避免熔池过大。在焊接过程中都要使焊丝带住铁液,而不使其下流,保证火焰对准焊缝中心,保持熔池不过大而且使焊丝的运动范围达到熔池的边缘,就可以有效地防止咬边。

4. 未焊透

产生未焊透的原因:焊件接头部位清理不干净,如油污、氧化物等;坡口角度过小;接头间隙太小或钝边过厚;焊嘴号码过小,火焰能率低达不到规定要求或焊接速度过快;焊件的散热速度过快,使得熔池的存在时间短,导致填充金属与母材之间不能充分地熔合。

防止措施:焊前严格清理焊件,增大间隙,减小钝边高度,增大火焰能率和减小焊接速度。

5. 烧穿

产生烧穿的原因:间隙过大或钝边太薄,火焰能率太大,焊接速度太慢,熔池的温度过高。

防止措施:焊接时应选择合理的坡口角度,间隙大小要适宜,火焰能率和焊接速度要掌握合适。

6. 焊瘤

产生焊瘤的原因:火焰能率太大;焊接速度太慢;焊件装配间隙过大;焊丝和焊嘴角度掌握不正确;焊接时熔滴送进熔池送的量过大。

防止措施:适当减小火焰能率和增加焊接速度,减小装配间隙,掌握好操作要领。

二、焊缝的外观检查

1. 焊缝外观检查项目

焊缝外观检查项目包括表面气孔、裂纹、咬边、未焊透、烧穿、焊瘤等。

2. 焊缝外观检查方法

(1) 焊缝外观尺寸的检查,通常借助于量规、样板及专用测量工具来进行。焊缝的宽度、余高用焊接检验尺测量。

（2）焊缝表面缺陷的检查，通常先采用肉眼、低倍放大镜观测，首先看焊缝的表面成型、未焊透、烧穿等情况。然后用游标卡尺、钢直尺等量具测量诸如裂纹、咬边及表面气孔、焊瘤等的尺寸，咬边的深度可用焊接检验尺测量。

第3节 小直径 I 级钢筋的气压焊

学习单元1 气压焊相关知识

学习目标

- ➢ 掌握气压焊的原理
- ➢ 了解气压焊设备及工具
- ➢ 掌握气压焊工艺

知识要求

一、气压焊基本原理

1. 定义

气压焊是用氧气加热结合区并加压使整个结合面实现焊接的方法。即用气体火焰将待焊金属工件端面整体加热至塑性或熔化状态，同时施加一定压力和顶锻力，使工件焊接在一起。气压焊可分为塑性气压焊和熔化气压焊。气压焊可焊接碳素钢、合金钢以及多种有色金属，也可焊接异种金属。

2. 气压焊基本原理

（1）塑性气压焊

将被焊工件端面对接在一起，为保证紧密接触需维持一定的初始压力。然后使用多点燃烧焊炬（或加热器）对端部及附近金属加热，达到塑性状态后（低碳钢约为1 200℃）立即加压，在高温和顶锻力作用下，被焊界面的金属原子相互扩散、晶粒融合和生长，从而完成焊接，如图6—26所示。

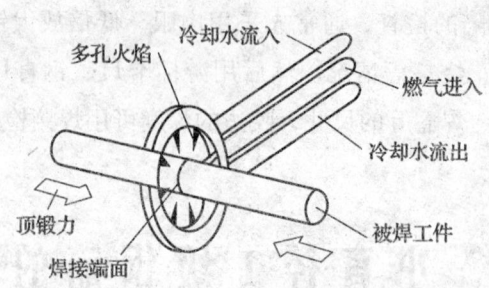

图 6—26 塑性气压焊方法示意图

塑性气压焊包括加热和顶锻两个过程：

1）加热。塑性气压焊的加热特点是金属没有达到熔点，即加热到塑性状态，焊后接头没有铸态金相组织。加热通常采用氧乙炔燃气多点加热。

2）顶锻（加压）。工件加热到一定温度后，即进行顶锻。顶锻的作用是：

①使工件端部产生塑性变形，增大紧密接触面积，促使再结晶；

②破碎工件端面上的氧化膜；

③将接触面周边的焊接缺陷排挤到接头的凸起部分。

（2）熔化气压焊

熔化气压焊的焊接过程是将工件平行放置，两个端面之间留有适当的空间（见图 6—27），以便焊炬在焊接过程中可以撤出。在焊接时，火焰直接加热工件端面，当端面完全熔化时，迅速撤出焊炬，然后立即顶锻，完成焊接。

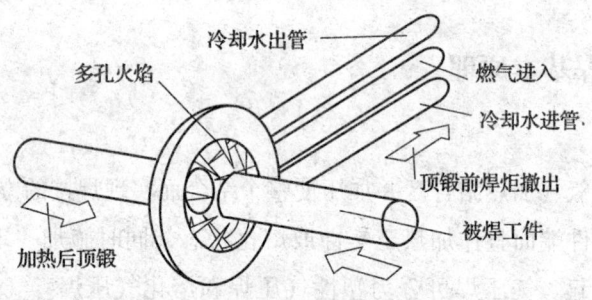

图 6—27 熔化气压焊示意图

二、钢筋气压焊设备

气压焊的设备包括供气装置、加热器、加压器、焊接夹具及辅助设备。

1. 供气装置

供气装置包括氧气瓶、溶解乙炔气瓶、液化石油气瓶、干式回火防止减压器及胶管。溶解乙炔气瓶的供气能力必须满足最大直径钢筋焊接时的供气量要求，可根据需要采用两瓶或多瓶并联使用。

2. 加热器（多嘴环管焊炬）

加热器应具有火焰燃烧稳定、均匀、不易回火等性能，并应根据所焊钢筋的粗细配备各种规格的加热圈。采用氧—液化石油气火焰加热焊接时，需要配备梅花状喷嘴的多嘴环管加热器。

3. 加压器（包括油缸、油泵及油管等）

加压器为适应不同直径钢筋焊接时施加所需要的轴向压力。

4. 焊接夹具

焊接夹具应确保能夹紧钢筋，且当钢筋承受最大轴向压力时，钢筋与夹头之间不产生相对滑移。

5. 辅助设备

辅助设备包括无齿锯（砂轮锯）、角向磨光机等。

如图6—28所示的气压焊设备由气压焊机、环形加热器、油泵以及气源设备等组成。

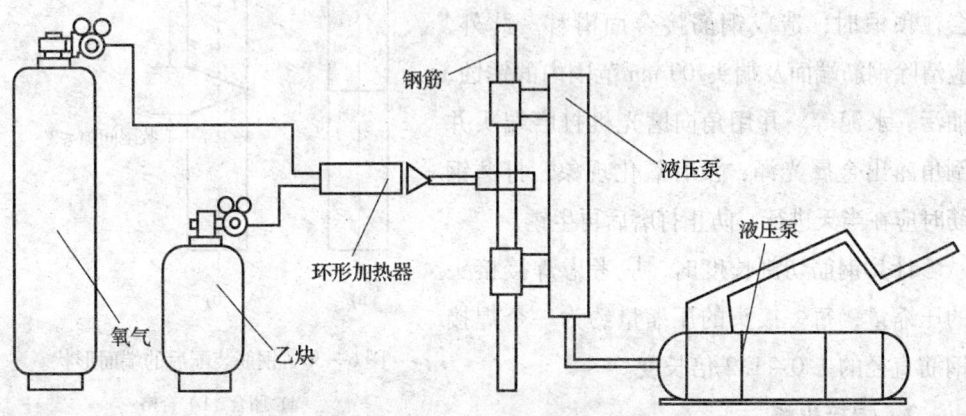

图6—28　钢筋气压焊设备示意图

三、钢筋气压焊工艺

钢筋气压焊是用氧—乙炔焰加热钢筋对接部位，待其变软达到塑性状态时，适当加以压力，使钢筋对接牢固的工艺。钢筋气压焊加热示意图如图6—29所示。

钢筋气压焊用于焊接在垂直位置、水平位置或倾斜位置的直径为16~40mm的Ⅰ级（HPB235）、Ⅱ级（HRB335）、Ⅲ级（HRB400）钢筋的对接焊接。热轧钢筋的强度等级由原来的Ⅰ级、Ⅱ级、Ⅲ级和Ⅳ级更改（新标准）为按照屈服强度

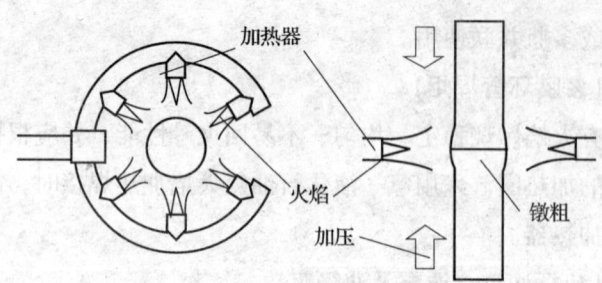

图6—29 钢筋气压焊加热示意图

分的 HPB235 MPa 级、HRB335 MPa 级、HRB400 MPa 级、HRB500 MPa 级。不同直径钢筋连接也可用此工艺，但两钢筋直径差不得大于 7 mm。

钢筋气压焊常用塑性气压焊。

1. 焊前准备

钢筋端头应平整，和轴线成直角，不得有弯曲，以使对接装配后不留间隙，如图 6—30a 所示。实际上，由于加工精度有限，两端面接触后不会完全闭合，而形成一定的夹角。夹角两边的轴向最大距离称为装配间隙，如图 6—30b 所示。夹角太大就会在顶锻时，造成钢筋接合面滑移。此外，应清除钢筋端面及端头 100 mm 范围内的锈蚀、油污、水泥等。并用角向磨光机打磨端头并倒角露出金属光泽，没有氧化现象，打磨钢筋时应在当天进行，防止打磨后再生锈。

计算钢筋切割长度时，应考虑焊接接头的压缩量，每一接头的压缩量约为一个焊接钢筋直径的 1.0~1.2 倍长度。

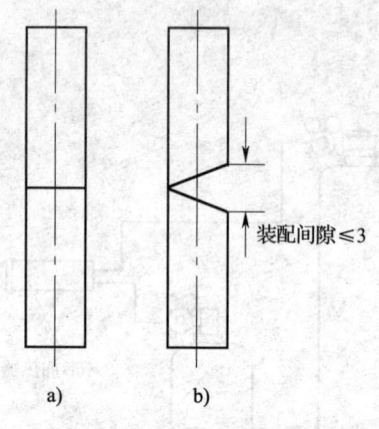

图6—30 钢筋装配后的端面形状
a) 闭合 b) 合格

2. 焊接火焰

低碳钢的气压焊，一般采用中性火焰。但是钢筋气压焊最好用还原焰和中性焰两种。即当开始加压和焊接时，使用还原焰，而当钢筋端面达到一定温度并发生一定塑性变形，即顶锻消除了装配间隙从而使两钢筋端面完全接触闭合后，再将火焰调整为中性焰。因中性焰比还原焰温度高，可以加速镦粗的形成，但也有在全过程中用还原焰一次焊成的。还原焰温度虽较低，但其有容易使钢筋内外受热均匀的优点，且对焊缝保护较好，可防止端面氧化。

3. 焊接温度

焊接时，须将工件加热到足够高的温度，其目的是要使金属在固态下不但发生塑性变形，而且能进行原子相互扩散而结合在一起。温度太低就达不到金属端面的牢固结合，太高将造成过烧。焊接温度一般为1 200～1 250℃，加热区金属呈炽白颜色。

4. 顶锻方法

顶锻方法有3种：恒压顶锻法、两段顶锻法和三段顶锻法。恒压和两段顶锻法主要适合焊接高炉钢筋，至于电炉钢筋因原料为废钢，钢筋中合金元素很复杂，其中Si、Cr、Cu等含量超过一定数量后，气压焊的焊接性就会变差，焊接接头容易脆化，所以宜采用三段顶锻法。对于直径28 mm的钢筋，利用两段顶锻法，既可减少对夹头的损耗，也能减轻焊工的劳动强度。而较粗的钢筋，如直径为32～40 mm时，宜采用三段顶锻法。

恒压顶锻时，焊接端面附近的钢筋中心温度、时间和压力的关系如图6—31所示。

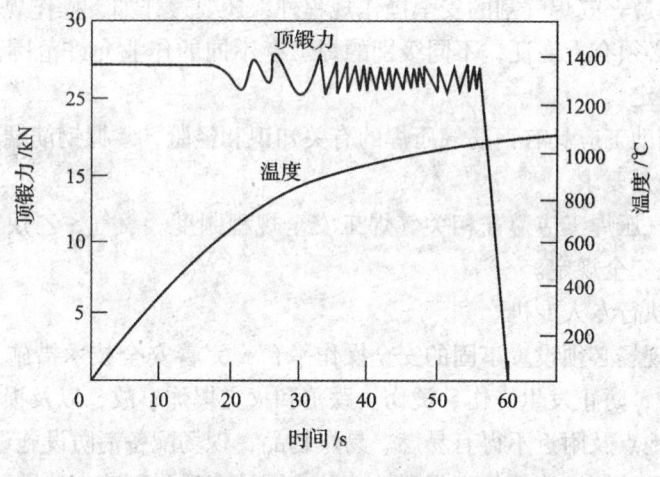

图6—31 恒压顶锻法

学习单元2 气压焊设备、工具的安全检查及气压焊的安全操作规程

- 掌握气压焊设备及工具的安全检查
- 掌握气压焊的安全操作规程

 **知识要求**

一、气压焊设备、工具的安全检查

1. 检查钢筋夹具是否同心、灵活。
2. 检查供气装置各部分是否正常。
3. 检查操作场地安全设施是否齐全。
4. 检查供气装置、环管加热器、钢筋夹具、液压泵和氧气胶管、乙炔胶管及液压胶管与相应设备的连接是否完好。
5. 检查各个仪表是否灵敏及正常。
6. 检查加热器火焰燃烧是否正常。

二、气压焊安全操作规程

气压焊除遵守气焊气割的安全操作规程外，还要遵守如下操作规程：

1. 焊工必须有上岗证，不同级别的焊工有不同的作业允许范围，应符合国家相关标准的规定。

气压焊辅助工应具有钢筋气压焊的有关知识和经验，掌握钢筋端部加工和钢筋安装拆卸的质量要求。

2. 钢筋气压焊工应遵守相关气焊工安全规程制度。氧气、乙炔气瓶，减压器使用遵守相关安全规定。
3. 严格执行专人专机。
4. 施焊现场必须设置牢固的安全操作平台，完善安全技术措施，完善操作人员的劳动保护，防止发生烧伤、烫伤、跌落和火灾爆炸事故，以及损坏设备事故。
5. 施焊地点及附近不得有易燃、易爆物品，现场配备消防设施设备。
6. 油泵和油管各连接处不得漏油，防止因油管微裂而喷出油雾引起爆燃事故。

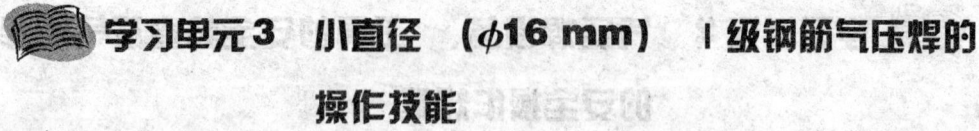

学习单元3 小直径（φ16 mm）Ⅰ级钢筋气压焊的操作技能

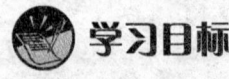 **学习目标**

➤ 掌握小直径Ⅰ级钢筋气压焊的操作技能

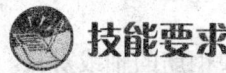 **技能要求**

一、操作准备

1. 试件材质、尺寸及数量

试件材质：Ⅰ级钢筋（HPB235）。

试件尺寸及数量：$\phi 16$ mm、$L=1\,000$ mm，两根。

2. 焊接材料及设备

(1) 供气装置

1) 氧气瓶。

2) 乙炔瓶。

3) 减压器：QD—2A 型单级氧气减压器、QD—20 型单级乙炔减压器。

4) 回火防止器。

(2) 环管加热器

(3) 加压器

(4) 钢筋夹具

(5) 辅助设备

砂轮锯、角向磨光机等。

3. 焊接参数（见表6—7）

表6—7　　　　　　小直径（$\phi 16$ mm）Ⅰ级钢筋气压焊焊接参数

钢筋直径（mm）	火焰种类	恒压顶锻压力（MPa）	加热温度（℃）	焊接时间（s）
16	碳化焰、中性焰	25~30	1 150~1 300	60~90

二、操作步骤

1. 试件打磨及清理

(1) 钢筋端面应切平，并应考虑接头的压缩量（一般为 0.6~1.0d）。端面与钢筋轴线应垂直，周边毛刺应去掉。端部弯折、扭曲部分应矫正或切除。切割钢筋应用砂轮锯，不得用切断机。

(2) 钢筋端部的锈污应清除打磨干净，使其露出金属光泽，不得有氧化现象，清除长度一般为两倍钢筋的直径。

2. 试件组对

安装焊接夹具和钢筋时，应将两根钢筋分别夹紧，并使两根钢筋的轴线对正。钢筋安装后，应对钢筋轴向施加 5~10 MPa 的初压力顶紧，两根钢筋之间的缝隙不得大于 3 mm。

3. 焊接

（1）开始阶段，宜采用碳化焰对准两根钢筋的接缝处集中加热，并加压 28 MPa 左右，焊接过程始终保持此压力。加热时，使其内焰包住缝隙，防止钢筋端面产生氧化。

（2）在确认两根钢筋的焊口缝隙完全密合后，应改用中性焰宽幅加热，以压焊面为中心，在两侧各 1~2 倍钢筋直径的长度范围内，均匀摆动，往复加热，使其达到要求的压接温度（1 150~1 300℃）。此时钢筋端部表面为炽白色。随着时间的延续，使接缝处镦粗的直径为母材直径的 1.4~1.6 倍，镦粗的长度为母材直径的 1.2~1.5 倍，停止加热。

（3）压接后，当钢筋温度降至 600~650℃时（钢筋火红消失），才能拆除压接器的钢筋夹具，过早拆除夹具容易使钢筋产生弯曲变形。

4. 焊后清理

焊后用钢丝刷清理接头。

三、注意事项

1. 每个氧气、乙炔瓶的减压器，只允许安装一把多嘴环管加热器。
2. 当风速超过三级（5.4 m/s）时，必须采取有效的挡风措施，才能焊接。
3. 雨、雪天气不宜在室外进行焊接作业。如必须施焊作业时，应采取有效的遮蔽措施。压接后的接头不得马上接触雨、雪。
4. 在 0℃以下施焊时，应采取适当的保温、防冻和对钢筋接头采取预热、缓冷等措施。当环境温度低于 -20℃时，不宜进行施焊。

 **学习单元 4　质量检查**

 **学习目标**

➤ 了解气压焊接头的焊接缺陷及消除措施

➢ 掌握小直径Ⅰ级钢筋的气压焊焊缝外观检查的具体要求

 知识要求

一、气压焊接头的焊接缺陷及消除措施（见表6—8）

表6—8　　　　　　　气压焊接头的焊接缺陷及消除措施

焊接缺陷	产生原因	消除措施
轴线偏移（偏心）	1. 焊接夹具变形，两夹头不同心，或夹具刚度不够 2. 两钢筋安装不正 3. 钢筋结合端面倾斜 4. 钢筋未夹紧就焊接	1. 检查夹具，及时修理或更换 2. 重新安装夹紧 3. 切平钢筋端面夹紧钢筋再焊
弯折	1. 焊接夹具变形，两夹头不同心 2. 焊接夹具拆卸过早	1. 检查夹具，及时修理或更换 2. 熄火后半分钟再拆夹具
镦粗直径不够	1. 焊接夹具动夹头有效行程不够 2. 顶压油缸有效行程不够 3. 加热温度不够 4. 压力不够	1. 检查夹具和顶压油缸，及时更换 2. 采用适宜的加热温度及压力
镦粗长度不够	1. 加热幅度不够宽 2. 预应力过大过急	1. 增大加热幅度 2. 加压时应平稳
压焊面偏移	1. 焊缝两侧加热温度不均 2. 焊缝两侧加热温度不等	1. 同径钢筋焊接时两侧加热温度和加热长度基本一致 2. 异径钢筋焊接时对较大直径钢筋加热时间稍长
钢筋表面严重烧伤	1. 火焰功率过大 2. 加热时间过长 3. 加热器摆动不匀	调整加热火焰，正确掌握操作方法
未熔合	1. 加热温度不够或热量分布不均 2. 顶压力过小 3. 结合端面不洁 4. 端面氧化 5. 中途灭火或火焰不当	合理选择焊接参数，正确掌握操作方法

二、小直径 I 级钢筋的气压焊接头的外观检查

钢筋表面严重烧伤、未熔合等缺陷可用目视检查，其余缺陷可用直尺、卡尺量角器等测量工具检查。外观检查的具体要求是：

1. 两钢筋轴线相对偏心量不得大于钢筋直径的 0.15 倍，同时不得大于 4 mm。当不同直径钢筋相焊时，按小钢筋直径计算。
2. 焊接部位两钢筋轴线弯折角不得大于 3°。
3. 镦粗直径不得小于钢筋直径的 1.4 倍。
4. 镦粗长度不得小于钢筋长度的 1.0 倍，且凸起部分平缓圆滑。

第7章 钎焊

第1节 钎焊相关知识

学习单元1 钎焊工艺

 **学习目标**

- 了解钎焊的基本原理、分类、特点及应用
- 掌握钎焊焊接参数及影响因素
- 了解钎焊的接头形式及基本操作工艺

 知识要求

一、钎焊的原理、分类、特点及应用

1. 钎焊原理

钎焊是硬钎焊和软钎焊的总称。采用比母材熔点低的金属材料作钎料,将焊件和钎料加热到高于钎料熔点,低于母材熔点的温度,利用液态钎料润湿母材,填充接头间隙并与母材相互扩散实现连接焊件的方法。硬钎焊是使用硬钎料进行的钎

焊；软钎焊是使用软钎料进行的钎焊。

钎焊的原理是利用液态钎料填充接头间隙并与母材相互作用，随后钎缝冷却结晶的过程。

(1) 液态钎料的填缝过程

要使液态钎料填充接头间隙，必须具备一定的条件。此条件就是润湿作用和毛细作用。

1) 钎料的润湿作用。润湿是液相取代固相表面的气相的过程。按其过程特征可分为浸渍润湿、附着润湿和铺展润湿。

钎焊时，液态钎料对母材浸润和附着的能力称为润湿性。衡量液态钎料对母材润湿能力的大小，可用液相与固相接触时的接触角（润湿角）θ大小来表示，如图7—1所示。

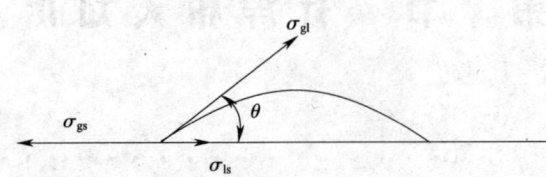

图7—1 液滴在母材稳定时的接触角
g—气体　l—液体　s—固体
σ—界面张力（表面张力）　θ—接触角

当$0°<\theta<90°$时，液体能润湿固体；当$90°<\theta<180°$时，液体不能润湿固体；当$\theta=0°$时，表示液体完全润湿固体；当$\theta=180°$时，表示完全不润湿。实验表明，钎焊时，钎料的润湿角应小于$20°$。

2) 毛细作用。在钎焊过程中，液态钎料一般不是单纯地沿固态母材表面铺展（铺展能力用铺展性来衡量，铺展性是指液态钎料在母材表面上流动展开的能力），而是流入并填充接头间隙，通常间隙很小，类似毛细管。钎料就是依靠毛细作用而在间隙内流动的。显然，只有当液态钎料具有对母材很好的润湿能力时，才能实现填缝作用。

(2) 影响钎料毛细填缝的因素

1) 钎料和母材的成分。若钎料与母材能相互熔解或形成化合物，则液态钎料就能很好地润湿母材，例如，Ag对Cu、Sn对Cu；否则，它们之间的润湿作用就很差，例如，Ag与Fe、Pb与Cu。对于互不发生作用的钎料与母材可在钎料中加入能与母材形成固溶体或化合物等的第三类物质来改善其润湿作用。

2）钎焊温度。钎焊温度是钎焊时，为使钎料熔化填满钎焊间隙及与母材发生必要的相互扩散作用所需要的加热温度。随着加热温度的升高，钎料的润湿能力提高。但钎焊的温度不能过高，否则造成溶蚀、钎料流失和母材晶粒长大等现象。

3）母材表面氧化物。在有氧化物的母材表面上，液态钎料往往凝聚成球状。不与母材发生润湿，也不发生填缝。所以，焊前必须充分清除钎料和母材表面的氧化物，以保证发生良好的润湿作用。

4）母材表面粗糙度。钎料与母材作用较弱时，它在粗糙表面上的纵横交错的细槽对液态钎料起特殊的毛细作用，促进了钎料沿母材表面的铺展。但对于与母材作用较强烈的钎料，由于这些细槽迅速被液态钎料熔解而失去作用，毛细现象就不明显。

5）钎剂。钎剂可以清除钎料和母材表面的氧化物，改善润湿作用。因此，选用适当的钎剂对提高钎料对母材的润湿作用是非常重要的。

6）间隙。毛细填缝的长度或高度与间隙大小成反比。因此，毛细钎焊时一般间隙都较小。

7）钎料与母材的相互作用。实际钎焊过程中，只要钎料能润湿母材，液态钎料与母材或多或少地发生相互熔解及扩散作用致使液态钎料的成分、密度、黏度和熔化温度区间等发生变化，将影响液态钎料的润湿及毛细填缝作用。

2. 钎焊的分类

钎焊的分类方法很多，其主要分类方法如下：

（1）根据钎料熔点的不同分类

根据钎料熔点的不同，钎焊分为硬钎焊和软钎焊。此外，某些国家将钎焊温度超过900℃而又不使用钎剂的钎焊方法（如真空钎焊、气体保护钎焊）称做高温钎焊。

（2）按照钎焊的加热方法分类

1）按热传导方式加热分为烙铁钎焊、火焰钎焊、浸渍钎焊和炉中钎焊等。

① 烙铁钎焊。用烙铁进行加热的软钎焊。

② 火焰钎焊。使用可燃气体与氧气（或压缩空气）混合燃烧的火焰进行加热的钎焊。

③ 浸渍钎焊。将焊件或装配好钎料的焊件整体或局部浸沉在液态的钎料金属、浴槽或盐浴槽中加热进行的钎焊。

④ 炉中钎焊。将装配好的工件放在炉中加热并进行钎焊的方法。

2) 按电加热种类分为电阻钎焊、感应钎焊、电弧钎焊等。

① 电阻钎焊。将焊件直接通以电流或将焊件放在通电的加热板上利用电阻热进行钎焊的方法。

② 感应钎焊。利用高频、中频或工频交流电感应加热所进行的钎焊。

③ 电弧钎焊。利用电弧加热工件所进行的钎焊。

3. 钎焊的优缺点

(1) 优点

1) 钎焊加热温度较低，因此对母材组织和性能的影响较小。

2) 钎焊接头平整光滑，外形美观。

3) 焊件变形小，容易保证焊件的尺寸精度。

4) 某些钎焊方法可一次焊成几十条或上百条钎缝，生产效率高。

5) 可以实现异种金属或合金、金属与非金属的连接。

(2) 缺点

1) 钎焊接头的强度比较低。

2) 接头的耐热能力比较差。

3) 由于母材与钎料成分相差较大而引起的电化学腐蚀使耐蚀性较差。

4) 焊件装配要求比较高。

4. 钎焊的应用

钎焊主要在机械、电动机、仪表、无线电等制造业中得到广泛应用。常用于硬质合金刀具、钻探钻头、自行车车架、换热器、导管及各类容器等的焊接；在微波波导、电子管和电子真空器件的制造中，钎焊甚至是唯一可能的连接方法。

二、钎焊工艺

1. 钎焊接头的基本形式

钎焊接头的基本形式有对接和搭接，T形接头相当于对接，套接相当于搭接。常见钎焊接头的基本形式如图7—2所示。

2. 钎焊焊接参数

钎焊过程的主要焊接参数是钎焊温度和保温时间。

(1) 钎焊温度

通常选择高于钎料液相线温度 25~60℃，以保证钎料能填满间隙，但有时也发生例外，如对某些结晶温度间隔宽的钎料，由于在液相线温度以下已有相当量的液相存在，具有一定的流动性。这时，钎焊温度可以等于或稍低于钎料液相线温度。

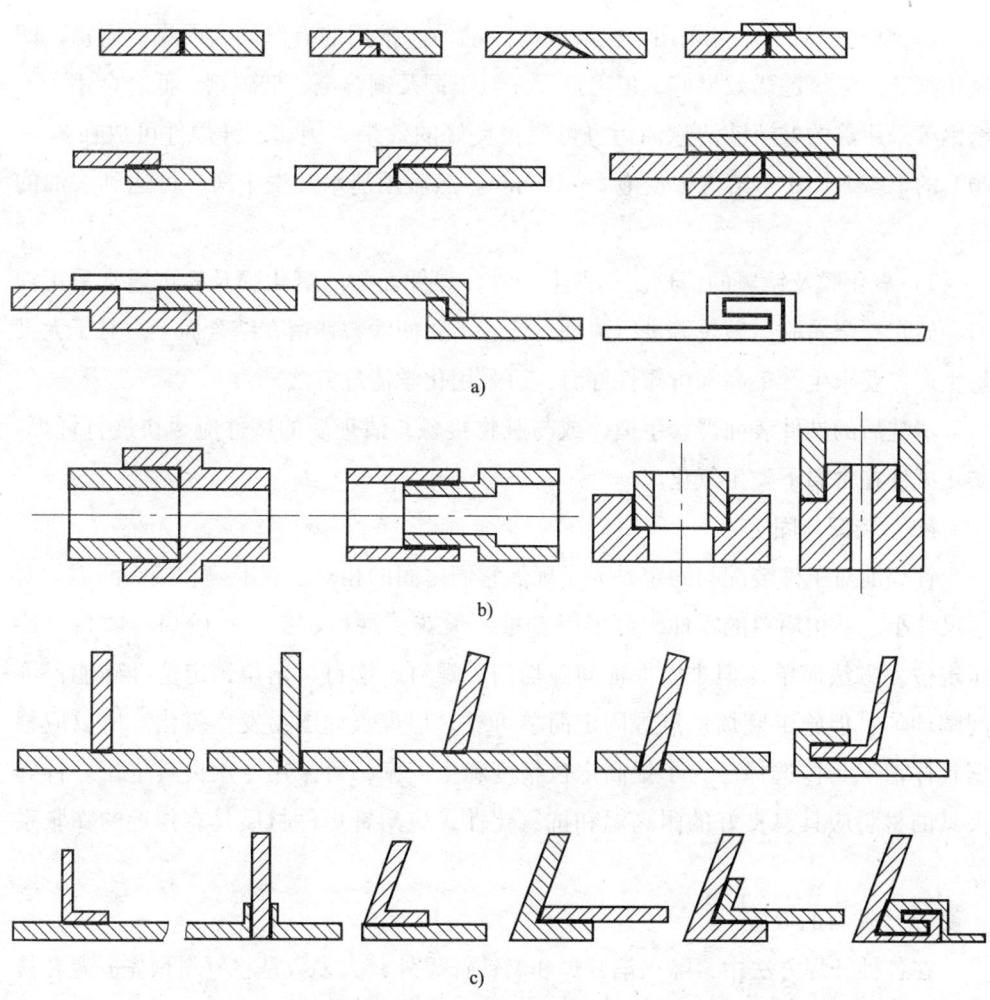

图 7—2 常见钎焊接头的基本形式

a) 平板钎焊接头形式 b) 管件钎焊接头形式 c) T形和斜角钎焊接头

（2）钎焊保温时间

保温时间视工件大小、钎料与母材相互作用的剧烈程度而定。大件的保温时间应长些，以保证加热均匀。钎料与母材作用强烈的，保温时间应短。一般来说，一定的保温时间是促使钎料与母材相互扩散，形成牢固结合所必需的，但过长的保温时间会导致溶蚀等缺陷的产生。

3. 钎焊基本操作工艺

（1）工件表面准备

钎焊前必须仔细清理钎焊焊件表面的氧化物、油脂、脏物和油漆等。因为熔化的钎料不能润湿未经处理的焊件表面，也无法填充间隙。

1) 油污的清理。可采用有机溶剂清除油污。常用的有汽油、丙酮、酒精、四氯化碳等。三氯乙烯效果好，但毒性大。对于铜及铜合金、低碳钢、低合金钢、不锈钢等采用热的碱溶液清除油污也可取得良好的效果。例如，钎焊件可放在 80～90℃ 的 10% NaOH 水溶液中浸泡 8～10 min。然后用清水冲洗干净，可达到去油的目的。

2) 氧化膜及锈斑的清理。单件生产时，焊件表面的氧化膜及锈斑通常采用锉刀、砂布、金属刷、砂轮等进行清理。注意不要使沙粒残留在结合面上。对于大批量生产，要求生产率高和可靠性好时，可采用化学清理方法。

清洗后的试件表面严禁手摸，或与脏物接触，清理后的试件应尽快进行钎焊，防止试件在常温下发生氧化。

(2) 装配与固定

钎焊前对工件装配与固定是为了确保它们之间的相对位置准确和接头间隙。对于尺寸小、结构简单的零件，可采用自重、滚花、翻边、扩口、咬口、收口、旋压定位，方法简单，但难以保证间隙均匀；螺钉、铆钉、定位销定位准确能保证间隙均匀，但施工麻烦；点焊固定简单可靠，但焊点周围易发生氧化。所以应根据具体情况具体选择。为了提高定位精度和生产率，可采用专用夹具定位。钎焊夹具的材料应具有良好的耐高温和抗氧化性，应与钎焊件材质具有相近的膨胀系数。

(3) 钎料的放置

在各种钎焊方法中，除火焰钎焊和烙铁钎焊外，大多数是将钎料预先安置在接头上的指定位置。安置钎料时，应尽可能利用间隙的毛细作用、钎料的重力作用使钎料填满间隙。

(4) 涂阻流剂

为了完全防止钎料流失，有时需要涂阻流剂。阻流剂主要是由氧化物（如氧化铝、氧化钛或氧化镁等稳定氧化物）与适当的黏结剂组成。钎焊前将糊状阻流剂涂在邻近接头的零件表面上。由于钎料不能润湿这些物质，故被阻止流动。钎焊后再将它去除。阻流剂在保护气氛炉中钎焊和真空炉中钎焊用得很广。

(5) 钎焊后清洗

钎焊后钎剂的残留对钎焊接头有腐蚀作用，并影响外观，也妨碍对钎缝的检查，应清除干净。根据使用焊剂的不同，所产生的残渣性质不同，可采用机械方法加以清理。不同焊剂生成残渣的特点和清理方法见表 7—1。

表 7—1　　　　　　　　不同焊剂生成残渣的特点和清理方法

焊剂组成	残渣特点	清除方法
松香+活性元素	有腐蚀性，不溶于水	用有机溶剂异丙醇、酒精、汽油、三氯乙烯等清洗
有机酸和盐	溶于水	热水清洗
含凡士林膏状	不溶于水	用有机溶剂酒精、丙醇、三氯乙烯等清洗
含碱土金属及氯化物（氯化锌）	不溶于水	用2%盐酸洗涤，再用 NaOH 热水溶液中和盐酸残液，若焊剂含凡士林油脂，需先用有机溶液除油
硼砂、硼酸	坚硬、不溶于水、难于清除	焊件热态，立即放入水中，使焊渣产生开裂后清除；用 70～90℃、2%～3% 重铬酸钾溶液长时间浸泡
氟硼酸钾和氟化钾硬钎剂	溶于水	水煮，10% 柠檬酸水溶液浸泡

学习单元 2　钎焊的焊接材料及钎剂

学习目标

➢ 了解钎焊焊接材料的基本要求、分类、型号、选用及性能特点
➢ 了解钎剂的基本要求、分类、型号及性能特点

知识要求

一、钎焊钎料

1. 对钎料的基本要求

（1）钎料具有合适的熔化温度范围、钎料的熔点应比母材的熔点低 40～60℃，接头在高温下工作时，钎料的熔点应高于工作温度。

（2）钎焊时，钎料对母材应具有良好的润湿性，钎料与母材应具有相互扩散和熔解的能力，以保证它们之间形成牢固的钎焊接头。

（3）钎料应能满足钎焊接头的力学性能和物理、化学性能要求，如抗拉强度、导电性、耐蚀性及抗氧化性等。

(4) 钎料的热膨胀系数应与母材相接近,以避免在钎缝中产生裂纹。

2. 钎料的分类

钎料按其熔化温度范围分为软钎料和硬钎料两大类。熔点低于450℃的钎料称为软钎料;熔点高于450℃的钎料称为硬钎料。

3. 钎料型号

(1) 钎料型号表示方法

1) 钎料型号由两部分组成。两部分间用隔线"—"分开。

2) 钎料型号中第一部分用一个大写英文字母表示钎料的类型:"S"表示软钎料;"B"表示硬钎料。

3) 钎料型号中的第二部分由主要合金组分的化学元素符号组成。

①在这部分中第一个化学元素符号表示钎料的基本组分,其他化学元素符号按其质量百分数顺序排列,当几种元素具有相同质量百分数时,按其原子序数顺序排列。

②软钎料每个化学元素符号后都要标出其公称质量百分数。硬钎料仅第一个化学元素符号后标出公称质量百分数。公称质量百分数取整数误差±1%,若其元素公称质量百分数仅规定最低值时应将其取整。

③公称质量百分数小于1%的元素在型号中不必标出,如某元素是钎料的关键部分一定要标出时,按如下规定予以标出:

a. 软钎料型号中可仅标出其化学元素符号;

b. 硬钎料型号中将其化学元素符号用括号括起来。

④每个型号中最多只能标出6个化学元素符号。

⑤将符号"E"标在第二部分之后,用以表示是电子行业用软钎料。

(2) 钎料型号标注示例 (见表7—2)

表7—2　　　　　　　　钎料型号标注示例

钎料类别	钎料型号标注	钎料主要合金组分	说明
软钎料	S—Sn60PbSbA	含锡59%～61%、铅(余)、锑0.3%～0.8%	锑为关键元素
	S—Sn63PbA	含锡62%～64%、铅(余)	
硬钎料	B—Ag72Cu	含银72%、铜28%	二元共晶钎料
	B—Ag72Cu(Li)	含银72%、铜28%、锂<1%	锂为关键元素
	BoNi63WCrFeSiB	含镍(余)、钨15%～17%、铬10%～13%、铁2.5%～4.5%、硅3%～4%、硼2%～3%、碳0.40%～0.55%、磷<0.02%、钴<0.1%	镍基钎料

4. 钎料的选用原则

（1）根据钎焊接头的使用要求选用

对于钎焊接头强度要求不高或工作温度不高时，可选用软钎料；对于高温强度、抗氧化性要求较高的接头，应选用镍基钎料。

（2）根据母材与钎料的相互作用选用

应当选用避免与母材形成脆性化合物的钎料。例如，选用铜磷钎料钎焊钢和镍，会在界面生成极脆的磷化物，使焊接质量变差。

（3）根据钎焊方法和加热温度选用

（4）根据经济条件选用

在满足工艺要求的条件下，尽量选用价格较低的钎料。

5. 钎焊常用钎料

（1）软钎料

主要成分是以锌、镉为基础的合金，它们的共同特点是熔点低，强度低，所以软钎料只用于强度要求不高、工作温度较低（150～200℃）的零件，软钎料对大多数金属都具有良好的润湿性，因此，它能钎焊大多数金属，如钢、铜、铝及其合金等。常用的软钎料牌号有：S—Zn89AlCu、S—Zn95Al、S—Zn60Cd、S—Cd96AgZn、S—Cd 84AgZn Ni 等。

（2）硬钎料

由于硬钎料的熔点及强度比软钎料高，所以硬钎料一般用于钎焊接头强度要求高和较高温度下工作的焊件的钎焊，用于火焰钎焊的硬钎料主要有银基钎料、铜基钎料、铝基钎料等。

1）银基钎料。它是 Ag、Cu、Zn 的合金，并有少量的 Cd 和 Ni 等。这种钎料由于熔点低、润湿性好、操作容易、强度高、导电性和耐蚀性优良，所以得到了广泛应用。它可以钎焊铜及钢铁、不锈钢、耐热合金、硬质合金等。常用银钎料的成分、熔化温度及其用途见表7—3。

2）铜基钎料。由于铜基钎料的经济性较好，所以广泛应用于钢、铜及铜合金的钎焊，铜基钎料常用的主要有铜锌、铜磷钎料，此外还有铜锗钎料和其他铜基钎料。铜锌钎料的力学性能和熔点与锌的含量有关，它具有较好的抗腐蚀性能，配合钎剂可钎焊铜、含锌较少的黄铜、钢及铸铁等。火焰钎焊常用的铜锌钎料见表7—4。

铜磷钎料是以 Cu—P 和 Cu—P—Ag 为主的合金钎料。这种钎料润湿性好，主要钎焊铜和黄铜，但它不能钎焊钢铁材料，因为它不能润湿钢铁金属表面，并且在钎缝靠母材的边界处，易生成脆性的磷化铁（FeP），使钎缝变脆。

表 7-3 常用银钎料的主要成分、熔化温度、主要特点及其用途

钎料型号	化学成分（%）					熔化温度范围（℃）	特点及用途
	Ag	Cu	Zn	Cd	其他		
B—Ag72Cu	71.0~73.0	余量	—	—	—	779~780	不含易挥发元素，对铜、镍润湿性好，导电性好，用于铜、镍真空和还原性气体钎焊
B—Ag72CuLi	71.0~73.0	余量	—	—	Li 0.25~0.50	780~800	锂有自钎剂作用，可提高对铜、不锈钢的润湿能力，适用保护气体沉淀硬化不锈钢和1Cr18Ni9Ti的薄件钎焊
B—Ag25CuZn	24.0~26.0	40.0~42.0	33.0~35.0	—	—	745~775	含Ag较低，有较好润湿和填隙能力，用于承受动载荷、工件表面平滑、强度较高的工件
B—Ag45CuZn	44.0~46.0	29.1~31.0	23.0~27.0	—	—	665~745	性能和作用与B—Ag25CuZn基本相似，但熔化温度稍低些，接头加工性能较好，要求较高时选用
B—Ag50CuZn	49.0~51.0	33.0~35.0	14.0~18.0	—	—	690~775	与B—Ag45CuZn相接近，适用于钎焊间隙不均匀的零件
B—Ag60CuSn	59.0~61.0	余量	—	—	Sn 9.5~10.5	600~720	不含挥发性元素，用于电子元件保护气氛和真空钎焊
B—Ag40CuZnCd	39.0~41.0	15.5~16.5	17.3~18.3	25.5~27.1	0.1~0.3	595~605	熔化温度低，钎焊工艺性能好，常用于铜及合金、不锈钢的钎焊，适用于要求焊接温度低的材料
B—Ag50CuZnCd	49.0~51.0	14.5~16.5	14.5~18.5	17.0~19.0	—	625~635	与B—Ag40CuZnCd相比，钎料的加工性能较好，其熔化温度稍高，用途相似
B—Ag35CuZnCd	34.0~36.0	25.0~29.0	19.0~23.5	17.0~19.0	—	605~700	结晶温度区间较宽，适用于间隙不均匀的焊缝，但加热温度要快些，以免钎料熔化时产生偏析
B—Ag50CuZnCdNi	49.0~51.0	14.5~16.5	13.5~17.5	15.0~17.0	Ni 2.5~3.5	630~690	Ni能提高抗腐蚀性，还可以提高对硬质合金的润湿性，能防止不锈钢钎焊接头的界面质腐蚀，钎焊硬质合金的适用于钎料、钎焊铜及合金、钢和不锈钢
B—Ag56CuZnSn	55.0~57.0	21.0~27.0	15.0~17.0	—	—	620~650	用锡取代镉为了减小毒性，可以代替B—Ag50CuZnCd钎料，但工艺性稍差

表7—4 铜和铜锌钎料的化学成分、特点及用途

钎料型号	钎料牌号	化学成分（%）						熔化温度范围（℃）	特点及用途
		Cu	Zn	Sn	Si	Fe	Mn	其他		
B—Cu	—	99.90	余量	—	—	—	—	—	1 083	主要用于还原性气体、惰性气体和真空条件下钎焊低碳钢、不锈钢、镍、钨和钼等
	H62	60.5~63.5	余量	—	—	—	—	—	900~905	此钎料应用广泛，用于钎焊受力大的铜、镍和铜制零件
B—Cu54Zn	H1CuZn46HL103	52.0~56.0	余量	—	—	—	—	—	885~888	此钎料延性较差，主要钎焊受冲击和弯曲的铜及其合金零件
B—Cu54Zn	H1CuZn52HL102	46.0~50.0	余量	—	—	—	—	—	—	此钎料脆性大，主要钎焊受冲击和弯曲大于68%的铜合金
	H1CuZn65HL101	34.0~38.0	余量	—	—	—	—	—	800~823	此钎料脆性大，钎焊接头性能差，主要用于黄铜的钎焊
B—Cu60ZnSn（RE）	HS221	59.0~61.0	余量	0.80~1.20	0.15~0.35	—	—	—	890~905	此钎料可取代H62钎料以获得更致密的钎缝，也可作为气焊黄铜用焊丝
B—Cu60ZnFe（RE）	HS222	57.0~59.0	余量	0.70	0.05~0.10	0.12~0.40	0.30~0.90	—	860~900	与B—Cu60ZnFe（RE）钎料相同
B—Cu58ZnMn	HL105	57.0~59.0	余量	—	—	0.15	3.70~4.30	—	880~909	此钎料中的锰能提高钎料的强度和延性，对钢有良好的润湿能力，广泛用于硬质合金刀具、模具及采掘工具的钎焊
B—Cu48ZnNi（RE）	—	46.0~50.0	余量	—	0.25~0.40	—	—	Ni 9.0~11.0	921~935	此钎料低碳钢、低合金钢、铸铁镍合金零件的钎焊，对硬质合金工具也有良好润湿能力

铜磷钎料由于工艺性能好，钎焊铜时可不用钎剂，并具有良好的漫流性，这种钎料钎焊的接头能很好地在拉伸状态下工作。钎焊接头具有良好的导电性和抗腐蚀性。但钎缝塑性较差，故处于弯曲、冲击状态下工作的接头不宜采用。

3) 铝基钎料。它主要以铝基合金为基体，有时加入铜、锌、锗等元素以满足工艺性能的要求，铝基钎料用来钎焊铝及铝合金。

二、钎焊焊剂

钎焊焊剂即钎焊时使用的熔剂。它的作用是清除钎料和母材表面的氧化物，并保护焊件和液态钎料在焊接过程中免于氧化，改善液态钎料对焊件的润湿性，简称钎剂。

1. 对钎剂的基本要求

（1）钎剂应能清除母材和焊料表面的氧化物。

（2）钎剂的熔点应低于钎料的熔点。

（3）钎剂在钎焊温度下应具有足够的润湿性。

（4）钎剂中各组分的气化温度应比钎焊温度高，以避免焊接时挥发而失去作用。

（5）钎剂及清除氧化物后的生成物，其密度应尽量小些，以利于上浮在焊件表面，避免形成夹渣。

（6）钎剂及其残渣对钎料及母材的腐蚀性要小。

（7）钎剂的挥发物应无毒性。

（8）钎焊后，钎剂及其残渣应当容易清除。

2. 钎剂的分类

钎剂可分为软钎剂、硬钎剂和气体钎剂等几类。有时铝钎剂单独列为一类。

3. 钎剂型号

（1）硬钎剂型号表示方法

其型号由硬钎焊用钎剂代号"FB"、钎剂主要组分分类代号 X_1（由数字"1、2、3、4"表示）、钎剂顺序号 X_2（由数字"01、02、03……"表示）和钎剂形态代号 X_3（由大写字母 S 代表粉末状、粒状，P 代表膏状，L 代表液态）组成。钎剂主要组分分类见表7—5。

表 7—5　　　　　　　　　　　钎剂主要组分分类

钎剂主要组分分类代号（X_1）	钎剂主要组分（质量分数）（%）	钎焊温度（℃）
1	硼酸 + 硼砂 + 氟化物 ≥ 90	550 ~ 850
2	卤化物 ≥ 80	550 ~ 620
3	硼砂 + 硼酸 ≥ 90	800 ~ 1 150
4	硼酸三甲酯 ≥ 60	>450

钎剂型号的表示方法如下：

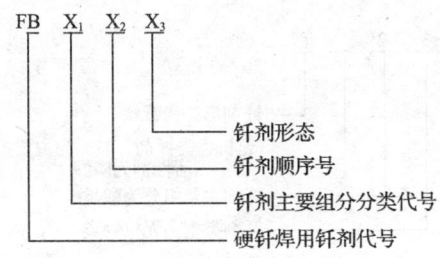

示例：

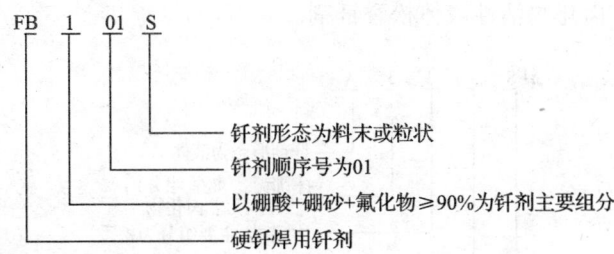

(2) 软钎剂型号表示方法

1) 软钎剂型号由代号"FS"加上表示钎剂分类的代码组合而成。

2) 钎剂分类代码及型号表示方法。

软钎焊用钎剂根据钎剂主要组分分类并按表 7—6 进行编码。

表 7—6　　　　　　　　　　　钎剂分类的型号代码

钎剂类型及代码	钎剂主要组分及代码	钎剂活性剂及代码	钎剂形态及代码
1. 树脂类	1. 松香（松脂）	1. 未加活性剂	
	2. 非松香（树脂）	2. 加入卤化物活性剂	
2. 有机物类	1. 水溶性	3. 加入非卤化物活性剂	A. 液态
	2. 非水溶性		B. 固态
3. 无机物类	1. 盐类	1. 加入氯化铵	C. 膏状
		2. 未加氯化铵	
	2. 酸类	1. 磷酸	
		2. 其他酸	
	3. 碱类	1. 胺及（或）氨类	

钎剂分类的型号代码由钎剂类型、钎剂主要组分、钎剂活性剂和钎剂形态四部分的分类代码组成。型号第一位数字为钎剂类型代码，用1、2、3分别表示树脂类、有机物类、无机物类。第二位数字为钎剂主要组分代码，以1、2或1、2、3表示。第三位数字为钎剂的活性剂代码，以1、2、3或1、2或1表示。第四位是钎剂形态的字母代码，用A、B、C分别表示液态、固态、膏状（见表7—6）。

软钎剂型号表示方法示例：

FS321C，磷酸活性无机膏状钎剂。

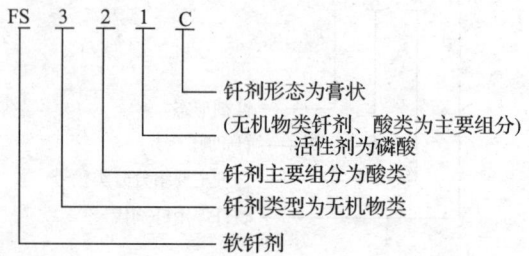

FS113A，非卤化物活性液体松香钎剂。

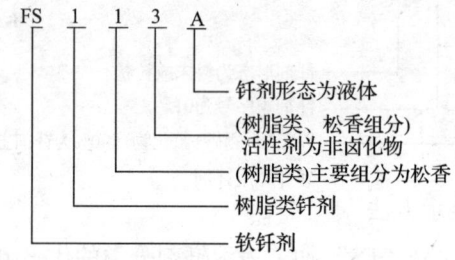

4. 钎焊常用钎剂

钎焊时使用钎剂的目的是促进钎缝的形成，使钎焊过程顺利进行以及获得优质的钎焊接头。

用于火焰钎焊的是硬钎剂。在使用铜锌钎料时，常用的硬钎剂以硼砂为主。银钎剂由硼化物和氧化物组成，配合银钎料，主要用来钎焊铜及铜合金、钢和不锈钢等。由于钎焊不锈钢和耐热合金钢时，表面有难以去除的钛、铬等氧化物薄膜，所以在钎剂中必须加入去膜能力更强的氟化物和硼化物。常用硬钎剂见表7—7。

表7—7　　常用硬钎剂的组成成分及用途

牌号	组成成分（质量分数,%）	钎焊温度（℃）	用途
YJ1	硼砂100	800~1 150	用铜基钎料钎焊碳素钢、铜、铸铁
YJ2	硼砂25，硼酸75	850~1 150	用铜基钎料钎焊硬质合金等
YJ6	硼砂15，硼酸80，氟化钙5	850~1 150	用铜基钎料钎焊不锈钢及高温合金等

续表

牌号	组成成分（质量分数,%）	钎焊温度（℃）	用途
YJ7	硼砂50，硼酸35，氟化钙15	650~850	用银基钎料钎焊钢、铜合金、不锈钢和高温合金
YJ8	硼砂50，硼酸10，氟化钙40	>800	用铜基钎料钎焊硬质合金
YJ11	硼砂95，过锰酸钾5		用铜锌钎料钎焊铸铁
QJ—101	硼酐30，氟硼酸钾70	550~850	用银基钎料钎焊铜、铜合金、钢、不锈钢和高温合金
QJ—102	氟化钾42，硼酐35，氟硼酸钾23	650~850	
QJ—103	氟硼酸钾>95	550~750	用银、铜、锌、镉钎料钎焊
粉301	硼砂30，硼酸70		同YJ1和YJ2
200	硼酐66±2，脱水硼砂19±2，氟化钙10±0.5	850~1 150	用铜基钎料和镍基钎料钎焊不锈钢
201	硼酐77±1，脱水硼砂12±1，氟化钙10±0.5	850~1 150	用铜基钎料和镍基钎料钎焊不锈钢和高温合金

学习单元3　手工火焰钎焊设备、工具及其安全检查

学习目标

➢ 掌握手工火焰钎焊的设备、工具
➢ 掌握手工火焰钎焊设备、工具的安全检查

知识要求

一、手工火焰钎焊设备、工具

手工火焰钎焊最常用的是氧—乙炔火焰钎焊。氧—乙炔火焰钎焊所用设备为乙炔瓶、氧气瓶。所用工具包括氧气减压器、乙炔减压器、焊炬、氧气橡皮管、乙炔橡皮管；辅助工具包括橡皮管接头、护目镜、点火枪等。其他工具有钢丝刷、錾子、锤子及锉刀、连接和启闭气体通路的工具，如钢丝钳、铁丝、卡子、橡皮管夹头及扳手、通针等。

二、手工火焰钎焊设备、工具的安全检查

1. 手工火焰钎焊设备的安全检查

（1）氧气瓶的安全检查

1）检查氧气瓶是否直立放置、放稳。氧气瓶及瓶阀是否沾有易燃物和油脂等。

2）夏天使用氧气瓶时查看环境温度，严防瓶温过高，受日光暴晒；冬季使用时检查氧气瓶是否冻结，如冻结只可以采用热水或蒸汽解冻。

3）检查氧气瓶距离乙炔瓶的距离是否大于 5 m，距明火和热源是否大于 10 m。

4）检查氧气瓶阀丝扣是否损坏。

（2）乙炔瓶的安全检查

1）检查乙炔瓶是否直立放置、放稳，严禁卧放使用。

2）夏天使用乙炔瓶时查看环境温度是否过高，当环境温度超过 40℃时应采取降温措施。

3）检查乙炔瓶与氧气瓶的距离是否在 5 m 以上，距明火和热源是否大于 10 m。

4）检查乙炔减压器与乙炔瓶连接是否可靠，严禁有漏气现象。

5）冬季使用乙炔瓶时检查是否冻结，如果冻结采用 40℃以下温水解冻，严禁火烤。

2. 手工火焰钎焊工具的安全检查

（1）减压器的安全检查

1）检查减压器表体是否有油污未处理现象，一旦沾有油污则禁止使用。

2）检查减压器螺母丝扣及调节螺钉是否损坏。

3）检查压力表读数是否准确，指针是否失灵，调节螺杆是否灵活好用。

4）检查减压器是否产生直流现象。

5）冬季使用减压器时注意是否冻结。

6）检查减压器与气瓶接口及减压器出口接头与胶管连接处严禁在漏气情况下使用。

7）使用减压器时检查是否安装干式回火防止器。

（2）焊炬的安全检查

1）检查焊炬气路是否畅通，射吸能力及气密性是否符合要求。

2）各接头处及调节阀是否有漏气现象，调节阀是否灵活好用。

3）焊炬不允许沾有油脂，以防遇氧产生燃烧和爆炸。

4）焊炬停止使用时，不能乱放。检查火焰安全熄灭后，应将焊炬连同胶管一起挂在安全的位置。

（3）胶管的安全检查

1）检查胶管颜色是否正确，胶管是否有老化及漏气现象。

2）检查胶管各连接处管径是否吻合，管卡是否严密紧固。

3）胶管要有足够的抗压强度和阻燃特性。

4）新胶管使用前，应将管内滑石粉吹除干净。

5）胶管的长度一般在 10~15 m 为宜，过长会增加气体流动的阻力，氧气胶管两端接头用夹子夹紧或用软钢丝扎紧。乙炔胶管只要能插上不漏气便可，不要连接过紧。

6）液化石油气胶管必须使用耐油胶管，爆破压力应大于 4 倍工作压力。

（4）护目镜的安全检查

检查护目镜遮光号是否符合要求。

（5）锤子、錾子的安全检查

检查锤头是否松动，防止在使用中锤头抡出伤人；錾子非刃口端边缘是否有飞刺、裂纹，以防伤手。

学习单元 4　手工火焰钎焊安全操作规程

学习目标

➢ 掌握手工火焰钎焊安全操作规程

知识要求

1. 所有独立从事火焰钎焊作业的人员必须经劳动安全部门或指定部门培训，经考试合格后持证上岗。

2. 工作前戴好防护用品，检查工具设备，确认安全后，方可作业。

3. 氧气瓶应放在干燥、凉爽、空气流通的地方，不可将氧气瓶放在强烈的阳光下或靠近高温的地方。

4. 氧气和乙炔皮管为专用皮管，不可互换使用。

5. 搬运氧气瓶、乙炔瓶时，应有支架固定，夏季要防晒避阴，不准摔打、撞击。装卸氧气表或试风时，瓶口应避开人。乙炔气瓶使用前要直立 15 min 后方可使用。

6. 运输、储存氧气和乙炔的容器和管路须严密。禁止用纯铜材质的连接管连接乙炔管。运输、储存乙炔的工具设备冻结时，不准用明火烘烤。

7. 氧气瓶、乙炔瓶的位置应避开输电线路垂直下放。氧气瓶、乙炔瓶距明火地点 10 m 以外，氧气瓶和乙炔瓶间距不小于 5 m，存放应通风、避阴。

8. 焊接前应检查工作场地周围环境，不要靠近易燃、易爆物品。如果有易燃、易爆物品，应将其移至 5 m 以外。要注意氧化渣的喷射方向上是否有其他人在工作，要安排其他人避开后再进行焊接。

9. 氧气瓶严禁沾染油脂，有油脂的衣服、手套等禁止与氧气瓶、减压阀、氧气软管接触。

10. 工作完毕后，应将气瓶气阀关紧，并拧上安全帽。

第 2 节　低碳钢板搭接手工火焰钎焊

学习单元 1　低碳钢板搭接手工火焰钎焊

学习目标

➢ 掌握低碳钢板搭接手工火焰钎焊的操作技能

一、操作准备

1. 试件材质、尺寸及数量

试件材质：Q235A。

试件尺寸及数量：100 mm×30 mm×4 mm（见图 7—3），两块。

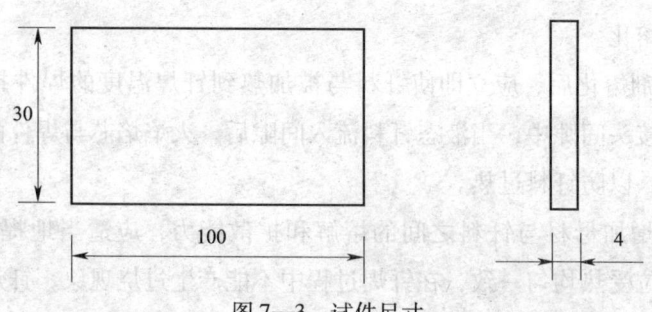

图7—3 试件尺寸

2. 钎焊材料及设备

钎焊材料：钎料为H62；钎剂为QJ103。

钎焊设备：乙炔瓶、氧气瓶、焊炬。

3. 焊接参数（见表7—8）

表7—8　　　　低碳钢板搭接手工火焰钎焊焊接参数

钎料直径 (mm)	氧气压力 (MPa)	乙炔压力 (MPa)	火焰 种类	钎焊温度 (℃)	保温时间 (min)
3	0.3	0.03	中性焰或轻微碳化焰	900~1 050	30~50

注：火焰能率的选择应采用H01—6型焊炬，3号或4号焊嘴。

二、操作步骤

1. 试件打磨及清理

钎焊前将钎焊接头表面先用钢丝刷将锈及氧化物清除干净。再用砂布、锉刀打磨，直至露出金属光泽为止。

2. 试件组对及定位焊

试件组对时应根据图7—4所示搭接长度进行组对，采用自重定位。

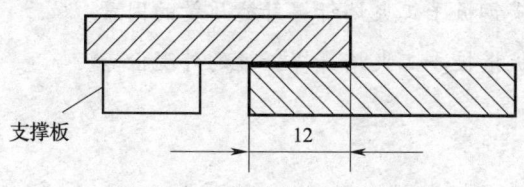

图7—4 钎焊试件组对示意图

3. 焊接

（1）钎焊时，先利用轻微碳化焰的外焰加热焊件，焰芯距焊件表面15~20 mm，主要是为了增大对焊件的加热面积。

（2）当钎焊接头处被加热到接近钎料熔化温度时，应立即涂上钎剂，并利用外焰加热使其熔化。

（3）当钎剂熔化后，应立即使钎料与被加热到钎焊温度的焊件接触、熔化并渗入到焊缝的接头间隙中，当液态钎料流入间隙后，火焰焰芯与焊件的距离应加大到 30~40 mm，以防钎料过热。

（4）为了增加母材与钎料之间的熔解和扩散能力，应适当地提高钎焊温度，但应使钎焊部位受热均匀一致，在钎焊过程中不能产生过烧现象，钎焊温度一般应控制在高于钎料熔点 30~40℃ 为宜。同时还要控制好加热持续时间。

4. 焊后清理

钎焊后应及时将钎剂和熔渣清除干净，以防腐蚀。将钎焊后的工件在热态下放入水中，使钎剂残渣开裂后清除。也可采用在 70~80℃ 的 2%~3% 的重铬酸钾溶液中较长时间清洗。

三、注意事项

1. 钎焊过程中应尽量避免火焰直接加热钎料和钎剂。
2. 为了防止锌的蒸发，加热速度应快些，钎焊温度不宜过高。
3. 钎焊时钎料、钎剂的使用量应合适，不宜过多或过少。

学习单元 2　质量检查

 学习目标

➤ 掌握影响低碳钢板手工火焰钎焊钎缝质量的因素
➤ 了解低碳钢板搭接手工火焰钎焊钎缝的外观检查

 知识要求

一、影响低碳钢板手工火焰钎焊钎缝质量的因素

1. 装配间隙过大或过小。钎剂和钎料熔化温度相差过大，钎料量不足，未填满间隙等。

2. 钎焊接头间隙选择不当，钎焊前焊件表面清理不干净，钎剂选择不正确，

去膜能力弱，钎料在钎焊时产生过热，钎缝易形成气孔。

3. 在钎焊时钎剂用量过多或过少，钎料和钎剂的熔化温度不匹配，加热不均匀，使钎缝产生夹渣。

4. 钎焊时加热不均匀，造成冷却过程中收缩不一致。钎料凝固时，钎焊件相互错动，钎料结晶温度间隔过大，使钎焊缝产生裂纹。

5. 在钎焊时，钎焊温度过高，保温时间过长，母材与钎料之间的作用太剧烈，钎料用量过多，使钎焊缝中的钎料产生流失。

二、低碳钢板搭接手工火焰钎焊钎缝的外观检查

1. 检查钎料是否填满间隙。
2. 钎缝外露的一端是否形成圆角，圆角是否均匀，表面是否光滑。
3. 用钢直尺等测量钎缝外表面的裂纹、气孔及其他外部缺陷的尺寸。

第3节　不锈钢板搭接手工火焰钎焊

学习单元1　不锈钢板搭接手工火焰钎焊

学习目标

➢ 掌握不锈钢板搭接手工火焰钎焊的操作技能

技能要求

一、操作准备

1. 试件材质、尺寸及数量

试件材质：06Cr19Ni10 不锈钢板。

试件尺寸及数量：100 mm×30 mm×4 mm（见图7—5），两块。

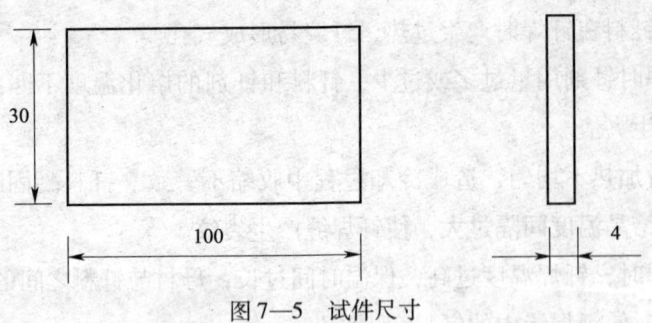

图 7—5　试件尺寸

2. 钎焊材料及设备

钎焊材料：钎料为 B—Mn70NiCr；钎剂为 FB105。

钎焊设备：乙炔瓶、氧气瓶、焊炬。

3. 焊接参数（见表 7—9）

表 7—9　　　　　不锈钢板搭接手工火焰钎焊焊接参数

钎料直径 (mm)	氧气压力 (MPa)	乙炔压力 (MPa)	火焰 种类	钎焊温度 (℃)	保温时间 (min)
3	0.3	0.03	中性焰或轻微碳化焰	800~900	30~50

注：火焰能率的选择应采用 HO1—6 型焊炬，3 号或 4 号焊嘴。

二、操作步骤

1. 试件打磨及清理

钎焊前将钎焊接头表面先用钢丝刷将锈及氧化物清除干净。再用砂布、锉刀打磨，直至露出金属光泽为止。

2. 试件组对及定位焊

试件组对时应根据图 7—6 所示搭接长度进行组对，采用自重定位。

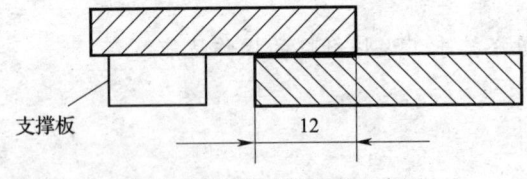

图 7—6　钎焊试件组对示意图

3. 焊接

（1）钎焊时，先利用轻微碳化焰的外焰加热焊件，焰芯距焊件表面 15~20 mm，主要是为了增大对焊件的加热面积。

（2）当钎焊接头处被加热到接近钎料熔化温度时，应立即涂上钎剂，并利用外焰加热使其熔化。

（3）当钎剂熔化后，应立即使钎料与被加热到钎焊温度的焊件接触、熔化并渗入到焊缝的接头间隙中，但对于06Cr19Ni10不锈钢的钎焊加热温度不应高于1 150℃，以防止晶粒长大。钎焊过程中，当液态钎料流入间隙后，焰芯与焊件的表面距离应逐渐加大到40 mm，以防钎料过热。钎料填满间隙，钎缝形成圆滑过渡后，火焰缓慢移开焊件。

（4）钎焊时应使钎焊部位受热均匀一致，钎焊过程中不能产生过烧现象，钎焊时一定要控制好加热持续时间。

4. 焊后清理

钎焊后应及时将钎剂和熔渣清除干净，以防腐蚀。钎焊后的工件在热态下放入水中冲洗，也可采用机械清理和化学清理。不同钎剂生成残渣的特点和清理方法参见表7—1。

三、注意事项

1. 钎焊前的预热温度要均匀一致，预热温度不宜过高。
2. 钎焊过程中应尽量避免直接加热钎料和钎剂。
3. 钎焊时的温度要掌握合适，避免产生钎焊时的温度不均匀。
4. 钎焊时钎料、钎剂的使用量应合适，不宜过多或过少。
5. 钎焊件待凝后方可移动。

 **学习单元2　质量检查**

 **学习目标**

- 掌握影响不锈钢板手工火焰钎焊钎缝质量的因素
- 了解不锈钢板搭接手工火焰钎焊钎缝的外观检查

 知识要求

一、影响不锈钢板手工火焰钎焊钎缝质量的因素

1. 装配间隙不合适，钎料未填满间隙，钎料与钎剂熔化温度相差过大，钎剂

填缝能力差。

2. 钎料选用不合适，钎料的润湿能力差，钎料与钎剂熔化温度相差过大，钎剂填缝能力差。

3. 钎焊前钎焊件清理不干净。钎焊温度过低或钎焊温度不均匀，以上原因易造成填缝不良。

4. 钎焊时如果钎焊接头选择不当，钎焊件清理不干净，钎剂去膜作用弱，钎料在钎焊时析出气体或钎料产生过热，使钎缝易形成气孔。

5. 钎焊时钎剂使用过多或过少，接头间隙选择不当，钎料与钎剂的熔化温度不匹配，钎剂比重过大，加热不均匀，使钎缝易形成夹渣。

6. 钎焊温度不均匀，在冷却过程中收缩不一致，易产生钎缝裂纹。

二、不锈钢板搭接手工火焰钎焊钎缝的外观检查

用目测、钢直尺等专用测量工具进行火焰钎焊焊缝的外观检查。具体如下：

1. 检查钎料是否填满间隙。
2. 钎缝外表面的圆角是否均匀，表面是否光滑。
3. 钎缝外表面是否有裂纹、气孔及其他外部缺陷。
4. 根据技术要求也可再采用荧光检验。

第 8 章 电阻焊

第 1 节 电阻焊相关知识

学习单元 1 电阻焊原理、设备及工艺

学习目标
➤ 熟悉电阻焊原理、设备及工艺

知识要求

一、电阻焊原理及特点

1. 电阻焊原理及分类

（1）电阻焊原理

电阻焊是利用电流通过焊件及其接触面所产生的电阻热，将焊件局部加热到塑性或熔化状态，并通过电极对焊接处加压完成金属结合的一种方法。电阻焊是压力焊中应用最广的一类焊接方法。

电阻焊的热源是电阻热，例如，点焊时产生的热量由下式决定：

$$Q = I^2 Rt$$

式中 Q——产生的热量,J;
I——焊接电流,A;
R——电极间电阻,Ω;
t——焊接时间,s。

公式说明影响焊接热量有 3 种因素:焊接电流、电极间电阻和通电时间。热量一部分用来形成焊缝,一部分分散于周围的金属中。

电极间电阻随焊接方法的不同而不同,例如,点焊的电阻 R 是由两焊件本身的电阻 R_w、电极间与焊件间接触电阻 R_{ew} 和焊件间接触电阻 R_c 组成,如图 8—1 所示。

$$R = 2R_w + 2R_{ew} + R_c$$

(2) 电阻焊的分类

电阻焊种类很多,按工艺特点可分为五类,即点焊、缝焊、凸焊、电阻对焊、闪光对焊。图 8—2 为五类电阻焊原理示意图。

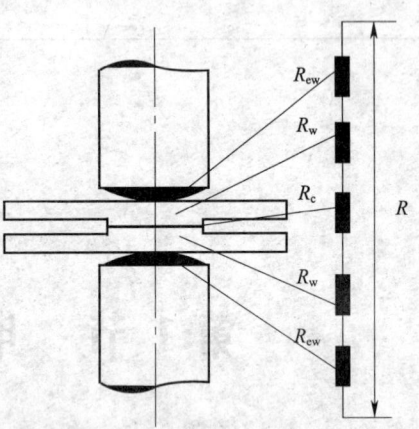

图 8—1 点焊时电阻的分布

1) 点焊。如图 8—2a 所示,将焊件装配成搭接接头,并压紧在两柱状电极之间,利用电流通过焊件时产生的电阻热熔化母材金属,形成焊点,实现对焊件的焊接。按供电方式不同点焊可分为单面点焊、双面点焊,前者只从工件一侧供电,后者从工件两侧供电。按一次形成焊点的数量可分为单点点焊和多点点焊。

点焊主要用于制造可以采用搭接接头不要求气密,厚度小于 4 mm 冲压、轧制的薄板构件。可焊材料有低碳钢、淬火钢、不锈钢、镀锌钢板、铝合金和铜合金等,广泛应用于电子、仪表、汽车、飞机和日常生活用品的生产。

2) 缝焊。如图 8—2b 所示,缝焊是点焊的一种演变形式,用圆形滚轮取代点焊电极,滚轮压紧工件并连续或断续滚动,同时连续或断续通电,形成一条连续焊缝,实现对焊件的焊接。

根据通电和工件运动方式的不同,可将缝焊分为连续缝焊、断续缝焊和步进缝焊 3 种基本类型。

缝焊适宜于焊接厚度在 3 mm 以下的薄板搭接,缝焊的焊缝表面光滑平整,并具有较高的强度和气密性,因此,常用来焊接要求密封的薄壁容器,如油箱等。

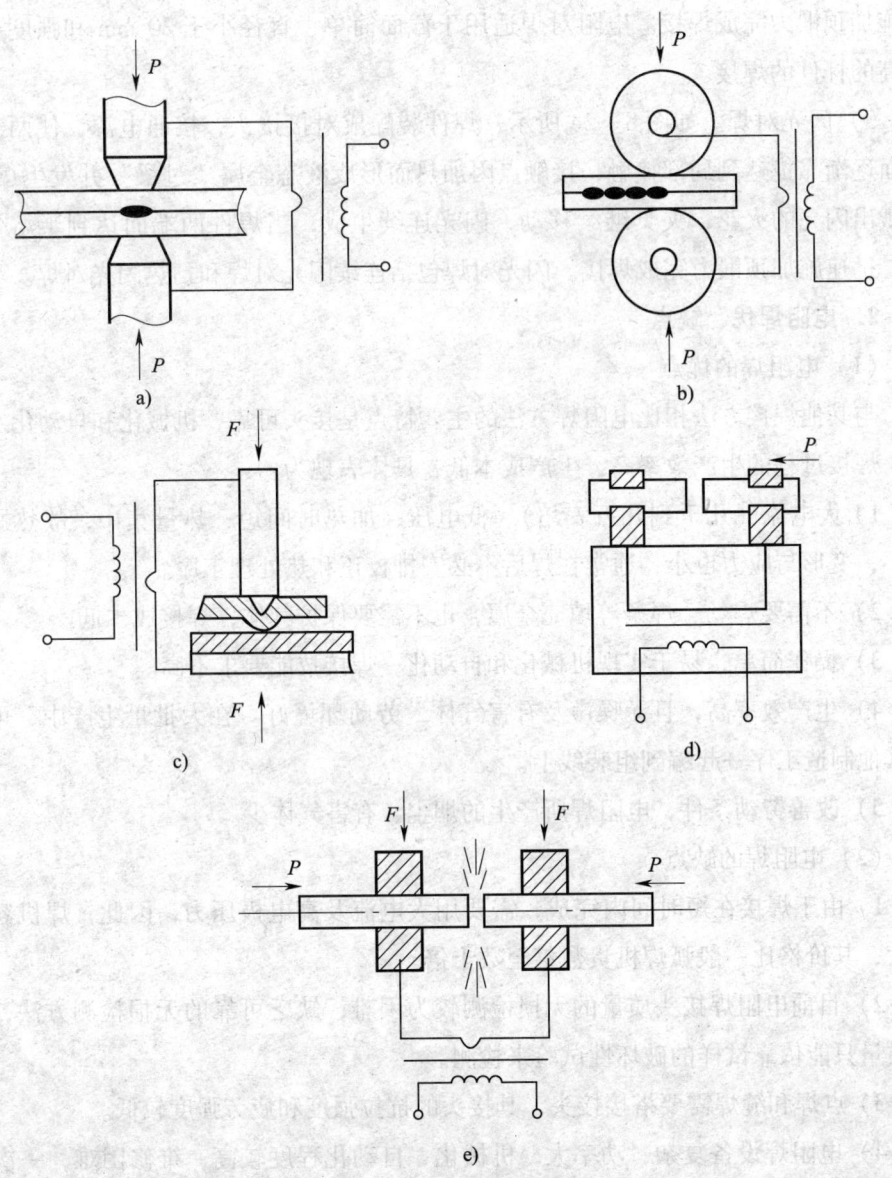

图 8—2 电阻焊示意图

a) 点焊 b) 缝焊 c) 凸焊 d) 电阻对焊 e) 闪光对焊

3) 凸焊。如图 8—2c 所示，在工件的贴合面上预先加工出一个或多个凸起点，使其与另一焊件表面相接触并通电加热，然后变形熔化形成熔点。

凸焊在汽车、飞机、仪器、无线电等工业部门应用广泛，如紧固件、金属网的焊接和无线电器件的封装等。

4) 电阻对焊。如图 8—2d 所示，焊接时将工件置于夹具中夹紧，并使两工件断面压紧，然后通电加热，当工件端面及附近金属被加热到一定温度时，断电并迅速施加顶锻力完成焊接。电阻对焊适用于截面简单、直径小于 20 mm 和强度要求不高的杆件的焊接。

5）闪光对焊。如图 8—2e 所示，焊件装配成对接接头，接通电源，使两工件端面逐渐靠拢达到局部接触，接触点因加热而形成液态金属"过梁"并发生爆破，飞溅出闪亮的火花，夹具继续移动，闪光连续生成，当焊件两端面达到半熔化状态，迅速施加顶锻力完成焊接。闪光对焊包括连续闪光对焊和预热闪光对焊。

2. 电阻焊优、缺点

（1）电阻焊的优点

与其他焊接方法相比电阻焊方法的主要特点是接头可靠，机械化和自动化水平高，焊接过程的生产效率高，生产成本低，具体表现为：

1）大电流（几千到几万安培）、低电压、加热时间短，热量集中，故热影响区小，变形与应力也小，通常在焊后不必安排校正和热处理工序。

2）不需要焊丝、焊条等填充金属，也不需要保护气体，焊接成本低。

3）操作简单，易于实现机械化和自动化，焊接技能要求不高。

4）生产效率高，且无噪声及有害气体，劳动环境好。在大批量生产中，可以和其他制造工序一起编到组装线上。

5）改善劳动条件，电阻焊所产生的烟尘、有害气体少。

（2）电阻焊的缺点

1）由于焊接在短时间内完成，需要用大电流及高电极压力，因此，焊机容量要大，其价格比一般弧焊机贵数倍至数十倍。

2）目前电阻焊接头质量的无损检测较为困难，缺乏可靠的无损检测方法，焊接质量只能依靠试样的破坏性试验来检测。

3）点焊和缝焊需要搭接接头，其接头的抗拉强度和疲劳强度较低。

4）电阻焊设备复杂，功率大，机械化、自动化程度较高，维修困难，一次性投资较高。

二、电阻焊设备

1. 电阻焊机分类及组成

（1）电阻焊机的分类

电阻焊设备是利用电流流过工件时其自身电阻产生的热量对焊接区域局部加热焊接的设备统称。

按工艺方法电阻焊设备可分为点焊机、缝焊机、对焊机、凸焊机四大类；从电极的加压形式可分为杠杆式、电动凸轮式、气压式、液压式以及气、液联合式等多种；从电阻焊机的电源类型分，目前有单相工频焊机、二次整流焊机、三相低频焊机、电容储能焊机和逆变式焊机等多种。

国产电阻焊设备的型号根据《电焊机型号编制方法》（GB/T 10249—2010）统一编制，其编排秩序如下：

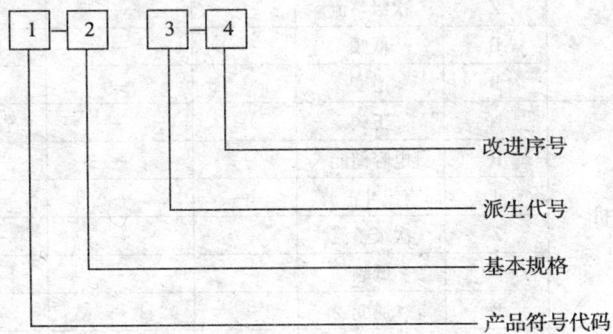

其中：

型号中2，4各项用阿拉伯数字表示。

型号中3项用汉语拼音字母表示。

型号中3，4项如不用时，可空缺。

改进序号按产品改进程序用阿拉伯数字连续编号。

产品符号代码编排秩序如下：

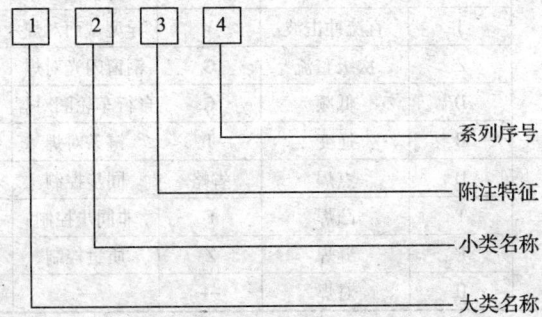

其中：

产品符号代码中1，2，3各项用汉语拼音字母表示。

产品符号代码中4项用阿拉伯数字表示。

部分电阻焊机符号代码的代表字母及序号编排实例见表8—1。

型号基本规格的标示如下：

1）点焊机

基本规格：50%负载持续率下的标称输入视在功率。

表 8—1　　　　　　　　　　部分电阻焊机的符号代码

第一字母		第二字母		第三字母		第四字母	
代表字母	大类名称	代表字母	小类名称	代表字母	附注特性	数字序号	系列序号
D	点焊机	N	工频	省略	一般点焊	省略	垂直运动式
		R	电容储能	K	快速点焊	1	圆弧运动式
		J	直流冲击波	W	网状点焊	2	手提式
		Z	次级整流	—	—	3	悬挂式
		D	低频	—	—	6	焊接机器人
		B	逆变	—	—	—	—
T	凸焊机	N	工频	—	—	省略	垂直运动式
		R	电容储能	—	—	—	—
		J	直流冲击波	—	—	—	—
		Z	次级整流	—	—	—	—
		D	低频	—	—	—	—
		B	逆变	—	—	—	—
F	缝焊机	N	工频	省略	一般缝焊	省略	垂直运动式
		R	电容储能	Y	挤压缝焊	1	圆弧运动式
		J	直流冲击波	P	垫片缝焊	2	手提式
		Z	次级整流	—	—	3	悬挂式
		D	低频	—	—	—	—
		B	逆变	—	—	—	—
U	对焊机	N	工频	省略	一般对焊	省略	固定式
		R	电容储能	B	薄板对焊	1	弹簧加压式
		J	直流冲击波	Y	异型截面对焊	2	杠杆加压式
		Z	次级整流	G	钢窗闪光对焊	3	悬挂式
		D	低频	C	自行车轮圈对焊	—	—
		B	逆变	T	链条对焊	—	—
K	控制器	D	点焊	省略	同步控制	1	分立元件
		T	凸焊	F	非同步控制	2	集成电路
		F	缝焊	Z	质量控制	3	微机
		U	对焊	—	—	—	—

基本规格单位：kVA（千伏安）。

2）凸焊机

基本规格：50%负载持续率下的标称输入视在功率。

基本规格单位：kVA（千伏安）。

3）缝焊机

基本规格：50%负载持续率下的标称输入视在功率。

基本规格单位：kVA（千伏安）。

4）电阻对焊机

基本规格：50%负载持续率下的标称输入视在功率。

基本规格单位：kVA（千伏安）。

5）闪光对焊机

基本规格：50%负载持续率下的标称输入视在功率。

基本规格单位：kVA（千伏安）。

6）电容储能电阻焊机

基本规格：最大储能量。

基本规格单位：J（焦耳）。

7）高频电阻焊机

基本规格：额定振荡功率。

基本规格单位：kW（千瓦）。

8）次级整流电阻焊机

基本规格：50%负载持续率下的标称输入视在功率。

基本规格单位：kVA（千伏安）。

9）三相低频电阻焊机

基本规格：50%负载持续率下的标称输入视在功率。

基本规格单位：kVA（千伏安）。

10）逆变式电阻焊机

基本规格由产品标准规定。

11）移动式点焊机

基本规格：50%负载持续率下的标称输入视在功率。

基本规格单位：kVA（千伏安）。

(2) 电阻焊机的组成

电阻焊机根据不同的要求和用途，可以分为不同的种类，从焊接方法来分，各类电阻焊机通常由以下三个主要部分组成：

1）焊接电源。焊接电源包括阻焊变压器、电极及二次回路组成的焊接回路。变压器是电阻焊机的电源，它将网络工频电变为适合电阻焊用的低压（小于36 V）、大电流（1 000 ~ 100 000 A）、低漏抗的阻焊电源。次级电压能分级调节，变压器的铁芯一般为壳式，线圈为桶式。

2）控制装置。控制装置能同步控制通电和加压，可控制焊接程序中各段时间及调节焊接电流的控制电路，使焊接过程自动进行，有些还有质量监控功能。

3）机械装置。机械装置包括机架、加压及夹紧机构、送进机构（对焊机）、传动机构（缝焊机）等。

2. 焊接电源的特点

电阻焊常采用工频变压器作为电源，电阻焊变压器的外特性采用下降的外特性，与常用变压器及弧焊变压器相比，电阻焊变压器有以下特点。

（1）大电流、低电压

因为电阻焊是用电阻热作为热源，焊件和焊机的电阻都很小（一般小于100 μΩ），所以必须有足够大的电源才能获得应有的热量。常用的电流是 2～40 kA，在铝合金点焊或钢轨对焊时甚至可以达到 150～200 kA，由于焊件和焊接回路电阻通常只有若干微欧，所以电源电压低，固定式焊机通常在 10 V 以内，悬挂式点焊机才可达到 24 V。

（2）功率大，可调节

由于焊接电流很大，虽然电压不高，焊机仍可达到比较大的功率，大功率电源的功率甚至高达 1 000 kW 以上，为了适应各种不同焊件的需要，还要求焊机的功率应能方便调节。

（3）断续工作状态、无空载运行

电阻焊通常在焊件装配好之后才接通电源的，电源一旦接通，变压器就在负载状态下运行，一般无空载运行的情况发生，其他工序，如装载、夹紧等，一般不需要接通电源，因此变压器处于断续工作状态。

三、电阻焊工艺

1. 点焊工艺

（1）焊前结构清理

工件表面上的氧化物、污垢、油和其他杂质增大了接触电阻。过厚的氧化物层甚至会使电流不能通过被焊材料，所以在实施焊接之前必须进行清洁处理，以保证接头质量稳定，清理方法主要有机械清理和化学清理两种。

1）机械清理。常用的机械清理方法有喷砂、喷丸、抛光以及用砂布或钢丝刷、锉刀、刮刀等工具进行清理。机械清理所用的设备简单，但是生产效率低、劳动强度大，清理后允许存放的时间较短。

2）化学清理。采用化学清理可以提高生产效率，化学清理包括去油、酸洗、钝化，去油方法见表8—2，酸洗方法见表8—3。

表8—2　　　　　　　　　　焊件焊前去油方法

焊件材质	去油液成分	温度（℃）	时间（min）	说明
铁、铜、镍合金	NaOH 10%；H_2O 90%	80~90	8~10	放在70~80℃的热水中，浸水后用冷水冲净
	Na_2CO_3 10%；H_2O 90%	100	8~10	
碳钢、合金钢、不锈钢、耐热钢	NaOH 90 g/L；Na_2CO_3 20 g/L	50~60	6~8	用冷水冲净
铝和铝合金	NaOH 5%；H_2O 95%	60~65	2	用冷水冲净
	Na_3PO_4 40~50 g/L；Na_2CO_3 40~50 g/L；Na_2SO_4 20~30 g/L	60~70	5~8	

表8—3　　　　　　　　　　酸洗方法

焊件材质	清洗液成分	温度（℃）	时间（min）	说明
碳钢 合金钢 不锈钢 耐热钢	H_2SO_4 100 L； HCl 1 L； HNO_3 75 L； H_2O 824 L	50~60	—	先用60~70℃的苏打（Na_2CO_3 10%）溶液中和，后在冷水中冲洗
铜、铜合金	H_2SO_4 100 L； HCl 1 L； HNO_3 75 L； H_2O 824 L	室温	—	室温下在50~70 kg/m³ NaOH或KOH溶液中中和，然后用冷水冲净
铝、铝合金	H_3PO_4 300~350 g/L； $K_2Cr_2O_7$ 0.1~1.0 g/L	20~30	12~36	用冷水冲净
钛、钛合金	HCl 700 L； HNO_3 115 L； H_2O 85 L			
镁合金	NaOH 300~600 g/L； $NaNO_3$ 40~70 g/L	70~100	0.1~1	用冷水冲净

（2）点焊的接头形式

板与板点焊可用搭接的形式如图8—3所示，圆棒与圆棒可采用交叉和平行的点焊形式,如图8—4a、b所示。当圆棒与圆棒交叉点焊时由于接触面积小,电流密度大,可以在功率较小的焊机上焊接。圆棒与板材点焊时可采用如图8—4c所示的形式,其中弯曲的圆棒与板材之间的点焊比较方便。

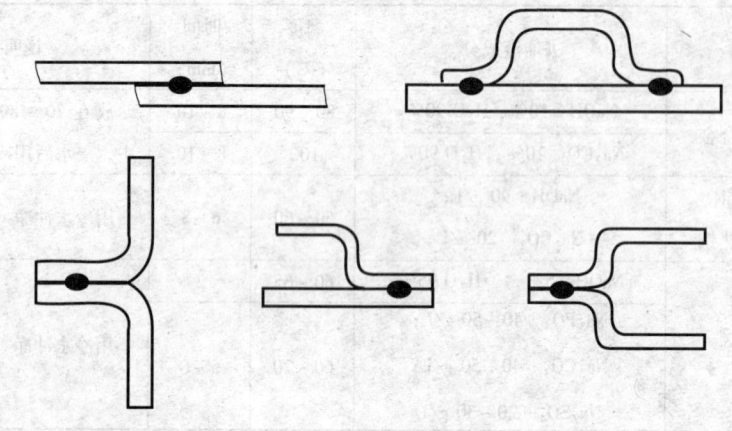

图8—3 点焊接头形式

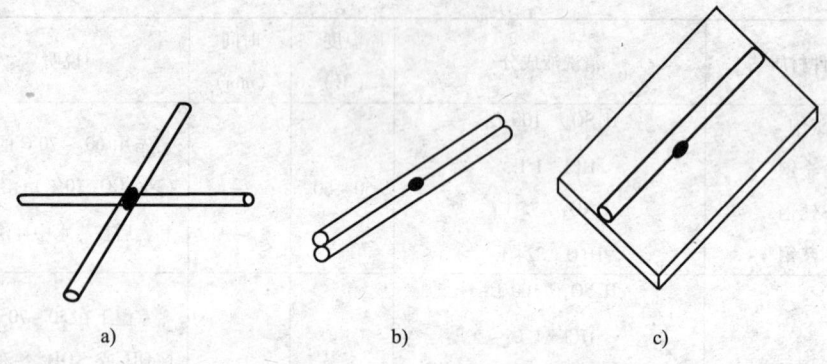

图8—4 圆棒与圆棒及圆棒与板材的点焊
a)、b) 圆棒与圆棒之间的点焊　c) 圆棒与板材之间的点焊

(3) 点焊焊接参数

点焊焊接参数有:焊接电流、焊接时间、电极压力、电极工作断面的形状和尺寸等。

1) 焊接电流。焊接电流直接影响熔核直径和焊透率,电流太小就无法形成熔核或熔核过小。电流太大,则能量过大,容易引起飞溅现象。在合理的点焊过程中,熔核直径应根据焊件的厚度来确定,并满足下列关系式:

$$D_{核} = 2t + 3 \text{ mm}$$

式中　t——两焊件中薄件的厚度,mm。

2）通电时间。通电时间是电阻焊时每一个焊接循环中，自焊接电流接通到停止的持续时间。通电时间对熔核性能的影响与焊接电流类似，通电时间太短，难以形成熔核或熔核过小，要想获得合理的熔核，应使通电时间有一个合理的范围，并与焊接电流相匹配。通常按焊件材料的物理性能、厚度、装配精度、焊机容量、焊前表面状况及对焊接质量的要求来确定通电时间的长短。

3）电极压力。电极压力是通过电极施加在焊件上的压力，也是点焊的重要参数之一，电极压力影响焊接区金属的塑性变形范围。电极压力过大，总电阻和电流密度均减小，焊接区散热增加，因此熔核尺寸下降，严重时会出现未焊透缺陷。电极压力过小，由于焊接区金属的塑性变形范围及变形程度不足，会使熔核形状和尺寸发生变化，而且会产生严重喷溅。

4）电极端面尺寸。电极端面尺寸增大时，由于接触面积增大、电流密度减小、散热效果增强，使焊接区加热程度减弱，使熔核尺寸减小，焊点承受能力降低。点焊电极由4部分组成：端部、主体、尾部、冷却水孔。标准电极有5种形式，如图8—5所示。

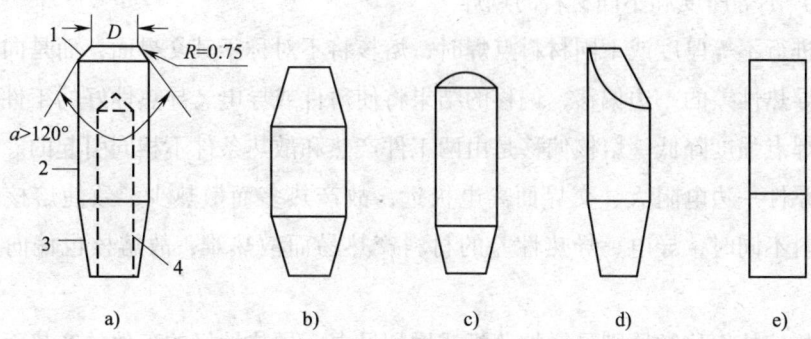

图8—5 点焊电极的标准形状
a）锥台形电极 b）夹头电极 c）球面形电极 d）偏心电极 e）平面电极
1—端部 2—主体 3—尾部 4—冷却水孔

对于常用的圆锥形电极，其电极体越大，电极头的圆锥角 α 越大，则散热越好，若 α 过小，则散热条件差，电极表面温度高，更易变形磨损，为了提高点焊质量的稳定性，要求焊接过程电极工作面直径 D 变化尽可能小，为此 α 角一般在 $90°\sim140°$ 选取。

（4）点焊时的分流

焊接时不通过焊接区而流经焊件其他部分的电流为分流。同一焊件上已焊的焊点对正在焊的焊点就能构成分流，如图8—6所示；焊接区外焊接件的接触点也能引起分流。影响分流的因素有焊点距、焊接顺序、焊件表面状况、装配质量等。

消除和减少分流的措施有：

1）选择合理的焊点距。在进行点焊接头设计时，应在保证强度的前提下尽量加大焊点的间距。

2）严格清理被焊件表面。表面上的氧化膜、油垢等杂质使焊接区总电阻增大，使分流增大。

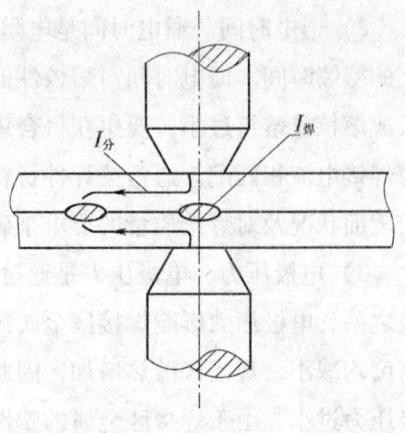

图8—6　点焊时的分流

3）提高装配质量。待焊处装配间隙大，其电阻增加，使分流增大，因此，结构刚性较大或多层板组装时，应提高装配质量。

4）连续点焊时，适当增大焊接电流，以补偿分流的影响，例如，对于不锈钢和耐热合金连续点焊时电流要增大5%～10%。

（5）不等厚度和不同材料的点焊

当进行不等厚度或不同材料点焊时，熔核将不对称于其交界面，而是向厚板或导电、导热性差的一边偏移，偏移的结果将使薄件或导电、导热性好的工件焊透率减小，焊点强度降低。熔核偏移是由两工件产热和散热条件不相同引起的。厚度不等时，厚件一边电阻大、交界面离电极远，故产热多而散热少，致使熔核偏向厚件；材料不同时，导电、导热性差的材料产热易而散热难，故熔核也偏向这种材料。

调整熔核偏移的原则是增加薄板或增加导电、导热性好的工件的产热而减少其散热，常用的方法有：

1）采用硬规范。所谓硬规范是指焊接时采用大焊接电流、小焊接时间参数。使工件间接触电阻产热的影响增大，电极散热的影响降低。电容储能焊机采用大电流和短的通电时间就能焊接厚度比很大的工件。

2）采用不同接触表面直径的电极。在薄件或导电、导热性好的工件一侧采用较小直径的电极，以增加这一侧的电流密度，并减少电极散热的影响。

3）采用不同的电极材料。在薄板或导电、导热性好的工件一侧采用导热性较差的铜合金，以减少这一侧的热损失。

4）采用工艺垫片。在薄件或导电、导热性好的工件一侧垫一块由导热性较差的金属制成的垫片（厚度为0.2～0.3 mm），以减少这一侧的散热。例如，不锈钢箔片可做铜、铝合金的点焊工艺垫片；低碳钢箔片可做黄铜的点焊工艺垫片。

2. 闪光对焊工艺

（1）闪光对焊的焊前准备

闪光对焊的焊前准备包括对接端面的加工和表面清理。清理方法与点焊基本相同，可以用机械法和化学法。机械法有砂布、砂轮、钢丝刷等；化学法主要采用各种洗涤剂、腐蚀剂和浸洗。

闪光对焊时，两工件的截面几何形状和轮廓尺寸应基本相同。对于圆柱体焊件，两对接焊件的直径差不超过15%，对于方形截面的焊件或管件，截面积差不超过10%。对于大截面的焊件，最好将其中一个焊件的端部倒角。棒材、管件和板材推荐的倒角尺寸一般为5°~10°。

焊件的端面加工可以采用冲剪、机械加工和热切割。热切割端面时，若不做机械加工应将氧化皮清理干净。闪光对焊时，因端部金属在闪光过程中被烧掉，故对端面的清理要求不像电阻对焊要求那样高，但是与夹钳的接触表面同样应清理干净，以保证良好的导电。

（2）闪光对焊的焊接过程

闪光对焊可以分为连续闪光对焊和预热闪光对焊。连续闪光对焊焊接工艺过程由闪光、顶锻两个过程组成。预热闪光对焊只是在闪光阶段前增加了预热阶段。

1）闪光阶段。闪光是在闪光对焊时，从焊件对口间飞散出闪亮的金属微滴现象。它是由于接通电源后，两焊件端面轻微接触，由于焊件表面不平，接触点少，使局部接触点通过的电流密度很大，接触点金属迅速熔化、气化、爆破，呈高温颗粒飞溅出火花，造成闪光现象。

闪光的主要作用就是加热焊件，清除焊件端面不平、脏物和氧化物。

2）顶锻阶段。当闪光阶段结束时，对焊件施加顶锻压力，使烧化的焊接端面紧密接触，过梁停止爆破，就进入了顶锻阶段。

顶锻的主要作用就是清除端面上的液体金属层，封闭焊件对口间隙；排除过热金属和氧化物杂质，使洁净金属紧密结合，形成共同晶粒，获得牢固的接头。

预热闪光对焊是在闪光阶段之前以断续的电流脉冲加热焊件到一定的温度后，再进入闪光和顶锻阶段。

（3）闪光对焊的焊接参数

闪光对焊的主要焊接参数有伸出长度、闪光留量、闪光电流、闪光速度、顶锻留量、顶锻速度、顶锻压力、夹钳的夹持力、预热温度和预热时间（属预热闪光对焊）。其各留量和伸出长度如图8—7所示。

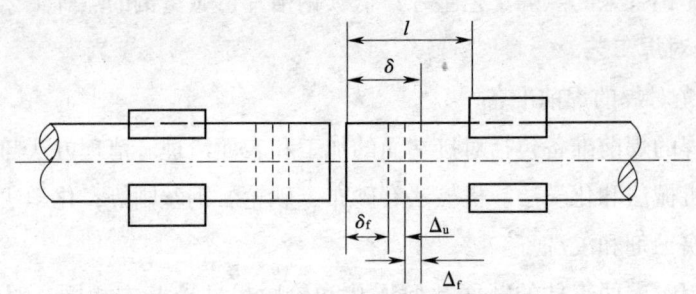

图 8—7 连续闪光对焊各留量和伸出长度示意图
l—伸出长度 δ—总留量 δ_f—闪光留量 Δ_u—有电流顶锻留量 Δ_f—无电流顶锻留量

1) 伸出长度。伸出长度是指焊件从静夹具或活动夹具中伸出的长度。可根据焊件的断面和材料性质来选择，一般棒材和厚壁管材为 $0.7 \sim 1.0 D$（D 为直径或边长）。板材为 $4 \sim 5t$（t 为板材的厚度，一般为 $1 \sim 4$ mm）。

2) 闪光留量。考虑焊件因闪光而减短的预留长度，又称为烧化留量。闪光留量过小，会影响焊接质量，过大会浪费金属材料。应根据材料的性质、焊件的断面尺寸和是否采取预热等因素选择。通常闪光留量约占总留量的 70%～80%，预热闪光焊时可以减小到总留量的 1/3～1/2。

3) 闪光电流。闪光对焊时，闪光阶段通过焊件的电流称闪光电流，对焊件加热有重大影响。它与焊接方法、材料的性质和焊件的断面尺寸等有关，通常在较宽的范围内变化。

4) 闪光速度。在稳定闪光的条件下，焊件的瞬时接近速度，即动夹具的瞬时进给速度。闪光速度过大会使加热区过窄，增加塑性变形的困难。闪光速度应根据被焊材料的成分和性能，是否有预热等情况来考虑，导电、导热性好的材料闪光速度应较大。

5) 顶锻压力。它是顶锻阶段施加给焊件端面上的力，常以顶锻压强来表示。顶锻压强的大小应保证能挤出接口内的液态金属，并在接头处产生一定的塑性变形。顶锻压力过小，则变形不足，接头强度下降；顶锻压力过大，则变形量过大，会降低接头冲击韧度。顶锻压力的选择与顶锻留量、顶锻速度、材料的性质等因素有关。

6) 顶锻留量。闪光对焊时，考虑两焊件因顶锻缩短而预留的长度称为顶锻留量。顶锻留量影响液体金属、氧化物的排出及塑性变形程度。顶锻留量过小时，液态金属残留在接口中，易形成疏松、缩孔、裂纹等缺陷；顶锻留量过大时，也会因晶纹弯曲严重，降低接头的冲击韧度。顶锻留量根据工件断面积选取，应随着焊件断面积的增加而增大。

7）顶锻速度。闪光对焊时，顶锻阶段动夹具的移动速度称为顶锻速度。通常顶锻速度略大些对焊接质量有利。足够高的顶锻速度能迅速封闭对口断面的间隙、减少金属氧化，在高温状态下可以容易排除金属和氧化物夹杂，使纯净的端面金属紧密结合。顶锻速度取决于焊件材料的性质。

8）夹具夹持力。它是防止焊件在夹钳电极中打滑而施加的力。它与顶锻压力和焊件与夹具间的摩擦力有关。

9）预热温度。预热温度的选择与材料的性质、焊件的断面尺寸等因素有关。预热温度过高会使接头韧性、塑性降低，太低会使闪光困难、加热区变窄而不利于顶锻塑性变形。低碳钢的预热温度约为 800~900℃，对焊接断面积为 100~200 cm² 厚壁管时，预热温度可适当提高到 1 100~1 200℃。

10）预热时间。它与材料的性质、焊机的功率、焊件的断面尺寸等因素有关。

3. 缝焊工艺

（1）缝焊接头的设计

缝焊的接头形式与点焊相似，如图 8—8 所示，最适用的有平板搭接、卷边搭接、平板—卷边搭接。设计搭接接头应注意要充分考虑焊接的可达性，使滚轮能达到焊接部位；要留出适当的搭接量，除保证所需的焊缝宽度外，还需留出适当的边距，以防止电极压力挤坏母材边缘，影响焊缝质量。

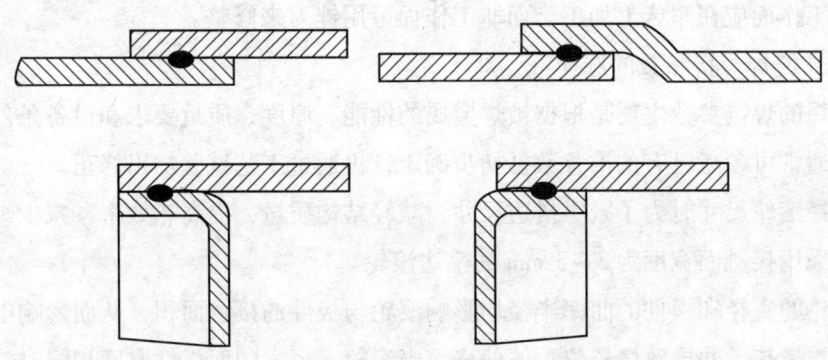

图 8—8　缝焊接头形式

（2）缝焊的焊接参数

1）焊接电流。缝焊形成熔核所需的热量来源是利用电流通过焊接区电阻产生的热量。在其他条件给定的情况下，焊接电流决定了熔核的焊透率和重叠量。随着焊接电流的增加，焊透率和重叠量增加，但是电流过大会引起焊穿等缺陷。考虑缝焊时的分流现象，焊接电流应比点焊的焊接电流增加15%～40%。在焊接低碳钢时，熔核平均焊透率为钢板厚度的30%～70%，以40%～50%为最佳。为了获得气密焊缝，熔核重叠量应不小于15%～20%。

2) 焊接通电时间和休止时间。焊接的通电时间控制熔核的尺寸，通过休止时间控制熔核的重叠量，因此，二者应适当地配合。较低焊速缝焊时通电时间和休止时间之比为1.25:1～2:1，可获得满意结果；当焊接速度增加时，焊点间距增加，此时要获得重叠量相同的焊缝，就必须增大此比例。为此，在较高焊接速度时，焊接时间与休止时间之比应为3:1或更高。

3) 电极压力。电极压力对熔核尺寸的影响与点焊相同。电极压力过大，压痕过深，会加速滚轮的变形和磨损。当电极压力不足时则会产生缩孔和烧毁滚轮而缩短其使用寿命。

4) 焊接速度。焊接速度的快慢决定了滚轮与焊件的接触时间，从而影响接头的加热和散热。焊接速度增加，为了获得足够的热量从而获得较高的焊接质量，必须增加焊接电流，过快的焊接速度会引起焊件表面烧损和电极黏附。焊接速度应根据焊件的性质、厚度、焊缝强度和致密性的要求来选择。

5) 缝焊电极（滚轮）。滚轮电极端面是缝焊时与焊件相接触的部分。应根据焊件金属的不同选择不同的电极材料。滚轮工作面分为球面和平面两种，滚轮直径的大小，应根据焊件的结构形式来选择，一般在300 mm以内，工作面宽度一般为3～6 mm，应尽可能选较大直径的滚轮以便提高散热效果和降低磨损。修整滚轮时，其工作面应在车床上加工，而非工作面可用锉刀来修整。

(3) 缝焊焊接参数的选择

缝焊的焊接参数主要是根据被焊金属的性能、厚度、质量要求和设备条件来选择的。通常可参考已有的推荐数据初步确定，再通过工艺试验加以修正。

选择滚轮尺寸时为了减小搭边尺寸，减轻结构质量，提高热效率，减少焊机功率，多采用接触面宽度为3～5 mm的窄边滚轮。

滚轮的直径和板件的曲率半径均影响滚轮与板件的接触面积，从而影响电流场的分布与散热，并导致熔核位置的偏移。当滚轮直径不同而板件厚度相同时，熔核将偏向小直径滚轮的一边。当滚轮直径和板件厚度均相同而板件呈弯曲形状时，则熔核偏向板件凸向电极的一边，如图8—9所示。

不同厚度或不同材料缝焊时，熔核偏移的方向和纠正熔核偏移的方法也类似于点焊。可采用不同的滚轮直径和宽度、不同的滚轮材料，以及在滚轮与板件间加垫片等。

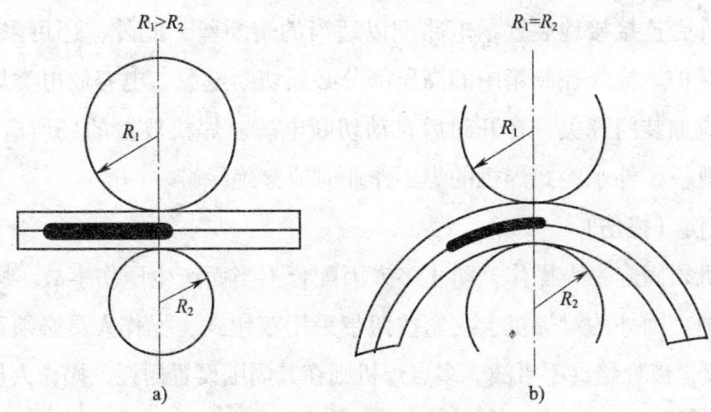

图 8—9　熔核偏移示意图
a）滚轮直径不同的影响　b）板件弯曲的影响

不同厚度板件缝焊时，由于经过已焊好的焊缝区有显著的分流，可以减小熔核向厚件的偏移，但在厚度差较大时，薄件的焊透率仍然是不足的，必须采用上述纠正熔核偏移的措施。例如，在薄件一边采用导电性较低的铜合金做滚轮，并将其宽度和直径也做得小一些，以减少这一侧的散热。

学习单元 2　电阻焊安全操作规程及安全检查

学习目标

➢ 熟悉电阻焊的安全操作规程及电阻焊设备的安全检查

 知识要求

一、电阻焊的安全操作规程

电阻焊的安全操作规程主要有预防触电、压伤（撞伤）、灼伤和空气污染等。除了在技术措施方面做必要的安全考虑外，操作人员也须了解安全常识，应事先对其进行必要的安全教育。

1. 防触电

电阻焊机二次电压甚低，不会产生触电危险。但一次电压为高压，尤其是采用电容放电的一类，电压可高于千伏。晶闸管一般均带水冷，水柱带电，一般的保护

技术是焊机外壳连接接地装置，电路配以适当的熔断丝，此外，还可采用过电流、过电压继电保护。检修控制箱中的高压部分必须切断电源。电容放电类焊机如采用高压电容，应加装门开关，在开门后自动切断电源。焊机放置的场所应保持干燥，地面应铺防滑板，外水冷式焊机的焊工作业时应穿绝缘鞋。

2. 防压伤（撞伤）

电阻焊机须固定一人操作，防止多人因配合不当而产生压伤事故。脚踏开关必须有安全防护。国外的对焊机上夹紧按钮带采用双钮式，操作人员必须双手同时各按一钮才夹紧，以杜绝夹手事故。多点焊机则在其周围设置栅栏，操作人员在上料后必须退出，离设备一定距离或关上门后才能启动焊机，确保运动部件不致撞伤人员。

3. 防灼伤

电阻焊工作时常有喷溅产生，尤其是闪光对焊时，火花如礼花持续数秒至十多秒。因此，操作人员应穿防护服、戴防护镜，防止灼伤。在闪光产生区周围宜用黄铜防护罩罩住，以减少火花外溅。闪光时火花可飞高 9~10 m，故周围及上方均应无易燃物。

4. 防空气污染

电阻焊焊接镀层板时，产生有毒的锌、铅烟尘，闪光对焊时有大量金属蒸气产生，修磨电极时有金属尘，其中镉铜和铍钴铜电极中的镉与铍均有很大毒性，因此，必须采用一定的通风措施。

二、电阻焊设备的安全检查

1. 检查电路各部分的接触和绝缘情况，保持焊机清洁，尤其是电器部分要保持清洁、干燥。

2. 机械部位应定期加润滑油，缝焊机还应在旋转导电部分定期加特制的润滑油。检查活动部位的间隙；观察电极及电极握杆之间的配合是否正常，有无漏水；电磁气阀的工作是否可靠，水路和气路管道是否堵塞；电器接触处是否松动，控制设备中各个旋钮是否打滑，元件是否脱焊或损坏。

3. 检查压力。对一般气动焊机来说，压力是由气缸产生的，因此，接入气缸的压缩空气的压强与气缸压力是成正比的，可以建立电极压力与压缩空气的压强的关系曲线，定期检测电极压力，并与之对照。

（1）可以用专用的机械式测力计测定。

（2）使用电阻应变片及相应的仪表组成的测力计直接测定。

（3）采用 U 形弹簧钢制成的测力计，根据已知变形量与压力的关系曲线，从百分表读数可知压力值。

第2节 低碳钢薄板的电阻点焊

学习单元1　低碳钢薄板的电阻点焊

学习目标

➤ 能采用电阻点焊进行低碳钢薄板的焊接

技能要求

一、操作准备

1. 试件材质、尺寸及数量

（1）试件材质：20钢。

（2）试件尺寸及数量：150 mm×60 mm×1.2 mm，两块。

2. 点焊设备

采用 DN—25 型直压式点焊机，主要用于低碳钢的点焊，适用于 0.5～5 mm 钢板点焊。

3. 焊接参数（见表8—4）

表8—4　　　　　　　　焊接参数

最小搭接量(mm)	电极头端面直径(mm)	电极压力(kN)	焊接时间(s)	焊接电流(kA)	最小点距(mm)
14	6.4	2.7	0.2	9.8	20

二、操作步骤

1. 试件打磨及清理

用细砂布清理低碳钢薄板表面的氧化皮、铁锈、污垢等杂质。

2. 试件组对

采用搭接接头，最小搭接量为14 mm。

3. 焊接

保证接线正确，安全接地，仔细清理电极表面，修准电极角度，并将设备调至点焊状态。按表8—4调节焊接参数，把焊件放在电极之间，并踏下脚踏开关的踏板，使焊件压紧，然后把焊接电源开关放在"通"的位置，再踏下脚踏开关进行焊接。

4. 焊后清理

将焊点周围的飞溅用砂布或钢丝刷清理干净。

三、注意事项

1. 作业前，应清除上、下两电极的油污。通电后，机体外壳应无漏电。
2. 点焊时，禁止手伸入上、下电极之间，防止压伤。
3. 焊机通电后，应检查电气设备、操作机构、冷却系统、气路系统及机体外壳有无漏电现象。电极触点应保持光洁。有漏电时，应立即更换。
4. 作业时，气路、水冷系统应畅通。气体应保持干燥。排水温度不得超过40℃，排水量可根据气温调节。
5. 严禁在引燃电路中加大熔断器。当负载过小使引燃管内电弧不能发生时，不得闭合控制箱的引燃电路。
6. 焊接操作及配合人员必须按规定穿戴劳动防护用品，工作完毕后，切断电源、水源，清理场地。

 学习单元2　质量检查

 学习目标

➤ 能进行低碳钢薄板电阻点焊焊缝的外观检查

 知识要求

一、影响电阻点焊熔核偏移的因素

熔核偏移的根本原因是在焊接区加热过程中两焊件产热和散热均不相等所致，偏移方向向着产热多、散热缓慢的一方移动。

影响电阻点焊熔核偏移的因素有：

1. 试件的厚度不同

不同厚度点焊时，厚件电阻大、产热多，而产热中心由于远离电极而散热缓慢，薄件正好相反，造成熔核向厚板偏移。

2. 材质不同

导电性差的工件电阻大、产热多，由于该材料导热性差而散热缓慢，导电性好的材料正好相反，造成熔核向导电性差的工件偏移。

二、低碳钢薄板电阻点焊焊缝的外观检查

用 10 倍放大镜和测量工具对电阻点焊进行 100% 的焊缝外观检查。

1. 检查装配尺寸，焊点的位置及尺寸是否符合规定要求。
2. 焊点间板件是否起皱或鼓起。
3. 检查焊点表面压痕是否过深、表面过热或焊点表面粘损。焊点压痕深度一般为 $\Delta = (0.1 \sim 0.15) t$，式中 t 为钢板的厚度（单位为 mm）。
4. 检查焊点表面是否有裂纹、烧伤、烧穿等焊点质量问题。

第 3 节　光圆钢筋或带筋钢筋的闪光对焊

学习单元 1　光圆钢筋或带筋钢筋的闪光对焊

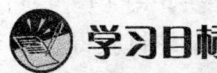 学习目标

➤ 能采用闪光对焊进行光圆钢筋或带筋钢筋的焊接

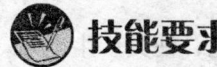 技能要求

一、操作准备

1. 试件材质、尺寸及数量

试件材质：光圆钢筋，级别为一级。

试件尺寸及数量：$\phi 15$ mm、$L=20$ cm，两根。

2. 闪光对焊设备

采用闪光对焊机 UN—160，主要用于棒材的闪光对焊。

3. 焊接参数（见表8—5）

表8—5　　　　　　　　　　焊接参数

顶锻压力 （MPa）	调伸长度 （mm）	闪光留量 （mm）	顶锻留量 （mm）	焊后电极间距 （mm）	闪光时间 （s）
65	25.5	7.5	3.0	15.0	6.0

二、操作步骤

1. 试件打磨及清理

钢筋端头如起弯或成"马蹄"形则不得焊接，必须煨直或切除。两钢筋的端面形状和尺寸应相同，直径之差不应大于15%，接头设计为等截面的对接接头。钢筋端头120 mm范围内的铁锈、油污，必须清除干净。

2. 试件组对

将两钢筋安置在闪光对焊机的焊接夹钳上，调伸长度为25.5 mm，不组对时两钢筋不在同一轴线上。调整钳口，使钳口两中心线对准，将两钢筋放于下钳口定位槽内，观看两钢筋是否对应整齐。如能对齐，焊机即可使用；如对不齐，应调整夹钳。调整时先松开紧固螺钉，再调整调节螺杆，并适当移动下钳口，获得最佳位置后，拧紧紧固螺钉。

按焊接工艺的要求，调整钳口的距离。当操纵杆在最左端时，钳口（电极）距应等于焊件伸出长度与挤压量之差；当操纵杆在最右端时，电极间距相当于两焊件伸出长度，再加2~3 mm（即焊前之原始位置），该距离调整由调节螺钉获得。焊接标尺可帮助调整参数。

3. 焊接

调节焊接参数，手握手柄并将两钢筋接头端面轻微接触并通电，使其产生电阻热，并使钢筋端面的凸出部分互相熔化，并将熔化的金属微粒向外喷射形成火光闪光，再徐徐不断地移动钢筋形成连续闪光，排出接头间的杂质，露出新的金属表面，以适当压力迅速进行顶锻，并断电继续加压，但不能造成接头错位、弯曲。加压使接头处形成焊包，焊包的最大凸起以高于母材2 mm左右为宜。

4. 焊后清理

焊后将接头处的毛刺用砂轮清理干净，接头处的金属飞溅用砂布或钢丝刷清理干净。

三、注意事项

1. 作业前应检查对焊机的压力机构是否灵活，夹具应牢固，确认正常方可施焊。
2. 接触器的接触点、电极应定期光磨，二次电路全部连接螺钉应定期拧紧，冷却水温度不超过 40℃，排水量应符合规定要求。
3. 操作人员必须戴防护眼镜及帽子等，以免弧光刺激眼睛和熔化金属灼伤皮肤。
4. 焊接作业的范围内不得放置易燃、易爆物品，防止因火花飞溅引起火灾。
5. 焊接现场必须配有足够的水源、干砂、灭火工具和灭火器材等，存放的灭火器材应经过检验合格、有效。
6. 焊接完毕后，清理现场，彻底消除火种。

 **学习单元 2　质量检查**

 学习目标

➢ 了解光圆钢筋或带筋钢筋闪光对焊常见的焊接缺陷和消除措施
➢ 能进行光圆钢筋或带筋钢筋闪光对焊焊缝的外观检查

 知识要求

一、光圆钢筋或带筋钢筋闪光对焊常见的焊接缺陷和消除措施

1. 接头中有氧化膜、未焊透或夹渣

消除措施：
（1）加快临近顶锻时的烧化速度；
（2）确保带电顶锻过程；
（3）加快顶锻速度；
（4）增大顶锻压力。

2. 接头中有缩孔

消除措施：

(1) 降低变压器级数；

(2) 避免烧化过程过分强烈；

(3) 适当增大顶锻留量及顶锻压力。

3. 焊缝金属过烧或热影响区过热

消除措施：

(1) 减小预热程度；

(2) 加快烧化速度，缩短焊接时间；

(3) 避免过多带电顶锻。

4. 接头弯折或轴线偏移

消除措施：

(1) 正确调整电极位置；

(2) 修整电极钳口或更换已变形的电极；

(3) 切除或矫直钢筋的弯头。

二、光圆钢筋或带筋钢筋闪光对焊焊缝的外观检查

检验方法有目测或量测。

1. 接头部位不得有横向裂纹。
2. 与电极接触处的钢筋表面，不得有明显烧伤。
3. 接头处的弯折角不大于4°。
4. 接头处的轴线偏移，不大于0.1倍钢筋直径，同时不大于2 mm。

第4节 低碳钢薄板的电阻缝焊

 学习单元1 低碳钢薄板的电阻缝焊

 学习目标

➢ 能采用电阻缝焊进行低碳钢薄板的焊接

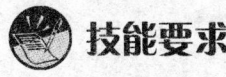技能要求

一、操作准备

1. 试件材质、尺寸及数量

（1）试件材质：20 钢。

（2）试验尺寸及数量：300 mm×150 mm×1.0 mm，两块。

2. 缝焊设备

采用电动式横向缝焊机 FN—25—1。

3. 焊接参数（见表 8—6）

表 8—6　　　　　　　　　　焊接参数

焊接电流 （kA）	焊接压力 （kN）	焊接速度 （m/min）	焊接通电时间 （s）	休止时间 （s）	最小搭边量 （mm）	滚轮工作面宽度 （mm）
10~14	3.5~4.0	0.6~1.0	0.08	0.06	13	6.5

二、操作步骤

1. 试件打磨及清理

焊前用细砂布把薄板上的氧化物、铁锈等杂质清理干净。

2. 试件组对

采用夹具对焊件进行组对，组对间隙为 0.2 mm，然后进行点焊定位，定位间距为 75~150 mm。定位焊点的数量足能保证焊件稳定住。定位焊的焊点直径应不大于焊缝的宽度，压痕深度小于焊件厚度的 10%。

3. 焊接

调节控制器的焊接能量至合适的焊接规范，根据焊接工件的厚度调节控制器的焊接工作时间和间歇时间。将控制器的运行调试开关扳到运行状态，开始进行样件的焊接工作，焊接时踏下脚踏开关，焊机会按照原来设定的焊接参数及时间顺序自动执行整个焊接过程。其工作的顺序为：压紧（气缸控制上焊轮向下动作压紧工件及下焊轮）→焊接（焊轮行走同时加电焊接）→焊接到位（焊够长度松开脚踏开关）→休止（气缸控制上焊轮回位）。

4. 焊后清理

用砂布清理焊缝周围的飞溅、氧化物等杂物。

三、注意事项

1. 操作时一定要穿戴工作服、工作手套、工作鞋、防护眼镜。
2. 操作前必须进行设备点检，确认设备完好才能开机工作。
3. 焊机通电后，应检查电气设备、操作机构、冷却系统、气路系统及机体外壳有无漏电现象。电极应保持光洁，有漏电时，应立即更换。
4. 焊机在通水后方能施焊。焊机各活动部分及减速箱应经常保持润滑，焊件应在清理后施焊，以免损坏电极焊轮。
5. 缝焊作业时，焊工必须注意电极的转动方向，防止滚轮切伤手指。

学习单元2　质量检查

学习目标

➤ 能进行低碳钢薄板的电阻缝焊焊缝的外观检查

知识要求

一、影响缝焊质量的因素

影响缝焊质量的因素有焊接电流、焊接时间、电极压力、滚轮工作面宽度、焊接速度和休止时间以及所焊接材料的性能等。

二、电阻缝焊焊缝的外观检查

1. 焊缝重叠量不够，焊缝未焊透或熔核尺寸是否符合要求。
2. 焊缝表面压痕形状及波纹度是否均匀。
3. 焊缝表面是否有裂纹。
4. 焊缝表面是否发黑，包覆层是否破坏。
5. 焊缝表面是否有局部烧穿、溢出或表面喷溅。

第5节 低碳钢电弧螺柱焊

学习单元1 电弧螺柱焊知识

学习目标

➤ 熟悉电弧螺柱焊原理、设备及工艺

知识要求

一、电弧螺柱焊原理

电弧螺柱焊是指在待焊螺柱与工件间引燃电弧,当螺柱与工件被加热到合适温度时,在外力作用下,螺柱送入工件上的焊接熔池形成焊接接头。根据焊接过程中所用焊接电源的不同,传统电弧螺柱焊可以分为普通电弧螺柱焊和电容储能电弧螺柱焊两种基本方法。

螺柱焊接方法起源于1918年,由于这种焊接技术具有快速、可靠、简化工序、降低成本等一系列优点,现已广泛应用到桥梁、高速公路、房屋建筑、造船、汽车、电站、电控柜等行业,可焊接低碳钢、不锈钢、低合金钢、铜、铝及其合金材质的螺柱、焊钉、销钉、栓钉等。

二、电弧螺柱焊设备、工具

电弧螺柱焊机如图8—10所示,是由焊接电源、时间控制器、焊枪等部分组成。但大多数焊接设备的焊接电源都与时间控制器合并为一体,称为主机。比较先进的控制方式是使用微处理器,以便精确设置和适时控制焊接过程中的焊接电流、焊接时间等参数。

1. 焊枪

电弧螺柱焊枪机械部分由夹持机构、电磁提升机构和弹簧加压机构三部分组成。电弧螺柱焊枪有手持式和固定式两种,其工作原理相同,手持式焊枪应用广泛。固定式焊枪是为某种特定产品设计的,被固定在支架上,在一定工位上完成焊接。

2. 电源

电弧螺柱焊对电源的要求是需直流电源提供以获得稳定电弧;加高的空载电压为 70~100 V,具有陡降的外特性能,在短时间内输出较大的焊接电流并迅速达到设定值。一般焊条电弧焊用的直流电源可以使用,但必须配备一个控制箱,以进行电流的通断、引弧和燃弧时间的控制。由于螺柱焊接电流比电弧焊大得多,对大直径螺柱焊接可以用两台以上弧焊电源并联使用。

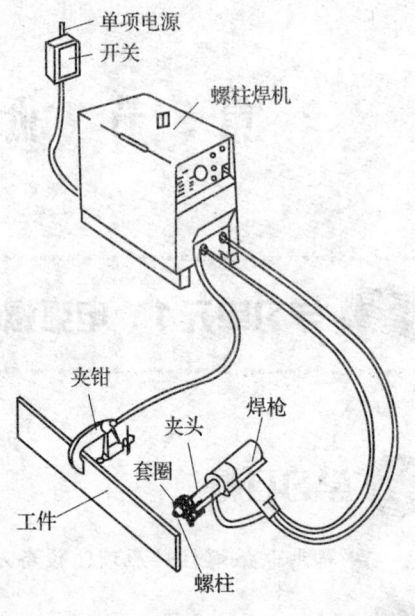

图 8—10 电弧螺柱焊设备、工具

三、电弧螺柱焊工艺

1. 焊接过程

(1) 先将焊接螺柱夹持在焊枪的夹头里并套上套圈,将焊枪置于焊件上。

(2) 施加预压力使焊枪内的弹簧压缩,直到螺柱与保护套圈紧贴焊件表面,如图 8—11a 所示。

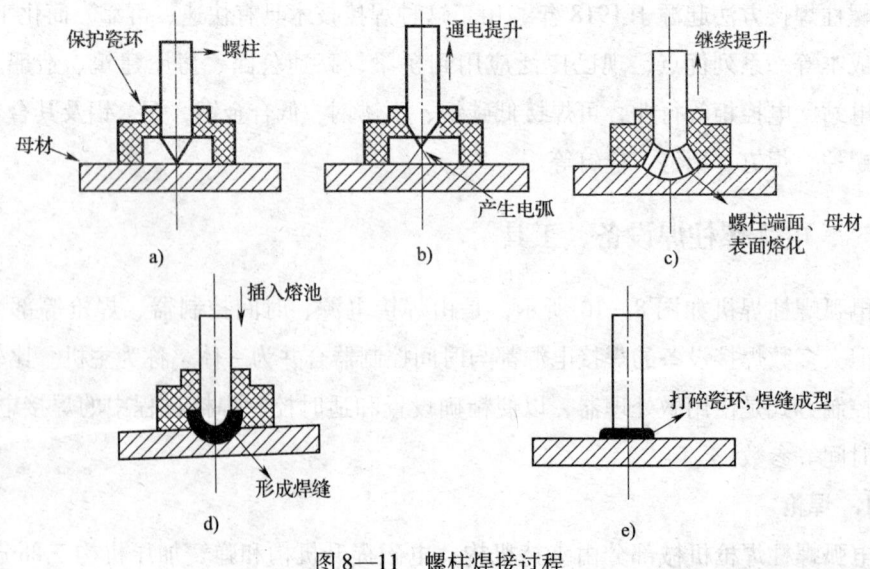

图 8—11 螺柱焊接过程

(3) 按下焊枪上的开关,接通焊接回路,焊枪中的电磁线圈通电,螺柱被自动提升,在螺柱与焊件之间引弧,如图8—11b所示。

(4) 螺柱处于提升位置,电弧扩展到整个螺柱端面,并使端面少量熔化,电弧热同时使螺柱下方的焊件表面熔化并形成熔池,如图8—11c所示。

(5) 电弧按预定时间熄灭,电磁线圈断电,靠弹簧压力将螺柱熔化端压入熔池,焊接回路断开,如图8—11d所示。

(6) 稍停后,将焊枪从焊好的螺柱上抽起,打碎并除去保护套圈,如图8—11e所示。

2. 保护瓷环

电弧螺柱焊的焊接加热过程是稳定的电弧燃烧过程,像有保护的普通电弧焊一样,为了防止熔池受到空气的侵犯,使用了陶瓷环的机械保护法,陶瓷环也叫做保护套圈,其作用是除了防止空气侵入焊接区之外,还可以将电弧集中于焊接区。将熔池熔化金属挤出到瓷环的焊缝成型穴中,由瓷环控制焊脚形状,凝固后成为接头的一部分,所以接头是由塑性连接及熔化连接两种连接方式共同完成的焊接过程。瓷环保护圈是一次性消耗材料,焊后自然破碎清除即可。

瓷环为圆柱形,底面与母材待焊表面相配并做出锯齿形,如图8—12所示,以便焊接区排出气体,其内部形状和尺寸应能容纳因挤出熔化金属而在螺柱底端形成角焊缝。

图8—12 保护瓷环

3. 螺柱尺寸

(1) 螺柱长度必须大于20 mm才能施焊。螺柱长度应由夹持长度、瓷环高度及焊接留量三部分组成。焊接时套入螺柱的瓷环高度一般在10 mm左右,焊接留量大约在3~5 mm,夹持长度约为5~6 mm。焊接留量是指由于焊接熔化、插入熔池及加压时塑性变形共同缩短的量。

(2) 螺柱的直径一般大于 6 mm，小于 30 mm，否则焊接难度增大甚至难以采用电弧螺柱焊接方法。

(3) 螺柱待焊底端多为锥形，也有圆形、方形或矩形，矩形螺柱端的宽厚比不大于 5。

4. 焊接参数

电弧螺柱焊的焊接参数有焊接电流和电压、焊接时间、提升高度、伸出长度、插入速度等。

(1) 焊接电流和电压

焊接电压与焊接电流的关系是由焊接电源的静外特性决定的。焊接电流主要根据螺柱的直径进行调节，大约为 300～3 000 A。对于非合金钢，在已知螺柱直径 d 时，可以用下式估算焊接电流：

$$I(A) = 80 \times d (mm) \quad d \leq 16\ mm \quad (8—1)$$

$$I(A) = 90 \times d (mm) \quad d > 16\ mm \quad (8—2)$$

对于合金钢，其焊接电流大约比上式计算值少 10%。

电弧电压主要取决于螺柱焊枪提升高度和焊接电流，其值一般为 20～40 V。焊接时，工件表面上的油或油脂会增加弧压，而惰性气体则会降低电弧电压。

(2) 焊接时间

对于平焊（工件焊接平面平行于地平面），其焊接时间可用下式进行估算：

$$t_w(s) = 0.02 \times d (mm) \quad d \leq 12\ mm \quad (8—3)$$

$$t_w(s) = 0.04 \times d (mm) \quad d > 12\ mm \quad (8—4)$$

对于横焊（工件焊接平面垂直于地平面），其焊接时间应该减小。短周期焊接时间小于 100 ms，这不仅依赖于螺柱直径，而且还与电流强度有关。

(3) 提升高度

焊柱的提升高度正比于螺柱的直径，大约为 1.5～7 mm。提升高度主要是为了防止熔滴过渡时造成短路而影响电弧的稳定性及焊缝质量。维持电弧的稳定，为焊接提供足够的能量至关重要。

(4) 伸出长度

螺柱的伸出长度实际上是螺柱的熔化长度。此值若设计得过长，在螺柱提升后螺柱端面与工件之间的距离过短，使之无法形成稳定的电弧，造成大量的金属飞溅并出现夹渣缺陷；反之若螺柱伸出长度过短，金属熔化量不足，其焊缝成型肯定不良。

螺柱的伸出长度正比于螺柱的直径，一般为 1～8 mm。当使用瓷环对熔池进行保护时，也与要求的焊缝四周焊脚的形状有关。当要求周边的焊脚高而宽时，螺柱的伸出长度应该增加,反之则可以减小。

(5) 插入速度

螺柱插入熔池是采用挤压的方式,在焊缝成型前的瞬间将熔化的有害物质挤出焊缝,以便形成良好的焊接接头。但插入速度又不可太快,以防止形成大量的喷溅。螺柱的插入速度,当螺柱的直径 $d \leqslant 14$ mm 时,大约为 200 mm/s;当 $d > 14$ mm 时,为 100 mm/s。焊枪一般都带有可调节的阻尼装置,以满足上述要求。螺柱焊接时,金属的熔化量正比于伸出长度和螺柱的直径,因此,大直径螺柱焊接时,因金属熔化量多,应该调低螺柱的插入速度,以减少喷溅。

焊接电流、焊接时间、提升高度和伸出长度是电弧螺柱焊的 4 个主要焊接参数,应根据螺柱的直径、工件的材质进行设定。对于同一螺柱直径的焊接,使用不同厂家制造的焊接设备,其焊接参数也不尽相同,因此,应进行多次试焊,并对焊缝的外观和成型、螺柱焊后高度和力学性能(拉伸、锤击、弯曲、扭力等)进行比较。

学习单元 2 电弧螺柱焊安全操作规程及设备、工具的安全检查

学习目标

➢ 熟悉电弧螺柱焊安全操作规程及设备、工具的安全检查

知识要求

一、电弧螺柱焊安全操作规程

1. 操作人员穿好工作鞋。焊接操作时要戴好防护眼镜和电焊手套等防护用品。
2. 焊后清渣时,戴上面罩,注意敲渣方向,以免焊渣烫伤面部。
3. 不准在焊接场地堆放易燃、易爆物品,防止发生火灾。
4. 当电弧螺柱焊机发生故障时,立即切断电源,通知有关技术人员排除故障。
5. 工作完毕后,切断电源、水源,清理场地,彻底消除火种。
6. 焊接现场必须配备灭火工具和灭火器材,存放的灭火器材应经过检验合格、有效。

二、电弧螺柱焊设备、工具的安全检查

1. 焊接前,应先检查焊机设备和焊枪是否安全,如焊机接地及各接线点接触是否良好,焊接电缆绝缘外套有无破损等。
2. 夹钳、夹头是否牢固。
3. 检查焊机是否受潮,防止机壳漏电。
4. 电源指示灯是否正常,如果指示灯不亮应及时更新。

学习单元 3　低碳钢螺柱焊

学习目标

➤ 能采用螺柱焊进行低碳钢的焊接

技能要求

一、操作准备

1. 试件材质及尺寸

采用 $\phi 12$ mm、$L = 50$ mm 的螺柱,待焊顶端为平顶端面形式,不带引弧结;试件材料为 Q235 钢。试件尺寸为 300 mm × 150 mm × 8 mm。焊接中使用的保护瓷环,其主要成分见表 8—7。

表 8—7　　　　　保护套圈主要成分(体积分数,%)

耐火土	黏土	石墨	铝粉	锰铁粉
58	27	5	5	5

2. 螺柱焊设备

采用 RSN—1450 电弧螺柱焊机。

3. 焊接参数

电弧螺柱焊的焊接参数主要包括能量输入参数(焊接电流、焊接时间)和焊枪行为参数(螺柱提起高度和送进深度)。选用表 8—8 所示的焊接参数进行步进

式电弧螺柱焊。表中所列焊接时间是指螺柱在提起高度的保持时间。

表8—8　　　　　　　　　　　焊接参数

焊接电流（A）	焊接电压（V）	焊接时间（s）	提升高度（mm）	插入速度（mm/s）
960	30	0.24	4	200

二、操作步骤

1. 试件打磨及清理

焊前对低碳钢钢板表面和螺柱端部的氧化皮、铁锈用砂布或钢丝刷打磨干净。

2. 试件组对

在低碳钢试件上用样板划线并打上中心孔，先将焊接螺柱夹持在焊枪的夹头里并套上套圈，将焊枪置于焊件上，并使螺柱尖端放在中心孔标记处，使螺柱定位，施加预压力使焊枪内的弹簧压缩，直到螺柱与保护瓷环紧贴焊件表面。

3. 焊接

（1）将螺柱推入夹头，使其尾部与夹头内的顶杆螺钉（直钉夹头）接触或推到夹头内的阶上（杯形夹头）。

装螺柱时不要按焊接按钮，也不要将焊枪对准身体的任何部位。

（2）装上瓷环。

（3）将螺柱的端部对准工件的焊接位置。压下焊枪，使瓷环和螺柱的端面压平在工件表面，并使螺柱的中心线与工件表面垂直。按下"焊接按钮"，焊机自动完成螺柱提升→引弧→接通焊接电源→关闭焊接电源→将螺柱压入熔池→形成焊接接头的螺柱焊过程。

（4）稳定几秒钟后再将焊枪从已焊好的螺柱上拔出。至此，一个接头的焊接过程结束。

4. 焊后清理

将保护瓷环敲碎，露出圆形的角焊缝，用钢丝刷清理掉焊缝附近的焊渣等。

三、注意事项

1. 焊接时，严禁用手触摸焊枪的芯轴及安装在芯轴上的裸露金属件，以防触电。
2. 施焊人员必须穿戴好劳保、手套和防护镜。
3. 施焊过程中不能移动和摇晃焊枪，保持焊枪和工件表面垂直。
4. 焊后不能立即拔枪，以防拔出螺柱造成脱焊。

学习单元4　质量检查

 学习目标

➤ 能进行低碳钢螺柱焊焊缝的外观检查

 知识要求

低碳钢螺柱焊焊缝的外观检查是用目测的方法检查螺柱底端周围的焊缝应连续、均匀，无咬边、裂纹等可见缺陷。低碳钢螺柱焊的焊缝质量主要包括：

1. 烧穿工件或焊后工件背面凸起

焊接时，当输入热量过大，易产生较大的金属飞溅，造成焊缝咬边、夹渣，甚至出现裂纹及焊后螺柱长度太短等缺陷。解决的办法：

（1）减小焊接电流。

（2）减少焊接时间。

2. 焊接不牢固

当输入热量不足时，易造成焊缝表面粗糙，缺乏光泽，同时易产生熔合不良、熔深不够以及气孔和焊后螺柱长度超标等缺陷。解决的办法：

（1）增大焊接电流。

（2）增加焊接时间。

（3）增加螺柱的伸出长度，或增大焊枪弹簧的压力。

（4）螺柱伸出长度过短，易造成金属熔化量不够，从而导致焊缝成型不良。若焊枪的弹簧压力不足，应调节焊枪芯轴上的调节螺母增加压力。

调节弹簧的压力可改变螺柱插入熔池的速度，影响焊接飞溅的多少。速度快，飞溅多；速度慢，飞溅少。

（5）提升高度过大或过小或因伸出长度过长而提不到应有高度，这些都影响电弧燃烧的稳定性和焊接质量。

（6）未夹紧螺柱（栓钉）。夹头太松或螺柱（栓钉）没按规定尺寸加工。

3. 螺柱未插入焊件

增大焊枪弹簧的压力。

4. 螺柱焊后不垂直于焊件表面

（1）未夹紧螺柱。夹头太松，焊接时螺柱没有与工件表面垂直。

（2）焊工在施焊时，焊枪和工件表面没有保持垂直。

第9章 压力焊

第1节 低碳钢板的扩散焊

 **学习单元1 扩散焊知识**

 学习目标

- ➤ 掌握扩散焊的原理
- ➤ 了解扩散焊设备
- ➤ 掌握扩散焊工艺知识

 知识要求

一、扩散焊原理

1. 定义与特点

（1）定义

扩散焊是将工件在高温下加压，但不产生可见变形和相对移动的固态焊接方法。即将两被焊工件紧压在一起，置于真空或保护气氛中加热，使两焊接表面微观凸凹不平处产生塑性变形达到紧密接触，再经保温、原子相互扩散而形成牢固的冶金连接的一种焊接方法。通常根据焊接过程中是否出现液相将扩散焊分为固态扩散焊和瞬间液相扩散焊。

由定义可知，扩散焊过程是在温度和压力的同时作用下完成的。母材不发生熔化和宏观塑性变形。温度和压力的作用是使焊接表面微观凸起处产生塑性变形而增大紧密接触的面积；激活原子促进相互扩散。

(2) 特点

1) 接头质量好。扩散焊接头的显微组织和性能与母材接头接近或相同。扩散焊主要焊接参数易于控制，批量生产时接头质量较稳定。

2) 工件变形小。因扩散焊时所加压力较低，宏观塑性变形小，工件多数是整体加热，随炉冷却，故变形小，焊后一般不需要进行机加工。

3) 可一次焊接多个接头。扩散焊可作为部件的最后组装连接工艺。

4) 可焊接大断面接头。在大断面接头焊接时所需设备的吨位不高，易于实现。采用气体压力加压扩散焊时，很容易对两板材实施叠合扩散焊。

5) 可焊接其他焊接方法难以焊接的材料。对于塑性差或熔点高的同种材料，相互不熔解或在熔焊时会产生脆性金属间化合物的异种材料，厚度相差很大的工件和结构很复杂的工件，扩散焊是一种优先选择的方法。

但是，由于扩散焊要求焊接表面十分平整、光洁，并能均匀加热，再加上焊接热循环时间长，生产效率低，设备一次性投资大，因而，适用范围受到一定限制。

2. 扩散焊原理

在金属不熔化的情况下，要形成焊接接头就必须使两待焊表面紧密接触，使之距离达到 $(1\sim5)\times10^{-8}$ cm 以内，金属原子之间的引力才开始起作用，即形成金属键，获得一定强度的接头。

实际上，金属表面无论经什么样的精密加工，总难达到以上条件。此外，被连接的表面上还存在着氧化膜、污物及表面吸附层，均会影响接触点上金属原子之间形成金属键。所以，扩散焊时必须采取适当工艺措施，解决上述问题。

(1) 固态扩散焊

一般将纯固态下的扩散焊接过程划分为 3 个阶段，即变形—接触、扩散—界面推移及界面和孔洞消失。

1) 第一阶段：变形—接触阶段。高温下微观不平的表面，在外加应力的作用下，总有一些点首先达到塑性变形，在持续压力的作用下，接触面积逐渐扩大，最后达到 90%~95%，如图 9—1a、b 所示。剩下的 5% 左右未能达到紧密接触面积逐渐演变成界面孔洞，其中大部分在第二、第三阶段靠原子扩散而逐渐消失。

2）第二阶段：扩散—界面推移阶段。通过接触界面原子间的相互扩散，使扩散层达到一定深度。再通过再结晶和界面推移，从而形成牢固的结合层。这是扩散焊接过程中的主要阶段，如图9—1c所示。这个阶段一般要持续几分钟到几十分钟。对一些要求不特别严格的接头，可以不再进行第三阶段即可使用，从而提高生产效率。

3）第三阶段：界面和孔洞消失阶段。在接触部位形成的结合层逐渐向体积方向发展，扩大牢固连接面，消除界面和孔洞，形成可靠的连接接头，如图9—1d所示。

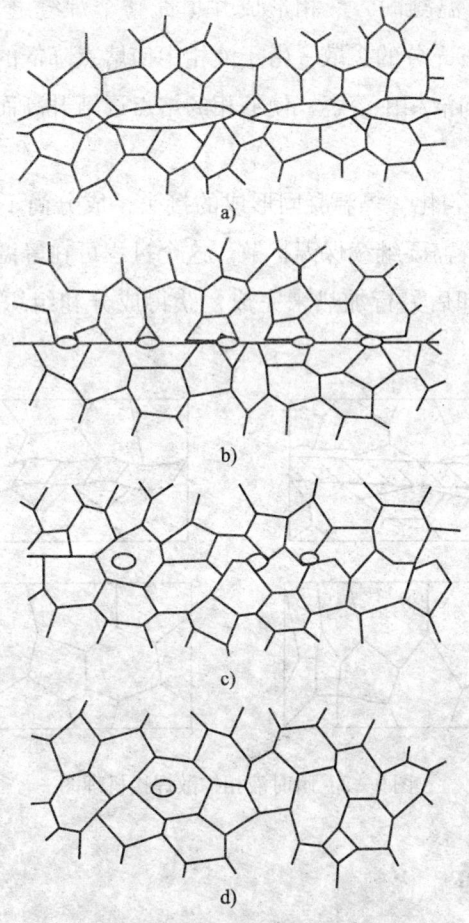

图9—1 固态扩散焊过程示意图

上述三个阶段是扩散焊接过程的主要特征，但实际上这三个阶段并不是截然分开的，三个过程是相互交叉进行的，连接过程中可以生成固溶体及共晶体，有时形成金属间化合物，通过扩散、再结晶等过程形成固态冶金结合，达到可靠连接。

（2）瞬时液相扩散焊接过程

瞬时液相扩散焊是在加中间扩散夹层的基础上，为解决弥散强化的高温合金及纤维强化的复合材料等新型材料的焊接而研制的。其重要特征是夹在两待焊面间的夹层材料经加热后，熔化形成一极薄的液相膜，它润湿并填充整个接头间隙，随后在保温过程中通过液相和固相之间的扩散而逐渐凝固形成接头。其具体过程也分为3个阶段。

1）第一阶段：液相生成。首先将中间层材料夹在焊接表面之间，如图9—2a所示。施加一定的压力，然后在无氧化条件下加热，使母材与夹层之间发生相互扩散，形成小量的液相，填充整个接头缝隙，如图9—2b所示。

2）第二阶段：等温凝固。液相形成并填充整个焊缝缝隙后，应立即开始保温，使液—固之间进行充分的扩散，由于液相中使熔点降低的元素大量扩散至母材中，母材内某些元素向液相中溶解，使液相的熔点逐渐升高而凝固，形成接头，如图9—2c所示。

3）第三阶段：均匀化。等温凝固形成的接头，成分尚不均匀。为了获得成分和组织均匀化的接头，需要继续保温扩散。这个过程可在等温凝固后继续保温扩散一次完成，也可在冷却后另行加热来完成，获得成分和组织均匀化的接头，如图9—2d所示。

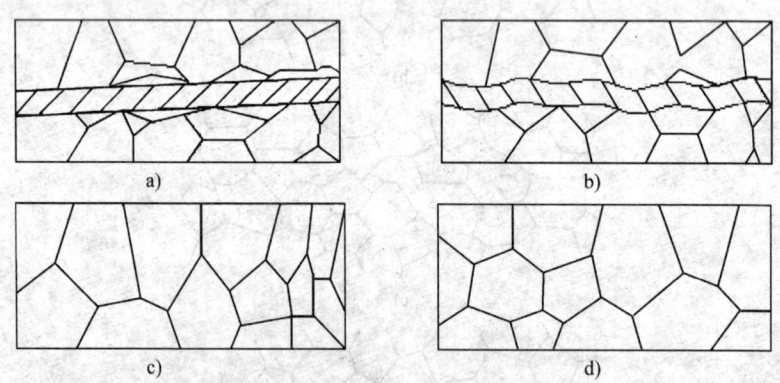

图9—2　瞬时液相扩散焊接机理图

二、扩散焊设备

1. 扩散焊接设备的分类

（1）按照真空度分类

根据工作空间所能达到的真空度或极限真空度，可以把扩散焊接设备分为四类：即低真空（0.1 Pa 以上）、中真空（10^{-3} ~0.1 Pa）、高真空（10^{-5} ~10^{-3} Pa）、超高真空（$\leqslant 10^{-5}$ Pa）焊机和低压或高压保护气体扩散焊机。根据连接工件在真空中所处的情况,可分为焊件全部处在真空中和局部真空焊机。局部真空扩散焊机仅对焊接区域进行保护,主要用来连接大型工件。

(2) 按照热源类型和加热方式分类

进行扩散焊接时,加热热源的选择取决于连接温度、工件的结构形状及大小。根据扩散连接时所应用的加热热源和加热方式,可以把焊机分为感应加热、辐射加热、接触加热、电子束加热、辉光放电加热、激光加热、光束加热等。在实际中应用最广的是高频感应加热和电阻辐射加热两种方式。

2. 真空扩散焊设备

真空扩散焊设备是通用性好的常用扩散焊设备,如图 9—3 所示。其主要由真空室、加热器、加压系统、真空系统、温度测控系统、水冷却系统及电源等几大部分组成。加热器可用电阻丝,也可用高频感应线圈。真空扩散焊除加压系统外,其他几个部分都与真空钎焊加热炉相似。扩散焊设备在真空室内的压头或平台要承受高温和一定的压力,因而常用钼或其他耐热材料制作。加压系统常为液压系统,对小型扩散焊设备也可用机械加压方式。加压系统应保证压力可调且稳定可靠。要求传力杆使真空室漏气尽可能小,热量传走尽量少。

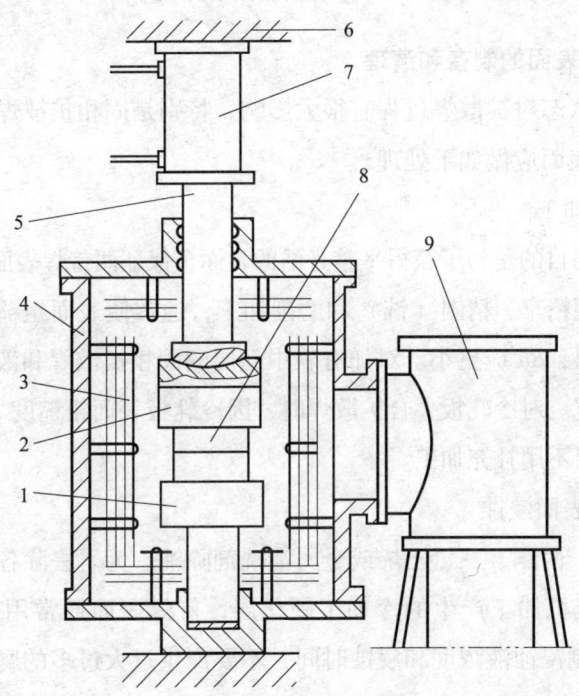

图 9—3 真空扩散焊(电阻辐射加热)设备结构示意图
1—下压头 2—上压头 3—加热器 4—真空炉炉体 5—传力杆
6—机架 7—液压系统 8—工件 9—真空系统

三、扩散焊工艺

1. 扩散焊接头形式

扩散焊接接头形式比熔焊类型多，可进行复杂形状的接合，如平板、圆筒、管、中空构件、T形构件及夹层结构均可进行扩散连接。

扩散焊常用接头形式如图9—4所示。

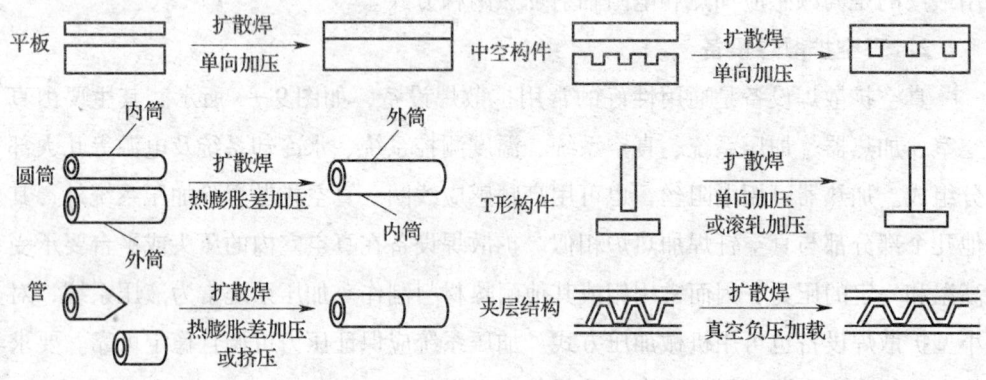

图9—4 扩散焊常用接头形式

2. 工件待焊表面的制备和清理

工件的表面状态对扩散焊过程有很大影响，特别是固相扩散焊。因此，在装配焊接之前，待焊表面应做如下处理。

（1）表面机加工

表面机加工的目的是为了获得平整光洁的表面，保证两待焊表面紧密接触。对普通金属零件可采用精车、精刨（铣）和磨削加工，通常使表面粗糙度 $Ra \leqslant 3.2\ \mu m$，对硬度较高的材料，Ra 应更小。对加有软中间层的固相扩散焊和液相扩散焊，表面粗糙度要求可放宽。对冷轧板叠合扩散焊时，因冷轧板表面粗糙度 Ra 较小（通常低于 $0.8\ \mu m$），故可不用补充加工。

（2）除油和表面浸蚀

通常用酒精、丙酮、三氯乙烯或金属清洗剂除油。为了去除各种非金属表面膜（包括氧化膜）或机加工产生的冷加工硬化层，待焊表面通常用化学浸蚀方法清理。浸蚀时要控制浸蚀液浓度和浸蚀时间，不要产生过大过多的腐蚀坑，防止产生如吸氢等其他有害的副作用。工件浸蚀至露出金属光泽之后，应立即用水（或热水）冲净。清洗干净的待焊零件应尽快组装焊接。如需长时间放置，则应对待焊表面加以保护，如置于真空或保护气氛中。

3. 中间层的作用及材料的选择

（1）中间层的作用

1）改善表面接触，从而降低对待焊表面制备质量的要求，降低所需的焊接压力。

2）改善扩散条件，加速扩散过程，从而降低焊接温度，缩短焊接时间。

3）改善冶金反应，避免或减少形成脆性金属间化合物和不希望有的共晶组织。

4）避免或减少因被焊材料之间物理化学性能差异过大所引起的问题，如热应力过大，出现扩散孔洞等。

（2）中间层材料的选择

应满足下列要求中的一条或几条：

1）容易塑性变形。

2）含有加速扩散或降低中间层熔点的元素，如硼、铍、硅等。

3）物理化学性能与母材差异较被焊材料之间的差异小。

4）不与母材产生不良的冶金反应，如产生脆性相或不希望有的共晶相。

5）不会在接头上引起电化学腐蚀问题。

通常，固相扩散焊的中间层是熔点较低（但不低于焊接温度）、塑性好的纯金属，如铜、镍、银等，液相扩散焊的中间层是与母材接近，但含有少量易扩散的低熔点元素的合金，或者是能与母材发生共晶反应，又能在一定时间内扩散到母材中的金属。

中间层厚度一般为几十微米，以利于缩短均匀化扩散处理时间。厚度在 30~100 μm 时，可以以箔片形式夹在两待焊表面之间，不能轧成箔片的中间层材料，可用电镀、渗涂、真空蒸镀、等离子喷涂等方法直接将中间层材料涂覆在待焊表面，镀层厚度可仅数微米。中间层可以是两层或三层复合。中间层厚度可根据最终成分来计算，通过试验修正确定。

4. 隔离剂

扩散焊中为了防止压头与工件或工件之间某些特定区域被扩散粘接在一起，需加隔离剂（或称止焊剂），这种辅助材料（片状或粉状以及黏结剂）应具有以下性能：

（1）高于焊接温度的熔点。

（2）有较好的高温化学稳定性，高温下不与工件、夹具或压头起化学反应。

（3）应不释放出有害气体污染附近待焊表面，不破坏保护气氛或真空度。例如，钢与钢扩散焊时，可用人造云母片隔离压头。黏结剂可用易分解挥发的聚乙烯醇水溶液,或用聚甲基丙烯酸甲酯、乙酸乙酯和丙酮配制的溶液。

5. 焊接参数

(1) 固相扩散焊

1) 温度。温度是扩散焊最重要的焊接参数,温度的微小变化会使扩散焊速度产生较大的变化。在一定的温度范围内,温度越高,扩散过程进行得越快,所获得的接头强度越高。从这点考虑,应尽可能选用较高的扩散焊温度。但加热温度受被焊工件和夹具的高温强度、工件的相变、再结晶等冶金特性所限制,而且温度高于一定值之后再提高时,接头质量提高不多,有时反而下降。对许多金属和合金,扩散焊温度为 $(0.6 \sim 0.8) T_m$ (K) (T_m 为母材熔点)。

2) 压力。压力主要影响固相扩散焊第一、第二阶段的进行。如压力过低,则表层塑性变形不足,表面形成物理接触的过程进行不彻底,界面上残留的孔洞过大且过多。在其他参数固定时,采用较高压力能产生较好的接头。对于异种金属扩散焊,采用较大的压力对减少或防止扩散孔洞有作用。除热等静压扩散焊外,通常扩散焊压力在 0.5~50 MPa 选择。表 9—1 为同种金属固相扩散焊常用压力。由于压力对第三阶段影响较小,在固态扩散焊时允许在后期将压力减小,以便减小工件变形。

表 9—1　　　　　　　同种金属固相扩散焊常用压力

材料类型	碳钢	不锈钢	铝合金	钛合金
普通扩散焊压力 (MPa)	5~10	7~12	3~7	—
热等静压扩散焊 (MPa)	100	—	75	50

3) 保温扩散时间。保温扩散时间是指被焊工件在焊接温度下保持的时间。在该焊接时间内必须保证扩散过程全部完成,以达到所需的强度。扩散时间过短,则接头强度达不到稳定的、与母材相等的强度。但过高的高温高压持续时间,对接头质量不起任何进一步提高的作用,反而会使母材晶粒长大。对可能形成脆性金属间化合物的接头,应控制扩散时间以求控制脆性层的厚度,使之不影响接头性能。保温扩散焊时间并非一个独立参数,它与温度、压力是密切相关的。温度较高或压力较大,则时间可以缩短。实际扩散焊工艺中保温时间从几分钟到几小时,甚至几十小时。但从提高生产效率考虑,保温时间越短越好。

4) 保护气氛。焊接保护气氛纯度、流量、压力或真空度、漏气率均会影响扩散焊接头质量。常用保护气体是氩气,常用真空度为 $(1 \sim 20) \times 10^{-3}$ Pa。对有些材料也可用高纯氮、氢或氦气。

另外，冷却过程中有相变的材料以及陶瓷类脆性材料扩散焊时，加热和冷却速度应加以控制。

（2）液相扩散焊

对液相扩散焊，加热温度比中间层材料熔点或共晶反应温度稍高一些。液相填充间隙后的等温凝固和均匀化扩散温度可略为下降。液相扩散焊可以选用较低一些的压力。压力过大时，在某些情况下可能导致液态金属被挤出，使接头成分失控。焊接时间取决于中间层厚度和对接头成分、组织均匀度的要求。共晶反应扩散焊中，加热速度过慢，则会因扩散而使接触面上成分变化，影响熔融共晶生成。液相扩散焊对保护气氛的要求与钎焊相同。

四、扩散焊的应用

扩散焊在一些特种材料、特殊结构的焊接中得到应用。特别适合熔点差别大或冶金上不相容的异种金属之间的焊接、金属与陶瓷的焊接和钛、镍、铝合金结构件的焊接。不仅应用于原子能、航空航天及电子工业等尖端技术领域，而且已推广至一般机械制造工业部门。如陶瓷、金属间化合物、非晶和单晶合金材料等一些特殊材料，用传统的熔焊方法难以实现可靠连接；一些高性能构件往往需要与性能差异较大的异种材料连接，例如，金属与陶瓷、铝与钢、钛与钢、金属与玻璃等的连接。

学习单元 2　扩散焊设备、工具的安全检查及安全操作规程

学习目标

- 了解扩散焊设备及工具的安全检查
- 掌握扩散焊的安全操作规程

知识要求

一、扩散焊设备及工具的安全检查

1. 检查设备的电源接线是否良好，电源电压是否正常。

2. 操作之前先检查设备各个系统有无异常现象。

3. 检查所用工具是否完好。

二、扩散焊安全操作规程

1. 扩散焊接操作人员必须事先经过设备操作培训。

2. 扩散焊接操作人员必须穿工作服、戴手套操作,必要时要戴安全防护用品,如面罩、防护服等。

3. 操作之前先查看机器有无异常现象。

4. 扩散焊接设备安装区域内禁止进行任何危险作业。

5. 扩散焊接设备安装区域内禁止存放任何易燃易爆物品。

学习单元3 低碳钢板的扩散焊

学习目标

➢ 掌握低碳钢板的扩散焊操作技能

技能要求

一、操作准备

1. 试件材质、尺寸及数量

试件材质:20钢。

试件尺寸及数量:50 mm×50 mm×12 mm,两块。

2. 扩散焊设备

ZKL—2。

3. 焊接参数(见表9—2)

表9—2　　　　　　低碳钢板的扩散焊焊接参数

焊接温度(℃)	焊接压力(MPa)	扩散焊接时间(min)	升温速率(℃/min)	降温方式
900	16	6	10	随炉冷却

二、操作步骤

1. 试件打磨及清理

准备试件,用砂布打磨,先用800#砂布打磨,把表面的微小凸起磨掉,再换用1500#砂布,直到上次打磨的痕迹完全去除出现新的痕迹为止,焊前酸洗60 s,然后水洗5 min,用丙酮清洗大约2 min即可。

2. 试件组对

焊接工件表面必须保证平行,如图9—5所示。按要求装炉,加隔热层。

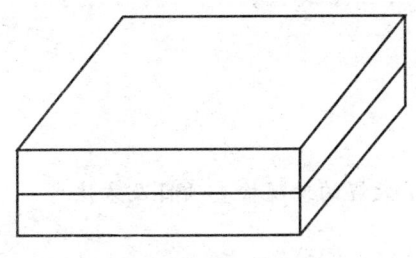

图9—5 试件组对示意图

3. 焊接

(1)开机检查及焊接参数设置。打开水源、气源、总电源开关。

(2)开控制箱面板电源。调节压力、升温速度、保温温度和保温时间等参数,使其满足焊接参数。

(3)真空机组预热,装夹被焊零件,对真空室抽低、高真空。开机械泵,延时5 s,开真空阀,使机械泵对扩散泵抽真空;延时5 min,开扩散泵,装夹被焊零件,加隔热层,对零件加压。

(4)进行焊接热循环。对被焊零件加热开始进入焊接阶段,当按温控程序进行的焊接阶段结束后,停止加热,进入随炉冷却状态。

(5)180℃以下,从真空室中取出被焊零件。打开真空室炉壁外的手动"充气阀",对真空室进行充气,1 min后关闭"充气阀"。打开真空室门,卸载压力,戴石棉手套取出工件。

4. 焊后清理

取出试件后,按要求机械加工掉余量。

三、注意事项

1. 在装配之前对上下压头进行调节,主要是为了保证压头之间的平行度,使焊件能够均匀地受力。

2. 在装配的过程中不能用手触摸待焊面,应该戴上洁净的手套,并尽量用镊子操作。

3. 装配时应保证焊件处于压头的中间部位。

4. 设定好温度参数,当真空度达到要求时进行加热完成连接。

 学习单元4　质量检查

 学习目标

➤ 了解低碳钢板的扩散焊的外观检查项目及方法

 知识要求

用肉眼检查扩散焊接接头连接处外观是否完好,用测量工具检查尺寸是否符合要求等。

第2节　小直径Ⅰ级钢筋的电渣压力焊

 学习单元1　电渣压力焊知识

 学习目标

➤ 掌握电渣压力焊的原理、特点和应用
➤ 了解电渣压力焊设备及材料
➤ 掌握电渣压力焊工艺知识

 知识要求

一、电渣压力焊原理

1. 定义

钢筋电渣压力焊是将两钢筋安放成竖向对接形式，利用焊接电流通过两钢筋间隙，在焊剂层下形成电弧过程和电渣过程，产生电弧热和电阻热，熔化钢筋端部，加压完成连接的一种压焊方法。

2. 电渣压力焊原理

钢筋电渣压力焊的焊接过程包括4个阶段：引弧过程、电弧过程、电渣过程和顶压过程，如图9—6所示。

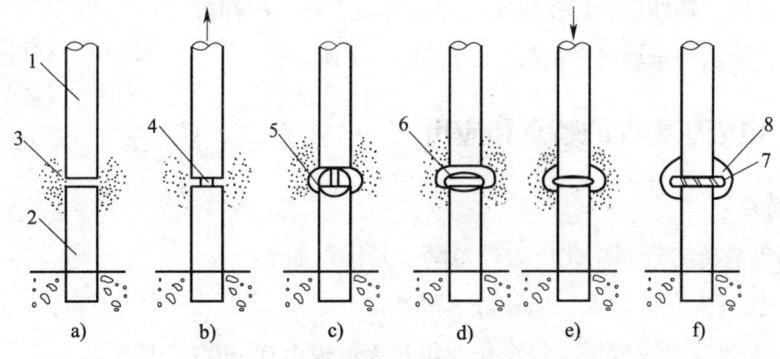

图9—6 钢筋电渣压力焊接过程示意图

a) 引弧前 b) 引弧过程 c) 电弧过程 d) 电渣过程 e) 顶压过程 f) 凝固后

1、2—上、下钢筋 3—焊剂 4—电弧 5—熔池 6—熔渣（熔池） 7—焊包 8—渣壳

（1）引弧过程

上、下两钢筋分别与弧焊电源两个输出端连接，钢筋端部埋于焊剂之间，两端面之间留有一定间隙，采用接触引弧。具体的引弧方法有两种，一种是直接引弧法，当电源接通后，将上钢筋下压至与下钢筋接触，并立即上提，即可产生电弧；另一种是铁丝圈引弧法，在两钢筋的间隙中预先安放一个高10 mm的引弧铁丝圈或者一个ϕ3.2 mm的焊条芯，当焊接电流通过时，由于铁丝（焊条芯）细，电流密度大，立即熔化、蒸发、原子电离而引弧。

（2）电弧过程

电弧热将两钢筋端部熔化。由于热量易向上流动，这样上钢筋端部的熔化量约为整个接头钢筋熔化量的3/5～2/3，略大于下钢筋端部熔化量。熔化的金属形成熔池，熔融的焊剂形成熔渣（渣池），覆盖于熔池之上，熔池受到熔渣和焊剂蒸气

的保护。此时，随着电弧的燃烧，上、下两钢筋端部逐渐熔化，将上钢筋不断下送，下送速度应与钢筋熔化速度相适应，以保持电弧的稳定，继续电弧过程。

(3) 电渣过程

随电弧过程的延续，两钢筋端部熔化量增加，熔池和渣池加深，待达到一定深度时，加快上钢筋的下送速度，使其端部直接与渣池接触，这时电弧熄灭而变电弧过程为电渣过程。电渣过程是利用焊接电流通过液体渣池产生的电阻热对两钢筋端部继续加热，渣池温度可达到1 600～2 000℃。

(4) 顶压过程

待电渣过程产生的电阻热使上、下两钢筋的端部达到全截面均匀加热的时候，迅速将上钢筋向下顶压，挤出全部熔渣和液态金属，随即切断焊接电源，完成焊接工作。冷却打掉渣壳后，露出带金属光泽的焊包，如图9—7所示。

图9—7 钢筋电渣压力焊接头外形

二、电渣压力焊的特点和应用

1. 特点

钢筋电渣压力焊属熔化压力焊范畴。其优点如下：

(1) 投入少、产量大、质量好、成本低。

(2) 工效高、速度快。每个作业组每天可焊180～200个接头。

(3) 节约钢材和能源，是搭接焊耗电的1/10。

(4) 避免了高温和电弧伤害，改善了焊工劳动条件。

2. 应用

钢筋电渣压力焊适用于现浇混凝土结构竖向或斜向（倾斜度在4∶1范围内）钢筋的连接，钢筋的级别为Ⅰ、Ⅱ级，直径为14～40 mm。

钢筋电渣压力焊主要用于柱、墙、烟囱、水坝等现浇钢筋混凝土结构（建筑物、构筑物）中竖向受力钢筋的连接，但不得在竖向焊接之后，再横置于梁、板等构件中做水平钢筋之用。这是根据其工艺特点和接头力学性能所做出的规定。

三、电渣压力焊设备和材料

1. 电渣压力焊设备

(1) 电渣压力焊机分类

1) 钢筋电渣压力焊机按整机组合方式可分为分体式和同体式两类。

①分体式焊机。它主要包括焊接电源（电弧焊机）、焊接夹具和控制箱三部分。焊机电气监控装置的元件部分装于焊接夹具上，称为监控器或监控仪表；另一部分装于控制箱内。

②同体式焊机。它是将控制箱的电气元件组装于焊接电源的机壳内，另加焊接夹具和电缆等附件。

两种类型的焊机各有优点，分体式焊机便于施工单位利用现有电弧焊机，可节省一次性投资。同体式焊机便于建筑施工单位一次投资到位，购入即可使用。

2) 钢筋电渣压力焊机按操作方式可分成手动式和自动式两种。

①手动焊机。使用时由焊工按按钮，接通焊接电源，手动操作将钢筋上提或下送，引燃电弧，再缓缓地将上钢筋下送，至适当时候，根据预定时间所给予的信号（时间显示器显示、蜂鸣器响声等），加快下送速度，使电弧过程转化为电渣过程，最后用力向下顶压，切断焊接电源，焊接结束。因有自动信号装置，故有的称为半自动焊机。

②自动焊机。使用时由焊工按按钮，自动接通焊接电源，通过电动机使上钢筋移动，引燃电弧，自动完成电弧、电渣及顶压过程，并切断焊接电源。

钢筋电渣压力焊是在建筑施工现场进行的，即使焊接过程是自动操作，但钢筋安放、焊剂盒装卸及焊剂加入和回收均需手工操作。

(2) 焊接电源

电渣压力焊可采用大容量（额定焊接电流500A及以上）交流或直流焊接电源，焊机容量应根据所焊钢筋的直径选定。由于电渣压力焊机的生产厂家很多，产品设计各不相同，所以配用焊接电源的型号也不同。常用的交流弧焊电源型号有 BX3—500 型、BX3—630 型、BX2—1000 型等。直流弧焊电源有 ZX5—630 型等。

(3) 焊接夹具

焊接夹具由立柱、传动机械、上下夹钳、焊剂筒等组成，其上安装有监控器，即控制开关、次级电压表、时间显示器（蜂鸣器）等，焊接夹具应具有足够的刚度，在最大允许荷载下应移动灵活，操作便利；焊剂筒的直径应与所焊钢筋直径相适应；监控器上的附件（如电压表、时间显示器等）应配备齐全。其主要功能和对它的要求如下：

1) 夹住上、下钢筋，定位准确，上下同心。

2) 移动上钢筋，方便灵活。

3）传导焊接电流，接触良好（也可另用焊钳夹住钢筋导电）。

4）焊剂罐直径与焊接钢筋直径相适应，防止焊接过程中烧坏，装卸焊剂方便。

5）具有足够的刚度，在最大允许载荷下，移动灵活、操作便利、结实、耐用。

6）装有控制器以便准确掌握各种焊接参数。

手动钢筋电渣压力焊机的加压方式有两种：杠杆式和摇臂式。前者利用杠杆原理实现上钢筋的上、下移动和加压；后者利用摇臂，通过伞齿轮实现上钢筋的上、下移动和加压。

自动电渣压力焊机的加压操作方式有3种：

1）电动凸轮式。其基本原理如图9—8所示。凸轮按上钢筋位移轨迹设计，采用直流微电动机带动凸轮，使上钢筋向下移动，并利用自重加压。在电气线路上，调节可变电阻，改变晶闸管触发角和电动机转速，从而改变焊接通电时间，满足不同直径钢筋焊接的需要。

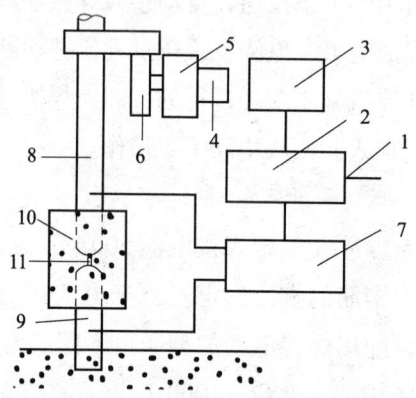

图9—8　电动凸轮式钢筋自动电渣压力焊机基本原理方框图

1—电源输入　2—控制箱　3—操作箱　4—电动机　5—减速器　6—凸轮

7—焊接变压器　8—上钢筋　9—下钢筋　10—焊剂　11—引弧圈

2）电动丝杠式。采用直流电动机，利用电弧电压、电渣电压负反馈控制电动机转向和转速，通过丝杠将上钢筋向上、下移动并加压。焊接开始后，全部过程自动完成。

3）智能化型。全封闭全自动智能化型焊机可对施焊工艺的全过程进行监测、运算、补偿，只要设定钢筋直径，即可自动调整焊接参数，完成焊接。

（4）控制箱

控制箱的主要作用是通过焊工操作，使弧焊电源的初级线路接通或断开。其内的主要电器元件是接触器、控制变压器、继电器等。控制箱正面板上装有初级电压表、电源开关、指示灯、信号电铃等，也可刻制焊接参数表，供操作人员参考。

常用的电渣压力焊机电气原理如图9—9所示。

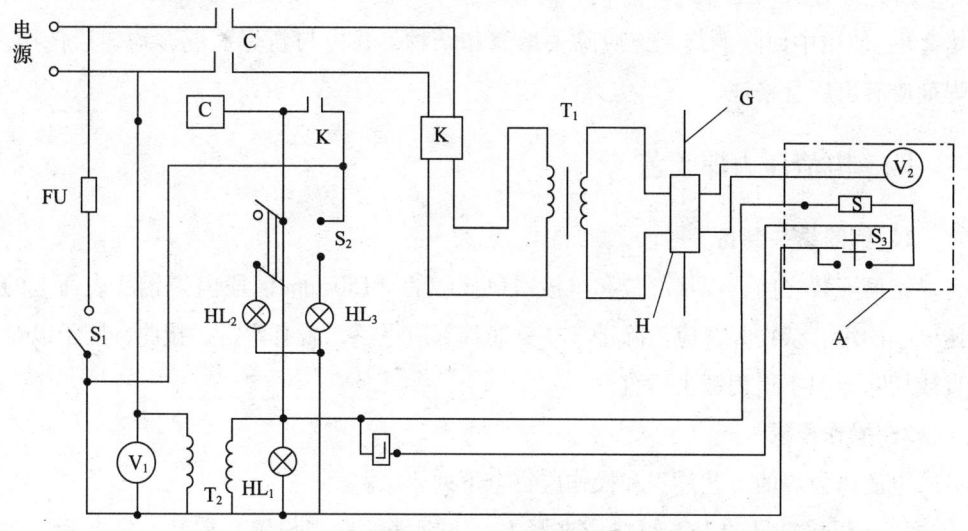

图 9—9 电渣压力焊机电气原理图

S_1—电流粗调开关 S_2—电源开关 S_3—转换开关 T_1—弧焊变压器 T_2—控制变压器
K—通用继电器 HL_1—电源指示灯 HL_2—电渣压力焊指示灯 HL_3—焊条电弧焊指示灯
V_1——次电压表 V_2—二次电压表 S—时间显示器 H—焊接夹具 C—交流接触器
FU—熔断器 G—钢筋 A—监控器

2. 焊剂

（1）焊剂的作用

在钢筋电渣压力焊过程中，焊剂的主要作用是：

1）熔化后产生气体和熔渣，保护电弧和熔池，保护焊缝金属，更好地防止氧化和氮化。

2）减少焊缝金属中化学元素的蒸发和烧损。

3）使焊接过程稳定。

4）具有脱氧和掺合金的作用，使焊缝金属获得所需要的化学成分和力学性能。

5）焊剂熔化后形成渣池，电流通过渣池产生大量的电阻热。

6）包托被挤出的液态金属和熔渣，使接头获得良好成型。

7）渣壳对接头有保温和缓冷作用。

(2) 常用焊剂

焊剂的性能应符合 GB/T 5293—1999《埋弧焊用碳钢焊丝和焊剂》的规定。常用的焊剂牌号为 HJ431，为熔炼型高锰高硅低氟焊剂。可交、直流两用，适合于焊接重要的低碳钢钢筋及普通低合金钢钢筋。

焊剂应存放在干燥的库房内，防止受潮。如受潮，使用前须经 250～300℃ 烘焙 2 h。使用中回收的焊剂，应除去熔渣和杂物，并应与新焊剂混合均匀后使用。焊剂应有出厂合格证。

四、电渣压力焊工艺

1. 钢筋端头制备

钢筋安装之前，焊接部位和电极钳口接触的（150 mm 区段内）钢筋表面上的锈斑、油污、杂物等，应清除干净。钢筋端部应平整，若有弯折、扭曲，应予以矫直或切除，但不得用锤击矫直。

2. 操作要求

电渣压力焊的工艺过程和操作应符合下列要求：

（1）焊接夹具的上下钳口应夹紧上、下钢筋的适当位置，钢筋一经夹紧，严防晃动，以免上、下钢筋错位和夹具变形；

（2）焊毕后应间歇适当时间，再回收焊剂和卸下焊接夹具。敲去渣壳，四周焊包应均匀凸出钢筋表面至少 4 mm，如图 9—10 所示。

3. 电渣压力焊焊接参数

电渣压力焊的主要焊接参数是焊接电流、焊接电压和焊接通电时间。

（1）焊接电流

焊接电流的大小应根据钢筋直径来选择。钢筋直径增大，所选的焊接电流也应相应增大。

（2）焊接电压

在正常焊接电流下，电弧电压控制在 40～45 V，电渣电压控制在 22～27 V。

（3）焊接通电时间

焊接通电时间也是根据钢筋直径来选择。钢筋直径增大，焊接通电时间应延长。

电渣压力焊焊接参数的选择见表 9—3。

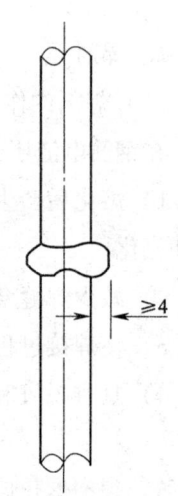

图 9—10 钢筋电渣压力焊接头

表 9—3　　　　　　　　　　　电渣压力焊焊接参数

钢筋直径（mm）	焊接电流（A）	焊接电压（V）		焊接通电时间（s）	
		电弧过程 U_{2-1}	电渣过程 U_{2-2}	电弧过程 t_1	电渣过程 t_2
14	200~220	35~45	22~27	12	3
16	200~250			14	4
18	250~300			15	5
20	300~350			17	5
22	350~400			18	6
25	400~450			21	6
28	500~550			24	6
32	600~650			27	7
36	700~750			30	8
40	850~900			33	9

不同直径钢筋焊接时，按较小直径钢筋选择参数，焊接通电时间延长约 10%。

学习单元 2　电渣压力焊设备、工具的安全检查及安全操作规程

学习目标

➢ 了解电渣压力焊设备及工具的安全检查
➢ 掌握电渣压力焊安全操作规程

知识要求

一、电渣压力焊设备、工具的安全检查

1. 检查夹具是否同心、灵活。
2. 检查操作场地安全设施是否齐全。
3. 检查电源、电焊机、控制箱、焊接电缆和控制电缆连接是否完好。
4. 施焊前应检查并确认电源及控制电路正常，定时准确，误差不大于 5%，机具的传动系统、夹装系统及焊钳的转动部分灵活自如，焊剂已干燥，所需附件

齐全。

二、电渣压力焊安全操作规程

电渣压力焊除遵守电渣焊的安全操作规程外，其操作规程如下：

1. 操作人员必须经过考核合格后上岗。

2. 严格执行专人专机。

3. 应根据施焊钢筋直径选择具有足够输出电流的电焊机。电源电缆和控制电缆连接应正确、牢固。电焊机、控制箱的外壳应牢靠接地。

4. 施焊前，应检查供电电压并确认正常，当一次电压降大于5%时，不宜焊接。焊接导线长度不得大于30 mm，截面面积不得小于50 mm^2。

5. 起弧前，上、下钢筋应对齐，焊接过程中上钢筋不能与焊好的钢筋相碰。钢筋端头应接触良好。对锈蚀、粘有水泥的钢筋，应采用钢丝刷清除，并保证导电良好。

6. 每个接头焊完后，应停留5~6 min保温，寒冷季节应适当延长。当拆下机具时，应扶住钢筋，过热的接头不得过于受力。焊渣应待完全冷却后清除。

7. 焊接操作及配合人员必须按规定穿戴劳动防护用品，并必须采取防止触电、高空坠落、瓦斯中毒和火灾等事故的安全措施。

8. 现场使用的电焊机，应设有防雨、防潮、防晒的机棚，并应装设相应的消防器材。

9. 高空焊接时，必须系好安全带，焊接周围和下方应采取防火措施，并有专人监护。

10. 当清除焊缝焊渣时，应戴防护眼镜，头部应避开敲击焊渣飞溅。

11. 雨天不得去露天电焊，在潮湿地带作业时，操作人员站在铺有绝缘物品的地方，并应穿绝缘鞋。

 学习单元3 小直径I级钢筋电渣压力焊的操作技能

 学习目标

➢ 掌握小直径I级钢筋电渣压力焊的操作技能

 **技能要求**

一、操作准备

1. 试件材质、尺寸及数量

试件材质：Ⅰ级钢筋。

试件尺寸及数量：$\phi 16$ mm、$L=1\,000$ mm，两根。

2. 电渣压力焊材料及设备

电渣焊材料：HJ431。

焊接设备：焊接电源为 BX3—630；钢筋电渣压力焊机为 MH—36 型。

3. 焊接参数（见表 9—4）

表 9—4 小直径（$\phi 16$ mm）Ⅰ级钢筋的电渣压力焊焊接参数

钢筋直径（mm）	焊接电流（A）	焊接电压（V）	焊接时间（s）	
			电弧过程	电渣过程
16	200~250	35~45	14	4

二、操作步骤

1. 试件打磨及清理

钢筋端部 10 cm 左右的铁锈、油污等用钢丝刷除去。

2. 试件组对

将钢筋进行矫直，先把焊机的下夹头卡装在下钢筋上，然后将上钢筋卡装在上夹头上。使上下两钢筋端部接触（也可在两端面间放 $\phi 4\times 5$ mm 的焊条一小段，便于引弧），安装上焊剂盒，将 HJ431 焊剂倒入焊剂盒，以装满为准。

3. 焊接

（1）接通焊接电源。

（2）逆时针摇动手柄，使上钢筋上移引燃电弧。使电弧电压保持在 35~45 V。先进行电弧过程，随着电弧不断燃烧，电弧电压将逐渐升高。应缓慢顺时针摇动手柄，使电弧电压保持在 35~45 V，电弧过程时间约 14 s。

（3）电弧过程结束后，加快上钢筋下送速度，使钢筋端面与液态渣池接触，转变为电渣过程。电渣过程时间约 4 s。

（4）电渣过程结束后，立即切断电源，顺时针摇动手柄加压。在夹具和钢筋的自重压力下,稍用力即能满足顶压压力的要求。顶压完成后不要立即松手,要继续把持手柄 5~8 s,防止焊缝凝固前由于夹具回弹或松动而造成焊口开裂。

(5) 回收焊剂和卸下焊接夹具。

4. 焊后清理

敲去渣壳,用钢丝刷清理接头。

三、注意事项

1. 焊剂使用前,须经恒温 250℃ 烘焙 1~2 h;焊剂回收重复使用时,应除去熔渣和杂物,如果受潮,尚需再烘焙。

2. 焊接前应检查电路,观察电网电压波动情况,如电源的电压降波动幅度大于 5%,则不宜进行焊接。

学习单元4 质量检查

学习目标

➢ 了解小直径 I 级钢筋的电渣压力焊接头的外观检查项目及方法
➢ 掌握电渣压力焊接头的焊接缺陷及消除措施

知识要求

一、小直径 I 级钢筋的电渣压力焊接头的外观检查

焊后应对电渣压力焊接头进行外观检查。外观检查结果应符合下列要求:

1. 四周焊包凸出钢筋表面的高度应大于等于 4 mm。
2. 电极与钢筋接触处,无明显的烧伤缺陷。
3. 接头处的折弯角不大于 3°。
4. 接头处的轴线偏移不超过 0.1 倍钢筋直径,同时不大于 2 mm。

二、电渣压力焊接头的焊接缺陷及消除措施

在焊接生产中焊工应进行自检,当发现焊接缺陷时,应查找原因并采取措施及

时消除。电渣压力焊接头常见焊接缺陷及消除措施见表9—5。

表 9—5　　　　　　电渣压力焊接头常见焊接缺陷及消除措施

焊接缺陷	产生原因	消除措施
轴线偏移	1. 钢筋端部未矫直 2. 两钢筋安装不正 3. 顶压力过大 4. 夹具变形，两夹头不同心	1. 矫直钢筋端部 2. 正确安装夹具和钢筋 3. 避免过大的顶压力 4. 及时修理或更换夹具
弯折	1. 钢筋端部未矫直 2. 两钢筋安装不正 3. 焊接夹具拆卸过早 4. 夹具变形，两夹头不同心	1. 矫直钢筋端部 2. 注意安装和扶持上钢筋 3. 避免焊后过快拆卸夹具 4. 修理或更换夹具
咬边	1. 焊接电流过大 2. 焊接时间过长 3. 上钢筋没有压顶到位	1. 减小焊接电流 2. 缩短焊接时间 3. 注意上钳口的起点和止点，确保上钢筋顶压到位
未熔合	1. 焊接电流过小 2. 焊接时间过短 3. 上钢筋没有下送到位	1. 增大焊接电流 2. 避免焊接时间过短 3. 检修夹具，确保上钢筋下送自如
焊包不均	1. 钢筋端面不平整 2. 焊剂分布不均匀 3. 焊接时间过短	1. 钢筋端面力求平整 2. 填装焊剂尽量均匀 3. 延长焊接时间，适当增加熔化量
气孔	1. 焊剂烘焙不合格 2. 钢筋端部焊前没清理或清理不干净 3. 焊缝在焊剂中的埋入深度不合适	1. 按规定要求烘焙焊剂 2. 消除钢筋焊接部位的铁锈 3. 确保焊缝在焊剂中埋入合适深度
烧伤	1. 钢筋导电部位有铁锈等脏物 2. 钢筋导电部位接触不良	1. 钢筋导电部位除净铁锈 2. 尽量夹紧钢筋
焊包下淌	1. 焊接过程中焊剂流失 2. 焊后回收焊剂过早	1. 彻底封堵焊剂盒的漏孔 2. 避免焊后过快回收焊剂

第10章 切割

第1节 低碳钢板的手工气割

学习单元1 气割知识

 **学习目标**

➢ 掌握气割材料以及主要气割参数

 知识要求

一、气割可燃气体、助燃气体

气割所用气体分为两类：助燃气体（氧气）和可燃气体（乙炔、液化石油气）。

二、气割参数

1. 切割氧压力

切割氧压力气割时，氧气的压力与割件的厚度、割嘴号码以及氧气纯度等因素有关。割件越厚，要求氧气的压力越大；割件较薄时，则要求氧气的压力较低。但氧气的压力有一定的范围。如果氧气压力过低，会使气割过程氧化反应减慢，同时在割缝背面形成黏渣，甚至不能将割件的全部厚度割穿。相反，氧气压力过大，不仅造成浪费，而且对割件产生强烈的冷却作用，使割缝表面粗糙，割缝加大，切割速度反而减慢。

随着割件厚度的增加，选择的割嘴号码应增大，使用的氧气压力也相应地要加大。切割时，根据割件厚度来选择割嘴号码以及氧气压力。

2．切割速度

切割速度与割件厚度和使用的割嘴形状有关。割件越厚，切割速度越慢；反之割件越薄，则切割速度越快。切割速度太慢，会使割缝边缘熔化；速度过快，会产生很大的后托量或割不穿。

切割速度的正确与否，主要根据割缝后拖量来判断。所谓后拖量就是在氧气切割过程中，割件的下层金属比上层金属燃烧迟缓的距离，如图10—1所示。

气割时，后拖量的现象是不可避免的，在气割厚板时更为明显，因此，要求气割速度的选择，应该以使割缝产生的后拖量较小为原则。

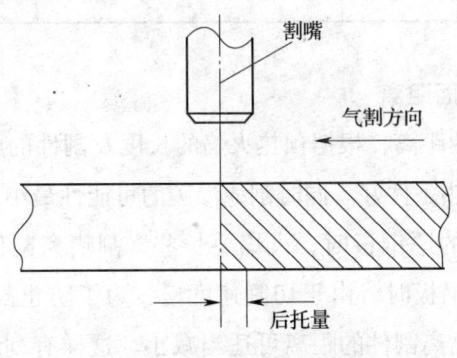

图10—1　后托量示意图

3．火焰能率

预热火焰的作用是把金属割件加热，并始终保持能在氧气流中燃烧的温度，同时使钢材表面上的氧化皮剥落和熔化，便于切割氧射流与铁化合。预热火焰对金属加热的温度，低碳钢时约为1 100～1 150℃。气割时，预热火焰均采用中性焰或轻微的氧化焰。因为碳化焰中有剩余的碳，会使割件的切割边缘增碳，所以不能使用碳化焰。应在切割氧射流开启前调整火焰，以防止预热火焰发生变化。

预热火焰能率以可燃气体每小时消耗量（L/h）表示。预热火焰能率与割件厚度有关。割件越厚，火焰能率应越大。但是火焰能率过大时，会使割缝上缘产生连续珠状钢粒，甚至熔化成圆角，同时造成割件背面黏渣过多而影响质量。当火焰能率过小时，割件得不到足够的热量，迫使切割速度减慢，甚至使气割过程发生困难，这在厚板切割时更应注意。

4. 割嘴的倾斜角度

割嘴与割件的倾斜角，直接影响气割速度和后拖量。割嘴与割件间的倾角可分为前倾和后倾两种，如图10—2所示。倾角的大小，主要根据焊件的厚度而定，见表10—1。

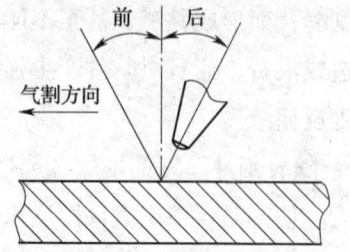

图10—2 割嘴与割件间的倾角示意图

表10—1　　　　　　　　割嘴倾角与割件厚度的关系

割件厚度（mm）	<6	6~30	>30		
			起割	割穿后	停割
倾角方向	后倾	垂直	前倾	垂直	后倾
倾角角度	25°~45°	0°	5°~10°	0°	5°~10°

5. 割嘴离割件表面距离

割嘴离割件表面的距离，根据预热火焰的长度及割件的厚度而定，一般为3~5 mm。这样的距离加热条件好。同时割缝渗碳的可能性最小。

当气割约20 mm的厚钢板时，火焰要长些，割嘴离割件表面的距离可增大。在气割20 mm以上厚钢板时，由于切割速度慢，为了防止割缝上缘熔化，所需的预热火焰应短些，割嘴离割件的距离可适当减小。这样有利于保持切割氧的纯度，也提高了气割的质量。

 **学习单元2　气割安全操作规程及气割设备、工具的安全检查**

 学习目标

➤ 掌握气割安全操作规程及气割设备、工具的安全检查

 知识要求

一、气割安全操作规程

1. 所有独立从事气割作业人员必须经劳动安全部门或指定部门培训，经考试合格后持证上岗。

2. 气割作业人员在作业中应严格按各种设备及工具的安全使用规程操作设备和使用工具。

3. 所有气路、容器和接头的检漏应使用肥皂水，严禁明火检漏。

4. 工作前应将工作服、手套及工作鞋、护目镜等穿戴整齐。各种防护用品均应符合国家有关标准的规定。

5. 各种气瓶均应竖立稳固或装在专用的胶轮车上使用。

6. 气割作业人员应备有开启各种气瓶的专用扳手。

7. 禁止使用各种气瓶做登高支架或支撑重物的衬垫。

8. 切割前应检查工作场地周围的环境，不要靠近易燃、易爆物品。如果有易燃、易爆物品，应将其移至 5 m 以外。要注意氧化渣在喷射方向上是否有他人在工作，要安排他人避开后再进行切割。

9. 切割盛装过易燃及易爆物料（如油脂、漆料、有机溶剂等）、强氧化物或有毒物料的各种容器（桶、罐、箱等）、管段、设备，必须遵守《化工企业焊接与切割中的安全》有关章节的规定，采取安全措施，并且应获得本企业和消防管理部门的动火证明后才能进行作业。

10. 在狭窄和通风不良的地沟、坑道、检查井、管段等半封闭场所进行气割作业时，应在地面调节好割炬混合气，并点好火焰，再进入切割场所。割炬应随人进出，严禁放在工作地点。

11. 在密闭容器、桶、罐、舱室中进行气割作业时，应先打开施工处的孔、洞、窗，使内部空气流通，防止焊工中毒烫伤，必要时要有专人监护。工作完毕或暂停时，割炬及胶管必须随人进出，严禁放在工作地点。

12. 禁止在带压力或带电压的容器、罐、柜、管道、设备上进行切割作业。在特殊情况下需从事上述工作时，应向上级主管安全部门申请，经批准并做好安全防护措施后操作方可进行。

13. 切割现场禁止将气体胶管与电缆、钢绳绞在一起。

14. 切割胶管应妥善固定，禁止缠绕在身上作业。

15. 在已停止运转的机器中进行切割作业时，必须彻底切断机器的电源（包括主机、辅助机、运转机构）和气源，锁住启动开关，并设置明确安全标志，由专人看管。

16. 禁止直接在水泥地上进行切割，防止水泥爆炸。

17. 切割工件应垫高 100 mm 以上并支架稳固，对可能造成烫伤的火花飞溅进行有效防护。

18. 对悬挂在起重机吊钩或其他位置的工件及设备，禁止进行切割。如必须进行切割作业，应经企业安全部门批准，采取有效安全措施后方准作业。

19. 气割所有设备上禁止搭架各种电线、电缆。

20. 露天作业时遇有六级以上大风或下雨时应停止切割作业。

二、气割设备、工具的安全检查

1. 气瓶

（1）氧气瓶、乙炔瓶在使用前应先检查瓶体及瓶嘴是否沾有油污，瓶嘴丝扣是否损坏，以防减压器在使用中脱落。乙炔瓶阀与减压器连接是否可靠，严禁在漏气的情况下使用。

（2）冬季使用时检查氧气瓶瓶阀是否产生冻结现象，如冻结只能用热水解冻。

（3）工作前检查氧气瓶与乙炔瓶是否靠近热源及电源。

（4）使用前检查氧气瓶与乙炔瓶是否距离 5 m 以上，两瓶与明火作业的距离是否大于 10 m。

（5）夏天工作时，应防止氧气瓶、乙炔瓶直接受烈日暴晒。

（6）氧气瓶、乙炔瓶应竖立放稳，严禁卧放使用。

2. 减压器

（1）工作前应检查减压器是否有油污。减压器的指针是否灵活准确。

（2）检查减压器与瓶嘴是否有漏气的现象。

（3）工作前检查减压器是否有产生自流的现象。如有自流现象禁止使用。

（4）检查乙炔减压器是否安装回火防止阀。

（5）检查减压器是否是专用减压器，否则不能使用。

（6）冬季使用减压器时如果发生冻结，应用热水解冻。

3. 割炬

（1）割炬在使用前应先检查割炬是否有吸射能力。检查的方法是：氧气胶管接割炬的氧气接头上，开启氧气，调节至工作压力，开启割炬的乙炔阀门和混合氧气阀门，使氧气自割嘴喷出，检查乙炔进气口是否有向内的吸力，如果乙炔进气口有足够的吸力并随着氧气的流量增大而增强，说明割炬有射吸能力，是合格安全的，反之，禁止使用。

（2）点火前应先检查割炬各阀门及气体连接处是否有漏气现象，阀门是否灵活好用。

（3）检查割炬的气体通路不得沾有油脂，以防氧气遇到油脂引起燃烧爆炸。

（4）割炬内腔要光滑，阀门严密、调节灵敏，连接部位紧密而无泄漏。

学习单元3 低碳钢板的手工气割

学习目标

➢ 能采用手工气割进行低碳钢钢板的切割

技能要求

一、操作准备

1. 试件材质及尺寸

试件材质：Q235。

试件尺寸：300 mm×100 mm×12 mm，如图10—3所示。

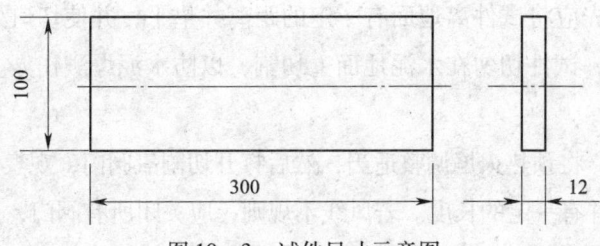

图10—3 试件尺寸示意图

2. 切割设备

气割设备：氧气瓶、乙炔瓶、液化石油气瓶。

气割工具：割炬、氧气减压器、液化石油气减压器也可以直接使用丙烷减压器、氧气胶带、乙炔胶带。

辅助工具：护目镜、通针、打火机、钢丝刷、锤子、锉刀、扳手、钳子等。

3. 切割参数

割炬：G01—30 型割炬，2 号割嘴。

氧气压力：0.3 MPa。

乙炔压力：0.02~0.03 MPa。

切割速度：0.35~0.45 m/min。

预热火焰能率：预热火焰采用中性焰。预热火焰能率用可燃气体每小时消耗量（m^3/h）来计算，预热火焰能率选择见表10—2。

表10—2　　　　　　　　预热火焰能率的选择

钢板厚度（mm）	3~25	25~30	50~100
火焰能率（m^3/h）	0.3~0.5	0.55~0.75	0.75~1.0

割嘴与割件的倾斜角度：割嘴与割件的倾斜角度直接影响气割速度和后拖量。根据试件的厚度，割嘴应垂直于割件。

割嘴离割件表面的距离：在气割过程中，为了保证切割的质量，割嘴离割件表面的距离通常选取 3~4 mm。

二、操作步骤

1. 试件清理

为了保证切割质量，切割前应将割件的氧化物、油污、铁锈等污物清理干净，然后根据图样要求的尺寸划线。

2. 试件定位

气割前，首先应将试件离地面有一定的距离并垫平，并使切口处悬空，支点必须放在割件以内，试件切勿在水泥地面上切割，以防水泥爆溅伤人。

3. 切割

切割前点火，将预热火焰调整适当，然后打开切割氧阀门，观察风线应为笔直和清晰的圆柱形，并有一定的长度。若风线不规则，应关闭所有阀门，用通针修整切割氧喷嘴或割嘴的喷射孔。预热火焰和风线调好后，关闭切割氧开关，准备起割。

（1）操作姿势

一般气割姿势，双脚成外八字形蹲在工件的一旁，右臂靠在右膝盖，左臂悬空在两腿中间，以便移动割炬。右手握住割炬手柄并以右手大拇指和食指控制预热氧的调节阀，以便调节预热火焰，一旦发生回火能及时切断预热氧气。左手的拇指和食指控制切割氧的阀门，便于气割氧的调节，同时起掌握方向的作用。其余三指平稳地拖住混合气管，使割炬与割件保持垂直。

（2）起割

开始切割时，先将起割钢板的边缘加热成亮红色，将火焰局部逸出边缘线以外，同时慢慢打开气割氧阀门。当看到钢水被氧射流吹掉时，再开大切割氧阀门，待听到"噗、噗"声时，应移动割炬逐渐向前切割。

（3）进入正常切割

起割后，为了保证割缝的质量，在整个气割过程中，割炬移动速度应均匀，割嘴与割件的距离一定要保持一致。每切割一段需要移动位置时，应关闭切割氧阀门，重新起割时，在将割嘴对准割缝起割位置，适当加热，然后慢慢打开切割氧阀门，继续切割。

（4）切割收尾

1）切割临近终点时，割嘴后倾一定角度，使钢板下部先割透，使收尾的割缝整齐。

2）切割完毕后应及时关闭切割氧调节阀，并抬起割炬，再关乙炔阀门，最后关闭预热氧调节阀。

3）工作结束后，应将氧气瓶阀门关闭，松开减压器，调节螺钉，将氧气胶管内的氧放出，同时关闭乙炔瓶阀门，松开乙炔减压阀，调节螺钉，将乙炔胶管中乙炔排放出，结束工作时，应将减压器及割炬卸下。

4. 割后清理

切割完毕后，待切割件温度降到一定温度时（不烫手为止），采用锉刀、锤子清理干净割口边缘。

三、注意事项

1. 切割过程中，要注意调节火焰，始终保持中性焰，焰芯尖端离工件表面的距离保持不变，同时应将切割氧孔中心对准割缝中心及钢板边缘，以利于减少熔渣的飞溅。

2. 保持熔渣的流动方向基本上与切割口垂直，使后拖量减小。

3. 保持割嘴与割件表面间的距离和割嘴倾角，切割过程中调节好切割氧压力，控制好切割速度。

4. 出现鸣爆、回火时，应立即关闭预热氧与切割氧阀门。如仍听到割炬内有"嘶、嘶"的声音，应迅速关闭乙炔阀门或者拔下乙炔管。

5. 切割过程中,掌握好切割速度和火焰能率,防止割口上缘熔化成圆珠状。

6. 切割需要移动位置时,关闭切割氧阀门,将割炬火焰抬起离开割件,继续起割时,割嘴一定要对准割透的切割处并加热到燃点,再缓慢平稳开启切割氧阀门继续切割。

学习单元4 质量检查

学习目标

- ➢ 了解影响低碳钢板手工气割割缝表面质量的因素
- ➢ 能进行低碳钢板的手工气割割缝的外观检查

知识要求

一、影响低碳钢板手工气割割缝表面质量的因素

1. 工件的材质、厚度、力学性能、平面度、清洁度、气割形状以及切口四周的余量等。

2. 气体的纯度、压力及压力的持久稳定性等。

3. 气割平台的平稳度、排渣的方便程度等。

4. 割炬型号的选择、预热火焰的选择、切割氧风线的规格程度、加热时间的控制、割嘴离工件的高度、割嘴的前后倾角和左右垂直度、气割速度、接头时准确度、操作技术水平等。

二、低碳钢板的手工气割割缝的外观检查

如图10—4所示,气割割缝的切口表面应光滑干净,而且割纹的纹路要一致,气割的氧化渣易脱落;气割切口缝隙宽窄一致;气割切口的棱角没有熔化等,其气割割缝的外观检查要按以下内容进行检查。

1. 表面粗糙度

表面粗糙度是指气割面波纹峰与谷之间的距离(取任意五点的平均值),用 G 表示,见表10—3。

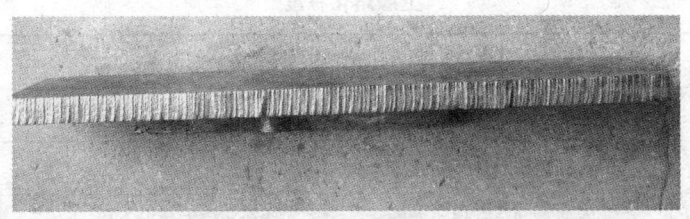

图 10—4 切割后的试件

表 10—3　　　　　　　表面粗糙度　　　　　　　　　　μm

等级	表面粗糙度（G）
0	≤40
1	≤80
2	≤160
3	≤320

2. 平面度

平面度是指沿切割方向垂直于切割面上的凹凸程度，按其占被切割钢板的厚度 t 的百分比计算，用 B 表示，见表 10—4。

表 10—4　　　　　　　切割面的平面度

等级	平面度（B），t≤20 mm	图例
0	≤1%t	
1	≤2%t	
2	≤3%t	
3	≤4%t	

3. 上缘熔化程度

上缘熔化程度是指切割过程中上缘棱角烧塌状况，表现为是否产生塌角及形成间断或连续性的熔滴及熔化条状物，其熔化程度见表 10—5。

表 10—5　　　　　　　　　　　上缘熔化程度

等级	熔化程度（S）及状态说明
0	基本倾角，塌边宽度≤0.5 mm
1	上缘有圆角，塌边宽度≤1.0 mm
2	上缘有明显圆角，塌边宽度≤1.5 mm，棱角边缘有熔融金属
3	上缘有圆角，塌边宽度≤2.5 mm，棱角边缘有连续熔融金属

4. 挂渣

挂渣是指切割口的下缘附着铁的氧化物，按其附着多少和剥离难易程度来划分，见表 10—6。

表 10—6　　　　　　　　　　　挂渣状态

等级	状态说明（Z）
0	附着很少的挂渣，几乎可以自动剥离
1	有挂渣，比较容易清除
2	有条状挂渣，可铲除
3	挂渣较难清除，清除掉后留有残迹

5. 缺陷的极限间距

缺陷的极限间距是指沿切线方向的切割面上，由于振动等原因，出现沟痕，使表面粗糙度突然下降，其沟痕深度为 0.32～1.2 mm，沟痕宽度不超过 5 mm 的称为缺陷。缺陷的极限间距见表 10—7。

表 10—7　　　　　　　　　　　缺陷极限间距（mm）

等级	多个缺陷间的间距（Q）
0	≥5
1	≥2
2	≥1
3	≥0.5

6. 直线度

直线度是指沿切割方向起止两端连线的直线同实际切割面之间的距离，用 P 表示，见表 10—8。

表 10—8　　　　　　　　　直线度（mm）

等级	直线度（P）	图例
0	0.4	
1	0.8	
2	2	
3	4	

7. 垂直度

垂直度是指实际切断面与被切割金属表面的垂线之间的最大偏差，按其占被切割钢板厚度 t 的百分比计算，用 C 表示，见表 10—9。

表 10—9　　　　　　　　　垂直度

等级	垂直度（C）	图例
0	$\leq 1\%t$	
1	$\leq 2\%t$	
2	$\leq 3\%t$	
3	$\leq 4\%t$	

第 2 节　低碳钢板或低合金钢板的手工碳弧气刨

 学习单元 1　碳弧气刨知识

 学习目标

➢ 掌握碳弧气刨的原理、设备及工艺

 ## 知识要求

一、碳弧气刨原理、特点及应用范围

1. 碳弧气刨原理

碳弧气刨是利用碳极和金属之间产生的高温电弧，把金属局部加热到熔化状态，同时利用压缩空气的高速气流把这些熔化金属吹掉，从而实现对金属母材进行刨削和切割的一种工艺方法，如图10—5所示。

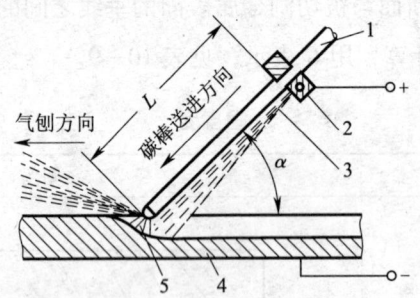

图10—5 碳弧气刨示意图
1—碳棒 2—刨钳 3—压缩空气 4—工件 5—电弧

碳弧气刨一般采用直流电源，对低碳钢采用直流反接以促使熔池大幅度增碳，从而降低其熔点，并改善其流动性。

碳弧气刨一般采用短弧操作，压缩空气气流方向与电弧方向一致。随着电极的移动，气流不断地将熔化金属吹掉。同时压缩空气又起到了冷却碳棒电极的作用，相应地减少了碳棒的烧损。

2. 特点

（1）生产效率高。采用碳弧气刨比风铲可提高生产率4倍，尤其在仰位和垂直位置时，优越性更大。

（2）改善劳动条件。与风铲相比，噪声小，劳动强度小。

（3）使用方便灵活、有利于保证质量。它可在较窄小的位置上施工，操作方便，尤其在返修焊缝时，便于观察焊接缺陷的清除，有利于焊接质量的提高。

（4）不锈钢等材料不能用气割方法切割，但是可使用碳弧气刨进行切割，方便易行。它适宜在没有等离子切割条件下应用。

（5）对操作人员技术要求不高，便于推广。

碳弧气刨的缺点是在刨削过程中产生烟雾。因此，在通风不良的场所工作时，

应采取相应的通风措施。

3. 应用范围

（1）碳弧气刨广泛应用在焊缝挑焊根工作中。

（2）利用碳弧气刨开坡口，尤其是 U 形坡口。

（3）返修焊件时，可使用碳弧气刨消除焊接缺陷。

（4）清理铸件表面的毛边、飞刺、浇冒口及铸件中的缺陷。

（5）切割不锈钢中、薄板。

（6）在板材工件上开孔。

（7）刨削焊缝表面的余高等。

二、碳弧气刨设备、工具及材料

1. 电源

碳弧气刨一般均采用直流电源。其电源的特性与手工电弧焊相同，即要求有陡降外特性和良好的动特性。

一般直流手工弧焊机即可选作碳弧气刨电源。但由于碳弧气刨使用的电流较大，且连续工作时间较长，所以选用功率较大的直流电弧焊机，例如，AX1—500、ZXG—500 等。当选用硅整流电焊机时，应注意防止超负荷，以保证设备的使用安全。若焊机容量较小，也可以采用两台并联使用，但必须保证两台并联焊机的性能相一致。

碳弧气刨系统由电源、气刨枪、碳棒、电缆气管和压缩空气源等组成，如图 10—6 所示。

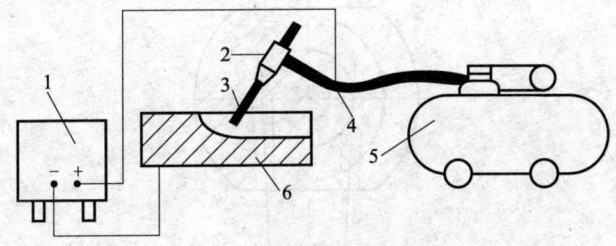

图 10—6 碳弧气刨系统示意图
1—电源 2—气刨枪 3—碳棒 4—电缆气管 5—空气压缩机 6—工件

2. 空压机

对大中型企业来说，都有集中供气的空压站，空气压力一般为 0.5~1 MPa，所以都能满足碳弧气刨的要求。若没有集中供气的空压站或野外施工，可利用小型空压机来供气，只要能保证空气压力在 0.5~0.6 MPa 即可。

3. 碳弧气刨枪

碳弧气刨枪是碳弧气刨的重要工具，在使用中气刨枪同时要完成两个任务：一是把电源接入电极，以便引弧后用电弧高温熔化金属；二是把压缩空气准确地吹到熔化金属上，以便将其彻底吹掉。为此，对碳弧气刨枪的要求是：导电性能良好；压缩空气喷射集中稳定；电极夹持牢固且更换碳棒方便；质量较轻；外壳绝缘良好；使用方便灵活等。

碳弧气刨枪就是在焊条电弧焊钳的基础上，增加了压缩空气的进气管和喷嘴而制成。目前生产中经常使用的碳弧气刨枪有侧面送气式和圆周送气式两种。

侧面送气气刨枪结构如图 10—7 所示。侧面送气气刨枪嘴结构如图 10—8 所示。圆周式送气气刨枪结构如图 10—9 所示。

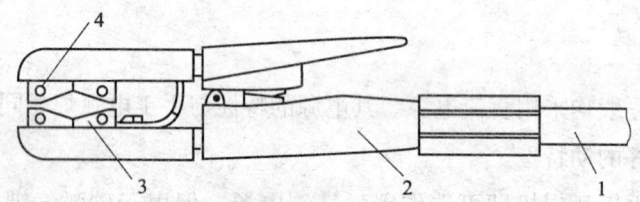

图 10—7　侧面送气气刨枪结构示意图

1—电缆气管　2—气刨枪体　3—喷嘴　4—喷气孔

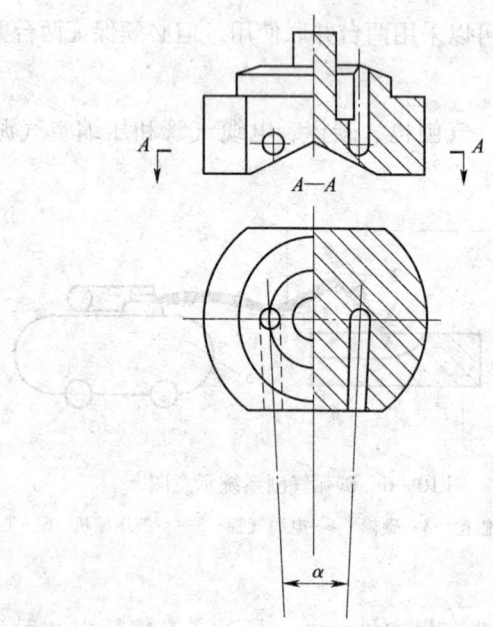

图 10—8　侧面送气气刨枪嘴结构图

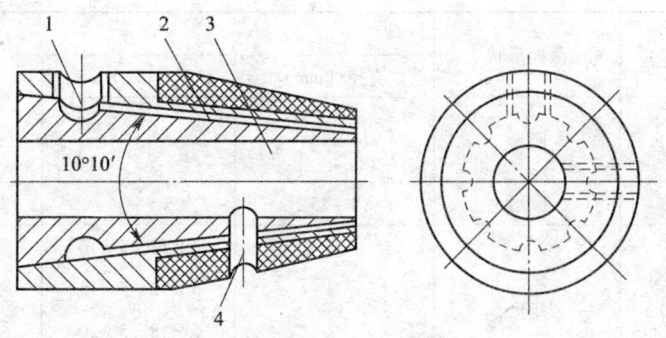

图 10—9 圆周式送气气刨枪结构图

1—电缆气管的螺孔　2—气道　3—碳棒孔　4—紧固碳棒的螺孔

碳弧气刨枪需同时接上电源导线和压缩空气橡胶管。为了便于操作，同时防止电源导线过热，可采用风电合一的软管，如图 10—10 所示。这样，压缩空气还可以冷却导线。这不但解决了导线在大电流长期使用下的发热问题，而且使导线截面相应减小。这种风电合一的碳弧气刨枪软管具有质量轻、使用方便灵活、节省材料等优点。

4. 碳棒

碳弧气刨用碳棒，必须具备以下性能：导电性良好；耐高温；损耗少；不易断裂；灰分少；成本低。一般情况下，碳棒多用镀铜碳棒，镀铜后碳棒的电气性能得到提高，镀铜层厚度为 0.3~0.4 mm。

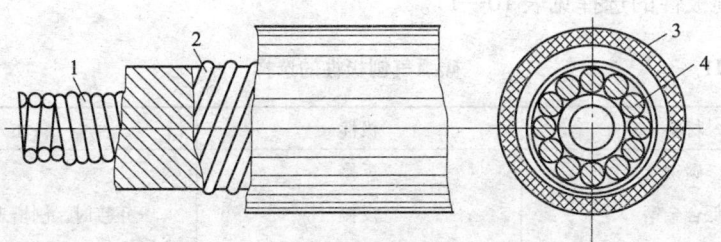

图 10—10　风电合一软管

1—弹簧管　2—外附铜丝　3—胶管　4—多股导线

碳棒的性能与原材料质量有关。高纯度及细颗粒原料制作的碳棒允许的电流密度高，电棒消耗小。通常一根碳棒可铲根 1.5~3 m。

目前，生产专用碳弧气刨用的碳棒有圆形和扁形两种。扁形碳棒刨槽较宽，适用于大面积刨槽和刨平面。例如，清除装配时留下的焊疤。根据 JB/T 8154—2006《碳弧气刨碳棒》规定，碳棒的型号及规格见表 10—10。

表10—10　　　　　　　碳弧气刨用碳棒的型号及规格

型号	截面形状	尺寸		
		直径（mm）	截面（mm×mm）	长度（mm）
B504～B516	圆形	4～16	—	305 355
BL508～BL525	圆形	8～25	—	355、430、510
B5412～B5620	矩形	—	4×12、5×10 5×12、5×15 5×18、5×20 5×25、6×20	305 355

注：特殊规格，按合同规定。

三、碳弧气刨工艺

1. 碳弧气刨参数

（1）极性

碳弧气刨一般采用直流反接（工件接负极），这样电弧稳定，熔化金属的流动性较好，凝固温度较低，因此反接时刨削过程稳定，电弧发出连续的"刷、刷"声，刨槽宽窄一致，光滑明亮。若极性接错，电弧不稳且发出断续的"嘟、嘟"声。经验证明，极性对不同材料的气刨过程的稳定性和质量是不同的。常用金属材料碳弧气刨极性的选择见表10—11。

表10—11　　　　　　　碳弧气刨极性的选择

材料	极性	备注
碳钢	反接	
低合金钢	反接	正接时，刨槽表面不光
不锈钢	反接	
铸铁	正接	
铜及铜合金	正接	反接也可，但不如正接好
铝及铝合金	正接或反接	

（2）碳棒直径与电流

碳棒直径是根据被刨削的金属厚度来选择的，见表10—12。从表中可看到，被刨削金属板厚增加时，碳棒直径也需增大。

表 10—12　　　　　　　钢板厚度与碳棒直径的关系

钢板厚度（mm）	碳棒直径（mm）	钢板厚度（mm）	碳棒直径（mm）
3	一般不刨	8~12	6~8
4~6	4	10~15	8~10
6~8	5~6	15 以上	10

碳棒直径的大小与所要求的刨槽宽度有关，一般碳棒直径应比所要求的槽宽小约 2 mm。

电流对刨槽的尺寸影响很大，电流增大，刨槽的宽度增加，槽深增加更多，采用大电流还可以提高刨削速度，并获得较光滑的刨槽。但电流过大时，碳棒头易发红，镀铜层易脱落。正常电流下，碳棒发红长度为 25 mm，电流太小则容易产生夹碳现象。碳棒直径与其适用电流可参考表 10—13。

表 10—13　　　　　　　碳棒规格及适用电流

断面形状	规格（mm）	适用电流（A）	断面形状	规格（mm）	适用电流（A）
圆形	φ3×355	150~180	扁形	3×12×355	200~300
	φ4×355	150~200		5×10×355	300~400
	φ5×355	150~250		5×12×355	350~450
	φ6×355	180~300		5×15×355	400~500
	φ7×355	200~350		5×18×355	450~550
	φ8×355	250~400		5×20×355	500~600
	φ10×355	400~550		5×25×355	550~600
	φ12×355	450~600		6×20×355	550~600

（3）刨削速度

刨削速度对刨槽尺寸、表面质量都有一定影响。速度太快会造成碳棒与金属相碰，会使碳粘于刨槽顶端，形成所谓"夹碳"的缺陷。相反，速度过慢，又容易出现"黏渣"问题。随着刨削速度的增大，刨槽深度、宽度均会减小，通常刨削速度为 0.5~1.2 m/min 较合适。

（4）压缩空气压力

压缩空气是用来吹走已熔化的金属。压缩空气的压力高，能迅速吹走熔化的金属，使刨削过程顺利进行。常用的压缩空气压力为 0.4~0.6 MPa。压缩空气的压力与使用的电流有关，随着电流的增大，压缩空气的压力也应相应提高，见表

10—14。因为当电流增大时，被熔化的金属量也随着增多，要能迅速吹掉熔化金属，就要相应增大压缩空气的压力，使熔化金属停留时间不至过长，减小热影响区，得到光滑刨痕表面。

表 10—14　　　　　　　电流与压缩空气压力的关系

电流（A）	压缩空气压力（MPa）	电流（A）	压缩空气压力（MPa）
140~190	0.35~0.4	340~470	0.5~0.55
190~270	0.4~0.5	470~550	0.5~0.6
270~340	0.5~0.55		

要适当控制压缩空气中的水分和油，否则会使刨槽表面质量变差。

（5）电弧长度

碳弧气刨时，电弧过长会引起电弧不稳定，甚至造成熄弧。故操作时宜用短弧，以提高生产率和碳棒利用率。一般电弧长度以 1~2 mm 为宜。电弧太短易产生"夹碳"缺陷。此外，在刨削过程中，电弧长度的变化应尽可能小，以保证得到均匀的刨槽尺寸。

（6）碳棒伸出长度

碳棒从钳口导电嘴到电弧端的长度为碳棒伸出长度。伸出长度越长，钳口离电弧越远，压缩空气吹到熔池的吹力就不足，不能将熔化金属顺利吹掉；另一方面伸出长度越长，碳棒的电阻越大，烧损也就快，但伸出长度太短会造成操作不便。

一般在操作时，碳棒较为合适的伸出长度为 80~100 mm 为宜，当烧损 20~30 mm 后就要进行调整。

（7）碳棒倾角

碳棒与工件沿刨槽方向的夹角称为碳棒倾角。刨槽的深度与倾角有关。倾角增大，刨槽深度增加；反之，倾角减小，则槽深减小。碳棒的倾角一般为 25°~45°。

2. 气刨操作基本程序

（1）准备刨削前应先检查电源的极性是否正确。检查电缆及气管是否连接好。并根据工件厚度、槽的宽度选择碳棒直径和调节好电流。调节碳棒伸出长度为 80~100 mm。检查压缩空气管路和调节压力，调整风口并使其对准刨槽。

（2）引弧时，应先缓慢打开气阀，随后引燃电弧，否则易产生"夹碳"和碳棒烧红。电弧引燃瞬间，不宜拉得过长，以免熄灭。

（3）刨削

1）因为开始刨削时钢板温度低，不能很快熔化，当电弧引燃后，此时刨削速度应慢一点，否则易产生夹碳。当钢板熔化而且被压缩空气吹去时，可适当加快刨削速度。

2）刨削过程中，碳棒不应横向摆动和前后往复移动，只能沿刨削方向做直线运动。

3）碳棒倾角按槽深要求而定，倾角可为25°~45°。

4）刨削时，手的动作要稳，对好准线，碳棒中心线应与刨槽中心线重合，否则，易造成刨槽形状不对称。

5）在垂直位置气刨时，应由上向下移动，便于熔渣流出。

6）要保持均匀的刨削速度。刨削时，均匀清脆的"嘶、嘶"声表示电弧稳定，能得到光滑均匀的刨槽。每段刨槽衔接时，应在弧坑上引弧，防止碰触刨槽或产生严重凹痕。

7）刨削结束时，应先切断电弧，过几秒钟后再关闭气阀，使碳棒冷却。

8）刨槽后应清除刨槽及其边缘的铁渣、毛刺和氧化皮，用钢丝刷清除刨槽内碳灰和"铜斑"，并按刨槽要求检查焊缝根部是否完全刨透，缺陷是否完全清除。

 学习单元2　碳弧气刨安全操作规程及设备、工具的安全检查

 学习目标

➢ 掌握碳弧气刨安全操作规程及设备、工具的安全检查

 知识要求

一、碳弧气刨安全操作规程

1. 操作时，尤其是进行全位置刨削时应穿戴全防护用品（包括帽子、鞋罩、口罩、护目镜等）。

2. 操作时，应尽可能顺风向操作，防止铁液及熔渣烧损工作服及烫伤皮肤，并注意场地防火。

3. 在容器或舱室内部操作，内部空间不能过于狭小，且必须加强通风和排除

烟尘的措施。

4. 气刨使用的电流较大,应注意防止电源的过载和因长时间连续使用而发热,避免烧毁电源。

5. 应使用带铜皮的专用碳弧气刨的碳棒。

6. 其他安全措施与一般电弧焊相同。

二、碳弧气刨设备、工具的安全检查

检查焊机运转是否正常,接地是否良好,注意防止焊机过载和长时间使用而过热。检查碳弧气刨枪导电性是否良好,压缩空气吹出来是否集中而准确,电极夹持是否牢固并且更换方便,外壳是否绝缘良好。气刨前要检查电源导线和压缩空气橡皮管是否完好,检查碳棒是否受潮。

学习单元 3 低碳钢板或低合金钢板的手工碳弧气刨

学习目标

➢ 掌握用手工碳弧气刨进行低碳钢板或低合金钢板刨削

技能要求

一、操作准备

1. 试件材质及尺寸

试件材质:Q235。

试件尺寸:600 mm × 300 mm × 12 mm。

2. 气刨材料及设备

气刨材料:碳棒直径 7 mm。

电源:ZX5—500。

3. 操作要求

刨单面 U 形坡口,尺寸如图 10—11 所示。

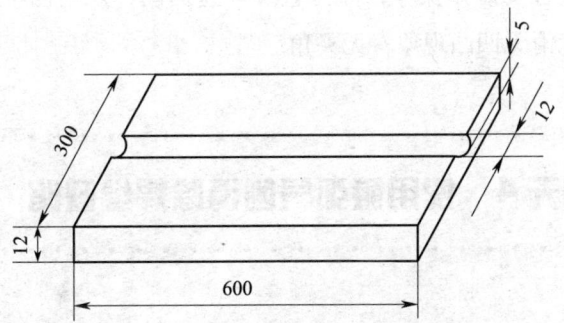

图 10—11 Q235 钢板碳弧气刨 U 形坡口尺寸

4. 碳弧气刨参数（见表 10—15）

表 10—15　　　　　　　　　碳弧气刨参数

碳棒烘干温度 （℃）	电流 （A）	电压 （V）	刨口速度 （cm/min）	碳棒伸出长度 （mm）	刨口角度 （°）	气压 （MPa）
120	350	50	40	80~100	45~50	0.4~0.6

二、操作步骤

1. 试件清理

用磨光机清理焊缝两侧 30 mm，清除油、锈、水分等杂质。

2. 试件定位

水平位置。

3. 气刨操作

起弧之前必须打开气阀，先送压缩空气，随后引燃电弧，以免产生夹碳缺陷。刨削时碳棒与刨槽夹角一般为 45°左右，夹角大，刨槽深，夹角小，刨槽浅。起弧后应将气刨枪手柄慢慢按下，等刨削到一定深度时，再平稳前进。在刨削的过程中，碳棒既不能横向摆动也不能前后摆动，否则刨出的槽就不整齐光滑。如果一次刨槽不够宽，可增大碳棒直径或重复刨削。

4. 刨后清理

用磨光机将沟槽边缘的氧化铁清除，刨后可用砂轮进行打磨，打磨深度约 1 mm，露出金属光泽且表面平滑即可。沟槽内无夹碳，无明显缺陷。

三、注意事项

刨口时远离易燃易爆物品，注意不顶风作业。刨后仔细清理刨渣，注意看根部是否刨透，刨削过程要短弧操作，保持直线匀速运动，观察刨槽内是否有夹碳现象，要求刨槽内光滑无凹凸现象，无夹角。

学习单元 4　使用碳弧气刨清除焊缝缺陷

学习目标

➤ 掌握手工碳弧气刨清除焊缝缺陷

技能要求

一、操作准备

1. 工件准备

试件：焊缝经 X 射线或超声波探伤后，发现有超标准缺陷的焊件。

2. 气刨材料及设备

气刨材料：碳棒直径 7 mm。

电源：ZX5—500。

3. 碳弧气刨参数（见表 10—16）

表 10—16　　　　　　　碳弧气刨参数

碳棒烘干温度 (℃)	电流 (A)	电压 (V)	刨口速度 (cm/min)	碳棒伸出长度 (mm)	刨口角度 (°)	气压 (MPa)
120	350	45	40	80~100	45~50	0.4~0.6

二、操作步骤

1. 工件清理

焊缝经 X 射线或超声波探伤后，发现有超标准缺陷，先用碳弧气刨进行刨除，再用磨光机进行仔细清理。

2. 工件定位

根据缺陷位置定位刨口位置和深度。

3. 气刨操作

刨削过程中要一层一层地刨，每层不要太厚。当发现缺陷后，应再轻轻地往下刨一、二层，直到将缺陷彻底刨掉为止。

4. 刨后清理

用磨光机将沟槽边缘的氧化铁清除，刨后可用砂轮进行打磨，打磨深度约 1 mm，露出金属光泽且表面平滑即可，并且要求刨出缓坡（船形），便于焊接修补。

三、注意事项

碳弧气刨的弧光较强，操作人员应戴深色的护目镜；操作时应尽可能顺风向操作，并注意防止铁液及熔渣烧损工作服及烫伤身体，还应注意场地防火；在容器或狭小部位操作时，必须加强抽风及排烟的措施；在气刨时使用电流较大，应注意防止焊机过载和长时间使用而过热。

学习单元 5　质量检查

 学习目标

➤ 了解碳弧气刨常见缺陷及其预防措施
➤ 掌握低碳钢板或低合金钢板的手工碳弧气刨 U 形坡口和缺陷清理的外观检查

 **知识要求**

一、碳弧气刨常见缺陷及其预防措施

1. 夹碳

由于刨削速度太快或碳棒送进过猛，使碳棒头部触及铁液或未熔化的金属上，电弧会因短路而熄灭。当碳棒再往上提起时，因温度很高，使碳棒端部脱落并粘在未熔化的金属上，形成夹碳缺陷。

在夹碳处电弧不能再引燃，于是阻碍了碳弧气刨的继续进行。在夹碳处还形成一层硬脆并不易清除的碳化铁（Fe_3C，含碳量 6.67%），若在焊前对夹碳不清除，焊后就易出现气孔和裂纹。清除方法是在夹碳前端引弧，将夹碳处连根一起刨掉，或用砂轮机磨掉。

2. 黏渣

碳弧气刨时，吹出来的铁液称为"渣"。它的表面是一层氧化铁，内部是含碳量很高的金属。如果黏渣在刨槽的两侧，即所谓黏渣。黏渣的产生主要是由于压缩空气压力小而引起的，但如果刨削速度与电流配合不当，刨削速度太慢亦容易黏渣，在大电流时更为明显。其次在碳棒与工件倾角过小时也容易黏渣。黏渣可以用风铲清除。

3. 铜斑

采用表面镀铜的碳棒时，有时因镀铜质量不好使铜皮成块剥落。剥落的铜皮呈熔化状态，在刨槽表面形成铜斑。只要在焊前用钢丝刷或风动砂轮将铜斑清除，就可以避免母材的局部渗铜。若不注意清除铜斑，铜落入焊缝金属的量达到一定数值时，就会导致热裂纹的出现。

4. 刨槽不正和深浅不均、刨偏

若碳棒歪向槽的一侧就会引起刨槽不正。若碳棒移动时上下波动就会引起刨槽的深度不均。再者，碳棒与工件倾角发生变化时能使刨槽深度发生变化。刨削时往往由于碳棒偏离预定目标造成刨偏。碳弧气刨速度比电弧焊快 2~4 倍，技术不熟练很容易刨偏，因此，刨削时注意力要集中在目标线上。刨偏与所用的气刨枪结构也有一定的关系。如采用带有长方槽的圆周送风式和侧面送风式气刨枪，均不易将渣吹到正前方，不妨碍视线，因而可减少刨偏缺陷。

二、U 形坡口及缺陷清除质量的检查

刨槽外观尺寸的检查，通常借助于量规、钢直尺、样板及专用测量工具来进行。

表面缺陷是否清除的检查，通常采用肉眼和量具来进行。